高职高专"十三五"规划教材
信息化数字资源配套教材

机械制造基础

任海东 主编 孙金海 程 琴 周 波 副主编
李荣兵 主审

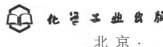

化学工业出版社

北京·

内容提要

《机械制造基础》是作者在从事多年高职教学实践的基础上根据新的国家标准编写而成的。本教材共分为十一个学习情境,分别介绍了金属材料的力学性能、金属的晶体结构与结晶、铁碳合金和铁碳合金相图、钢的热处理、工业用钢、铸铁、铸造成形、锻压成形、焊接成形、机械零件材料与成形工艺的选择、金属切削加工的基础知识。

为方便教学,本书配有动画、微课、电子课件等资源。动画、微课等可通过扫描书中的二维码观看学习。电子课件可登录化学工业出版社教学资源网 www.cipedu.com.cn 下载。

本教材可作为高职高专院校机械制造及自动化、机电一体化及数控技术等专业通用教材,也可供相关专业学生、自学者和工作技术人员参考。

图书在版编目(CIP)数据

机械制造基础/任海东主编. —北京:化学工业出版社,2020.5(2024.2重印)
ISBN 978-7-122-36327-5

Ⅰ.①机… Ⅱ.①任… Ⅲ.①机械制造-教材 Ⅳ.①TH

中国版本图书馆 CIP 数据核字(2020)第 034090 号

责任编辑:韩庆利　　　　　　　　　　　　文字编辑:宋　旋　陈小滔
责任校对:刘　颖　　　　　　　　　　　　装帧设计:张　辉

出版发行:化学工业出版社(北京市东城区青年湖南街 13 号　邮政编码 100011)
印　　装:北京科印技术咨询服务有限公司数码印刷分部
787mm×1092mm　1/16　印张 13¾　字数 339 千字　2024 年 2 月北京第 1 版第 3 次印刷

购书咨询:010-64518888　　　　　　　售后服务:010-64518899
网　　址:http://www.cip.com.cn
凡购买本书,如有缺损质量问题,本社销售中心负责调换。

定　　价:42.00 元　　　　　　　　　　　　　　　　　　版权所有　违者必究

前言

机械制造基础是一门有关机械零件用材及其制造方法的综合性技术基础课。它系统地介绍了金属材料的性能、应用及改进材料性能的工艺方法,金属材料各种成形工艺方法及其在机械制造中的应用和相互联系,机械零件的切削加工等方面的基础知识。

学习本课程的目的和任务是:让学生了解常用金属材料的性能、材料成形技术和零件切削加工的基础知识,为学习其他有关课程和今后从事机械设计与制造方面的工作奠定必要的工艺基础。

学生在学完本课程后,应达到以下基本要求:

(1) 掌握常用机械金属材料的种类、性能及其热处理方法,初步具有正确使用金属材料的能力。

(2) 掌握主要毛坯成形方法的基本原理和工艺特点,具有选择毛坯及工艺分析的初步能力。

(3) 了解金属切削的基础知识、金属切削机床的基本知识。

(4) 了解有关的新工艺、新技术及其发展趋势。

本教材是根据教育部制定的高职高专"机械制造基础课程教学基本要求",并结合高职高专教学改革的实践经验,以适应培养高等技术应用性人才的要求编写的,是高职高专机械类专业的通用教材。

本教材共分十一个学习情境,包括金属材料的力学性能、金属的晶体结构与结晶、铁碳合金和铁碳合金相图、钢的热处理、工业用钢、铸铁、铸造成形、锻压成形、焊接成形、机械零件材料与成形工艺的选择、金属切削加工的基础知识。每个学习情境均安排了思考与练习。

本教材立足于现在对高等技术应用性人才在制造技术文化方面的要求,在编写过程中力求体现以下特点:

(1) 重视综合性、应用性和实践性,以培养生产第一线需要的高等技术应用性人才为目标,着重培养学生的应用能力。

(2) 建立工程材料和材料成形工艺与现代机械制造过程的完整概念。

(3) 将材料与加工工艺有机的融合,帮助学生建立材料和工艺之间的联系,以便正确地使用材料。

(4) 在教材内容的组织上坚持"理论够用、适度"的原则,对纯理论性内容进行了删减,增加了与机械工程应用密切相关的内容,更加注重知识的应用。

(5) 全面贯彻最新国家标准。

(6) 为培养学生的基本素质,适当引入技术经济分析和质量管理的概念,贯彻环境保护和可持续发展的观点。

本教材由任海东主编,孙金海、程琴、周波副主编,史书林、李琴参编,李荣兵主审。全书由任海东统稿。

由于编者水平有限,书中难免存在缺点和不足,敬请广大读者批评指正。

编 者

目录
CONTENTS

学习情境一　金属材料的力学性能 / 1

- 单元一　强度和塑性 ·· 1
- 单元二　硬度 ·· 4
- 单元三　冲击韧度 ··· 7
- 单元四　疲劳强度 ··· 8
- 思考与练习 ·· 10

学习情境二　金属的晶体结构与结晶 / 11

- 单元一　金属的晶体结构 ··· 11
- 单元二　金属的结晶 ··· 14
- 单元三　合金的晶体结构与结晶 ··· 16
- 思考与练习 ·· 18

学习情境三　铁碳合金和铁碳合金相图 / 19

- 单元一　铁碳合金基本组织 ·· 19
- 单元二　铁碳合金相图 ·· 21
- 思考与练习 ·· 29

学习情境四　钢的热处理 / 30

- 单元一　钢的热处理原理 ··· 30
- 单元二　钢的普通热处理 ··· 36
- 单元三　钢的表面热处理和化学热处理 ··· 40
- 单元四　热处理工艺的应用 ·· 43
- 思考与练习 ·· 46

学习情境五　工业用钢 / 48

- 单元一　非合金钢 ·· 48
- 单元二　合金钢 ··· 53
- 思考与练习 ·· 69

学习情境六　铸铁 / 71

　　单元一　铸铁的石墨化 ·· 71
　　单元二　常用铸铁 ·· 73
　　单元三　合金铸铁 ·· 77
　　思考与练习 ··· 78

学习情境七　铸造成形 / 79

　　单元一　合金的铸造性能 ·· 79
　　单元二　砂型铸造 ·· 82
　　单元三　铸造成形工艺设计 ··· 88
　　单元四　铸件的结构工艺性 ··· 95
　　单元五　特种铸造 ·· 97
　　思考与练习 ··· 101

学习情境八　锻压成形 / 103

　　单元一　锻压成形工艺基础 ··· 103
　　单元二　自由锻 ··· 108
　　单元三　模锻 ·· 114
　　单元四　板料冲压 ·· 118
　　单元五　挤压、轧制、拉拔 ··· 122
　　思考与练习 ··· 125

学习情境九　焊接成形 / 127

　　单元一　焊接工艺基础 ·· 127
　　单元二　常用焊接方法 ·· 130
　　单元三　常用金属材料的焊接 ·· 141
　　单元四　焊接结构工艺 ·· 145
　　单元五　焊接应力和变形 ·· 148
　　单元六　常见焊接缺陷 ·· 152
　　单元七　焊接检验 ·· 156
　　思考与练习 ··· 159

学习情境十　机械零件材料与成形工艺的选择 / 160

　　单元一　机械零件材料及成形工艺的选择原则 ································ 160
　　单元二　典型零件的选材实例分析 ··· 165
　　思考与练习 ··· 174

学习情境十一　金属的切削加工 / 175

单元一　金属切削机床的类型和结构 …………………………………………… 175
单元二　切削运动与切削要素 …………………………………………………… 181
单元三　金属切削刀具 …………………………………………………………… 183
单元四　金属切削过程 …………………………………………………………… 187
单元五　切削加工技术经济 ……………………………………………………… 192
单元六　车削的工艺特点及其应用 ……………………………………………… 198
单元七　钻削、镗削的工艺特点及其应用 ……………………………………… 199
单元八　刨削、拉削的工艺特点及其应用 ……………………………………… 201
单元九　铣削的工艺特点及其应用 ……………………………………………… 203
单元十　磨削的工艺特点及其应用 ……………………………………………… 205
单元十一　数控机床加工和特种加工简介 ……………………………………… 210
思考与练习 ………………………………………………………………………… 211

参考文献 / 212

学习情境一
金属材料的力学性能

知识目标
掌握：HBW、HRC 硬度表示方法及应用；
理解：金属材料的力学特性的含义；强度、塑性、硬度、冲击韧度与疲劳强度概念。
能力目标
能用强度、塑性、硬度的概念分析金属材料的力学性能；
能用 HBW、HRC 表示金属材料的硬度指标。

学习导航

金属材料是工业生产中最重要的材料，广泛应用于机械制造、交通运输、国防工业、石油化工和日常生活各个领域。生产实践中，往往由于选材不当造成机械达不到使用要求或过早失效。因此，了解和熟悉金属材料的性能成为合理选材、充分发挥工程材料内在性能潜力的重要依据。

金属材料的性能包括使用性能和工艺性能。使用性能是指材料在使用过程中表现出来的性能，它包括力学性能、物理性能和化学性能等；工艺性能是指材料对各种加工工艺适应的能力，它包括铸造性能、锻造性能、焊接性能、切削加工性能和热处理工艺性能等。

机械制造领域在选用材料时，大多以力学性能为主要依据。因此必须首先了解金属材料的力学性能。所谓金属材料的力学性能，是指金属材料受到各种载荷（外力）作用时，所表现出的抵抗能力。力学性能主要包括强度、塑性、硬度、韧性、疲劳极限等。

单元一　强度和塑性

强度和塑性

材料在加工及使用过程中所受的外力称为载荷。根据载荷作用性质不同，可分为静载荷、冲击载荷、疲劳载荷三种。
（1）静载荷　大小不变或变动很慢的载荷，例如床头箱对机床床身的压力。
（2）冲击载荷　突然增加或消失的载荷，例如空气锤锤头下落时锤杆所承受的载荷。
（3）疲劳（交变）载荷　周期性的动载荷，例如机床主轴就是在变载荷作用下工作的。
根据载荷作用方式不同，可分为拉伸载荷、压缩载荷、弯曲载荷、剪切载荷、扭转载荷等，如图 1-1 所示。

一、强度

金属材料在载荷作用下，抵抗塑性变形或断裂的能力称为强度。强度愈高的材料，所承受的载荷愈大。

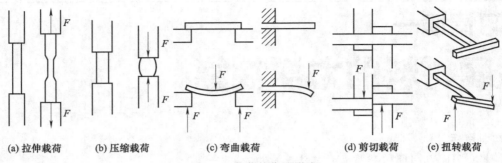

图 1-1　载荷的作用形式

按照载荷作用方式不同，强度可分为抗拉强度、抗压强度、抗弯强度、抗扭强度和抗剪强度等。工程上一般情况下多以抗拉强度作为判别金属强度高低的指标。

抗拉强度由拉伸试验来测定。静载荷拉伸试验是工业上最常用的力学试验方法之一。试验时，先将被测材料制成标准试样，如图 1-2 所示。试样的直径为 d_0，标距长度为 l_0。按照标准规定，把标准试样装夹在试验机上，然后对试样逐渐施加拉伸载荷的同时连续测量力和相应的伸长，直至把试样拉断为止，便得到拉伸曲线，依据拉伸曲线可求出相关的力学性能。

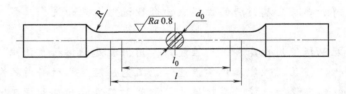

图 1-2　低碳钢的拉伸试样

1. 低碳钢的拉伸曲线

材料的性质不同，拉伸曲线形状也不尽相同。图 1-3 为退火低碳钢的拉伸曲线，图中纵坐标表示力 F，单位为 N；横坐标表示绝对伸长 ΔL，单位为 mm。以退火低碳钢拉伸曲线为例说明拉伸过程中几个变形阶段。

(1) Oe——弹性变形阶段　试样的伸长量与载荷成正比增加，此时若卸载，试样能完全恢复原来的形状和尺寸；

(2) es——屈服阶段　当载荷超过 F_{eL} 时，曲线上出现平台，即载荷不增加，试样继续伸长，材料丧失了抵抗变形的能力，这种现象叫屈服；F_{eL} 为屈服载荷。若屈服时卸载，试样的伸长只能部分的恢复，而保留一部分残留变形，这种不能随载荷去除而消失的变形称为塑性变形。

(3) sb——强化阶段　载荷大于 F_{eL} 后，试样再继续伸长则必须增加拉伸力。随着继续变形增大，变形抗力也逐渐增大，这种现象称为形变强化（或称加工硬化）。F_m 为试样在拉伸试验中所能抵抗的最大载荷。

(4) 缩颈阶段　载荷达到最大值 F_m 后，继续拉伸，试样会在某一直径处发生局部收缩，称为"缩颈"，此处截面缩小，所需外力也随之逐渐降低，这时伸长主要集中于缩颈部位，直至断裂。

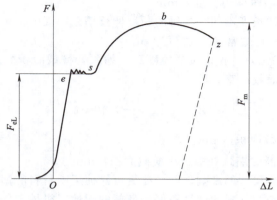

图 1-3 低碳钢的拉伸曲线

2. 强度指标

金属材料的强度是用应力来度量的,即材料受载荷作用后内部产生一个与载荷相平衡的内力,单位截面积上的内力称为应力,用 σ 表示。常用的强度指标有屈服点和抗拉强度。

(1) 屈服强度　材料产生屈服时的最小应力,以 R_{eL} (σ_s) 表示,单位为 MPa。

$$R_{eL} = \frac{F_{eL}}{S_0} \quad (1-1)$$

式中　F_{eL}——屈服时的最小载荷,N;

S_0——试样原始截面积,mm^2。

对于无明显屈服现象的金属材料(如铸铁、高碳钢等)测定 R_{eL} (σ_s) 很困难,通常规定产生 0.2% 塑性变形时的应力作为条件屈服点,用 $R_{p0.2}$ ($\sigma_{0.2}$) 表示。

屈服强度表征金属发生明显塑性变形的抗力,机械零件在工作时如受力过大,会因过量变形而失效。当机械零件在工作时所受的应力,低于材料的屈服强度,则不会产生过量的塑性。材料的屈服强度越高,允许的工作应力也越高。因此它是机械设计的主要依据,也是评定金属材料优劣的重要指标。

(2) 抗拉强度　材料在拉断前所承受的最大应力,以 R_m (σ_b) 表示,单位为 MPa。

$$R_m = \frac{F_m}{S_0} \quad (1-2)$$

式中　F_m——试样断裂前所承受的最大载荷,N。

抗拉强度表示材料抵抗均匀塑性变形的最大能力,也是设计机械零件和选材的主要依据。

二、塑性

金属材料在载荷作用下产生塑性变形而不断裂的能力称为塑性,塑性指标也是通过拉伸试验测定的。常用塑性指标是断后伸长率和断面收缩率。

(1) 断后伸长率 $A(\delta)$　拉伸试样拉断后,标距的相对伸长与原始标距的百分比称为断后伸长率,即

$$A = \frac{(L_1 - L_0)}{L_0} \times 100\% \quad (1-3)$$

式中　L_0——试样原始标距长度,mm;

L_1——试样被拉断时标距长度，mm。

必须注意，被测试样长度不同，测得的断后伸长率是不同的，长、短试样断后伸长率分别用符号 A_{10} 和 A_5 表示，通常 A_{10} 也写为 A。

（2）断面收缩率 Z（ψ） 拉伸试样拉断后，缩颈处横截面积的最大缩减量与试样原始截面积的百分比称为断面收缩率，即

$$Z = \frac{(S_0 - S_1)}{S_0} \times 100\% \tag{1-4}$$

式中　S_0——试样原始截面积，mm^2；

S_1——试样被拉断时缩颈处的最小横截面积，mm^2。

断面收缩率不受试样尺寸的影响，因此能更可靠地反映材料的塑性大小。断后伸长率和断面收缩率数值愈大，表明材料的塑性愈好，良好的塑性对机械零件的加工和使用都具有重要意义。例如，塑性良好的材料易于进行压力加工（轧制、冲压、锻造等）；如果过载，由于产生塑性变形而不致突然断裂，可以避免事故发生。

除常温试验之外，还有金属材料高温拉伸试验方法和低温拉伸试验方法供选用。

硬度

单元二　硬　　度

材料抵抗局部变形和局部破坏的能力称为硬度。硬度是各种零件和工具必须具备的性能指标。机械制造中所用的刀具、量具、磨具等，都应具备足够的硬度，才能保证使用性能和寿命。有些机械零件如齿轮等，也要求有一定的硬度，以保证足够的耐磨性和使用寿命。

硬度试验方法很多，大体上可分为压入法、刻画法和弹性回跳法三大类，金属材料质量检验主要用压入法进行硬度试验。压入法硬度值是表征材料表面局部体积内抵抗另一物体压入时变形的能力，它可间接反映出材料强度、疲劳强度等性能特点，试验操作简单，可直接在零件或工具上进行而不破坏工件。目前应用最为广泛的是布氏硬度试验、洛氏硬度试验和维氏硬度试验。

一、布氏硬度

1. 试验原理

图 1-4 为布氏硬度试验原理图。它是用一定直径硬质合金钢做压头以相应试验力压入被测材料表面，经规定保持时间后卸载，以压痕单位面积上所受试验力的大小来确定被测材料的硬度值，用符号 HB 表示。

$$HB = \frac{F}{S} = 0.102 \times \frac{2F}{\pi D(D - \sqrt{D^2 - d^2})} \tag{1-5}$$

式中　F——试验力，N；

S——压痕表面积，mm^2；

D——球体直径，mm；

d——压痕平均值，mm。

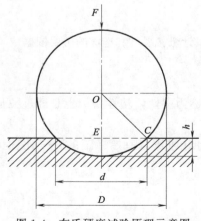

图 1-4　布氏硬度试验原理示意图

从上式可看出，当外载荷（F）、压头球体直径

(D）一定时，布氏硬度值仅与压痕直径（d）有关。d 越小，布氏硬度值越大，硬度越高；d 越大，布氏硬度值越小，硬度越低。

通常布氏硬度值不标出单位。在实际应用中，布氏硬度一般不用计算，而是用专用的刻度放大镜量出压痕直径（d），根据压痕直径的大小，再从专门的硬度表中查出相应的布氏硬度值。

2. 布氏硬度试验规范

由于材料有软有硬，工件有厚有薄，有大有小，如果只采用一种标准的载荷 F 和钢球直径 D，就会出现对硬材料合适，对软材料则出现钢球陷入材料内部等现象；对厚材料合适，而对薄材料可能发生压透的现象。因此在生产中进行布氏硬度试验时，要求使用大小不同的载荷 F 和钢球直径 D。

国家标准规定布氏硬度试验时，F/D^2 的比值为 30、10、2.5 三种，根据金属材料种类、试样硬度范围和厚度的不同，按照表 1-1 的布氏硬度试验规范选择钢球直径 D、载荷 F 和载荷 F 的保持时间。

表 1-1 布氏硬度试验规范

材料种类	布氏硬度使用范围	球直径 D/mm	$0.102F/D^2$	试验力 F/N	试验力保持时间/s	备注
钢、铸铁	≥140	10 5 2.5	30	29420 7355 1839	10	压痕中心距试样边缘距离不应小于压痕平均直径的 2.5 倍
	<140	10 5 2.5	10	9807 2452 613	10～15	
非铁金属材料	>130	10 5 2.5	30	29420 7355 1839	30	两压痕中心距离不应小于压痕平均直径的 4 倍
	35～130	10 5 2.5	10	9807 2452 613	30	试样厚度至少应为压痕深度的 10 倍。试验后，试样支承面应无可见的变形痕迹
	<35	10 5 2.5	2.5	2452 613 153	60	

3. 布氏硬度标注方法

淬火钢球作压头测得的硬度值用符号 HBS 表示，2003 年新国标 GB/T 231.1—2002 规定取消了钢球压头，全部采用硬质合金球头；硬质合金球作压头测得的硬度值用符号 HBW 表示。因此 HBS 停止使用，全部用 HBW 表示布氏硬度符号。

在 HBW 之前用数字标注硬度值，符号后依次用数字注明压头直径、载荷力、保持时间。如 500HBW5/750，表示用直径为 5mm 的硬质合金球在载荷力 750kgf（1kgf≈9.8N）作用下保持 10～15s，测得的布氏硬度值为 500。

4. 布氏硬度应用对象

布氏硬度试验的压痕较大，实验结果比较准确，能很好地反映材料的硬度。布氏硬度主要用于铸铁，非铁金属以及经退火、正火或调质处理的材料，但不宜测量成品及薄壁件。

二、洛氏硬度

洛氏硬度是应用最为广泛的硬度试验方法，它是采用直接测量压痕深度来确定硬度值。

1. 洛氏硬度试验

洛氏硬度试验（图1-5）是用顶角为120°金刚石圆锥体或直径为1.588mm（1/16英寸）的硬质合金球为压头，先施加初始力 F_1（98N），再加上主试验力 F_2，总试验力为 $F = F_1 + F_2$。1—1线为压头受初始力 F_1 后压入的位置；2—2线为受总试验力 F 后压入的位置。经规定的保持时间，卸除主试验力 F_2，仍保持初始力 F_1，试样弹性变形的恢复使压头升至3—3的位置，压头受主试验力作用压入的深度 h 为2—2线和1—1线之间的距离。材料硬度越大，h 值越小。

为了符合人们认为的数值越大硬度越高的表达习惯，规定用一个常数 K（为金刚石压头 $K=0.2$，钢球压头 $K=0.26$）减去压痕深度 h 表示硬度值，具体计算公式为：

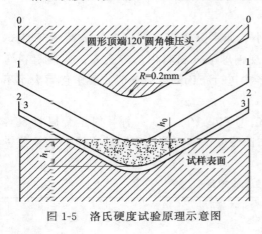

图1-5 洛氏硬度试验原理示意图

$$\mathrm{HR} = \frac{K-h}{0.002} \tag{1-6}$$

被测量材料的洛氏硬度，在卸除主试验力 F_2 后，可直接在硬度计表盘上读出。

2. 洛氏硬度试验规范

为了适应不同材料的硬度测试，将采用不同压头和载荷的组合。国家标准规定有15种，然而常用的有HRA、HRB、HRC三种。

表1-2 洛氏硬度的试验条件及应用范围

硬度符号	压头类型	总试验力 F/kN	硬度值有效范围	应用举例
HRA	120°金刚石圆锥体	0.5884	70～85HRA	硬质合金，表面淬硬层，渗碳层
HRB	φ1.588mm 硬质合金球	0.9807	25～100HRB	非铁金属，退火、正火钢等
HRC	120°金刚石圆锥体	2.4711	20～67HRC	淬火钢，调质钢等

注：总试验力＝初始试验力＋主试验力；初始试验力全为98N。

3. 洛氏硬度标注方法

在硬度符号之前用数字标注硬度值，如52HRC、70HRA等。

4. 洛氏硬度应用特点

测量范围大，操作简便，压痕小；可测量成品、较薄的工件。但因为压痕小，对组织不均匀的材料，硬度值波动较大，需要测量多点，取平均值。

三、维氏硬度

维氏硬度试验原理（图 1-6）与布氏硬度试验原理相同。它是利用顶角为 136° 的金刚石四棱锥体作为压头，在一定的载荷 F 作用下压入试样表面，经规定的保持时间后卸除载荷，在试样表面形成一底面为正方形的四方形锥形压痕，测量压痕二对角线的平均长度 d，根据 d 算出压痕的表面积 S，以 F/S 作为维氏硬度值，并以 HV 表示。

实际使用中，可以直接从硬度计上读出对角线长度 d，或者测出其对角线平均长度，再通过查表法求出相应的硬度值。维氏硬度的单位一般省略不写。

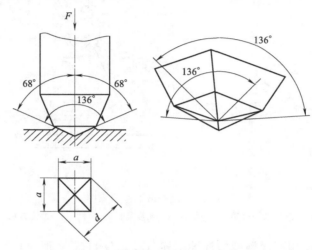

图 1-6　维氏硬度试验原理示意图

维氏硬度试验时的外加载荷最常用的是 5、10、20、30 及 50（kgf）。选用原则是根据材料的硬度或试样的厚度而定。材料越硬，厚度越小或硬化层越薄，载荷也越小。

维氏硬度试验是一种较为精确的硬度试验方法，多用来测定化学热处理工件的表面硬度及小件和薄片等的硬度，也广泛用于材料研究工作中。

单元三　冲击韧度

许多机械零件是在冲击载荷下工作的，例如，锻锤的锤杆，冲床的冲头，火车挂钩，活塞等。冲击载荷比静载荷的破坏能力大，对于承受冲击载荷的材料，不仅要求具有高的强度和一定塑性，还必须具备足够的冲击韧度。金属材料抵抗冲击载荷作用而不破坏的能力称为冲击韧度，冲击韧度通常用一次摆锤冲击试验来测定。

摆锤式一次冲击试验　摆锤式一次冲击试验是目前最普遍的一种试验方法。为了使试验结果可以相互比较，按国家标准规定，将金属材料制成冲击试样。

摆锤冲击试验原理如图 1-7 所示。将标准试样安放在摆锤式试验机的支座上，试样缺口背向摆锤，将具有一定重力 G 的摆锤举至一定高度 H_1，使其获得一定势能 GH_1，然后由此高度落下将试样冲断，摆锤剩余势能为 GH_2。冲击吸收功（A_k）除以试样缺口处的截面积 S_0，即可得到材料的冲击韧度 α_k，计算公式如下

$$\alpha_k = A_k / A_0$$

式中 A_k——折断试样所消耗的冲击功,J;

A_0——试样断口处的原始截面积,mm^2;

α_k——冲击韧度,J/cm^2。

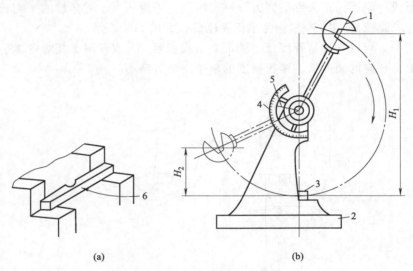

图 1-7　摆锤冲击试验示意图
1—摆锤；2—机架；3—试样；4—刻度盘；5—指针；6—冲击方向

需要说明一点,使用不同类型的标准试样（U形缺口或V形缺口）进行试验时,冲击韧度分别以 α_{kU} 或 α_{kV} 表示。

冲击韧度 α_k 值愈大,表明材料的韧性愈好,受到冲击时不易断裂。α_k 值的大小受很多因素影响,不仅与试样形状、表面粗糙度、内部组织有关,还与试验时温度密切相关。因此冲击韧度值一般只作为选材时的参考,而不能作为计算依据。

在工程实际中,在冲击载荷作用下工作的机械零件,很少因受大能量一次冲击而破坏,大多数是经千百万次的小能量多次重复冲击,最后导致断裂。例如,冲模的冲头、凿岩机上的活塞等,所以用 α_k 值来衡量材料的冲击抗力,不符合实际情况,应采用小能量多次重复冲击试验来测定。

试验证明,材料在多次冲击下的破坏过程是裂纹产生和扩展的过程,它是多次冲击损伤积累发展的结果。因此材料的多次冲击抗力是一项取决于材料强度和塑性的综合性指标,冲击能量高时,材料的多次冲击抗力主要取决于塑性；冲击能量低时,主要取决于强度。

单元四　疲劳强度

一、疲劳概念

许多机械零件,例如轴、齿轮、轴承、弹簧等,在工作中承受的是交变载荷。在这种载荷作用下,虽然零件所受应力远低于材料的屈服点,但在长期使用中往往会突然发生断裂,这种破坏过程称为疲劳断裂。

疲劳破坏是机械零件失效的主要原因之一。据统计，在机械零件失效中大约有 80％以上属于疲劳破坏。而且疲劳破坏前没有明显的变形而突然断裂，所以，疲劳破坏经常造成重大事故。

二、疲劳强度

工程上规定，材料经无数次重复交变载荷作用而不发生断裂的最大应力称为疲劳强度。图 1-8 是通过试验测定的材料交变应力 σ 和断裂前应力循环次数 N 之间的关系曲线（疲劳曲线）。曲线表明，材料受的交变应力越大，则断裂时应力循环次数 N 越少，反之，则 N 越大。当应力低于一定值时，试样经无限周次循环也不破坏，此应力值称为材料的疲劳强度，用 R_1（σ_r）表示；对称循环（见图 1-9）$r=-1$，故疲劳极限用 R_{-1}（σ_{-1}）表示。实际上，金属材料不可能作无限次交变载荷试验。对于黑色金属，一般规定循环周次为 10^7 而不破坏的最大应力为疲劳强度，有色金属和某些高强度钢，规定循环周次为 10^8。

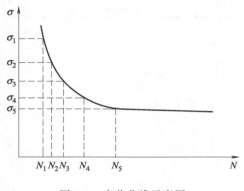

图 1-8 疲劳曲线示意图

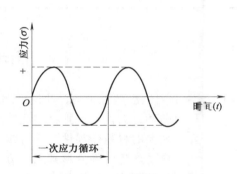

图 1-9 对称循环交变应力图

三、提高疲劳强度的途径

金属产生疲劳同许多因素有关，目前普遍认为是由于材料内部有缺陷，如夹杂物、气孔、疏松等；表面划痕、残余应力及其他能引起应力集中的缺陷导致微裂纹产生，这种微裂纹随应力循环次数的增加而逐渐扩展，致使零件突然断裂。

针对上述原因，为了提高零件的疲劳强度，应改善结构设计避免应力集中；提高加工工艺减少内部组织缺陷；还可以通过降低零件表面粗糙度和表面强化方法（如表面淬火、表面滚压、喷丸处理等）来提高表面加工质量。

常用力学性能指标及含义见表 1-3。

表 1-3 常用的力学性能指标及含义

力学性能	性能指标				含　义
	符号	名称	旧符号	单位	
强度	R_m	抗拉强度	σ_b	MPa	试样拉断前所能承受的最大应力
	R_{eL}	屈服强度	σ_s		发生塑性变形而力不增加时的应力
	$R_{p0.2}$	规定塑性延伸强度	$\sigma_{0.2}$		规定非比例伸长率为 0.2％时的应力

续表

力学性能	性能指标				含义
	符号	名称	旧符号	单位	
塑性	A	断后伸长率	δ	—	试样拉断后,标距的伸长量与原始标距之比的百分率
	Z	断面收缩率	ψ	—	断后试样的最大收缩量与原始横截面面积之比的百分率
硬度	HBW	布氏硬度	HBS、HBW	MPa	球形压痕面积上所受的平均压力
	HR(A、B、C)	洛氏硬度	HR(A、B、C)	—	用洛氏硬度相应标尺刻度满程与压痕深度之差计算的硬度值
	HV	维氏硬度	HV	MPa	正四棱锥压痕单位面积上所受的平均压力
冲击韧性	α_k	冲击韧度	—	J/cm²	冲击吸收功 A_k 与试样断口处截面面积 S_0 的比值
疲劳极限	R_{-1}	疲劳强度	σ_{-1}	MPa	试样在一定循环次数下不发生断裂的最大应力

思考与练习

1. 判断下列说法是否正确，并说出理由。
   (1) 材料塑性、韧性愈差则材料脆性愈大。
   (2) 屈强比大的材料作零件安全可靠性高。
   (3) 材料愈易产生弹性变形其刚度愈小。
   (4) 伸长率的测值与试样长短有关。
   (5) 冲击韧度与试验温度无关。
   (6) 材料综合性能好，是指各力学性能指标都是最大的。
   (7) 材料的强度与塑性只要化学成分一定，就不变。

2. 低碳钢试样在受到静拉力作用直至拉断时经过怎样的变形过程？

3. 指出下列硬度值表示方法上的错误。12HRC～15HRC、800HBS、58HRC～62HRC、550N/mm² HBW、70HRC～75HRC、200N/mm² HBW。

4. 钢的刚度为 $20.7×10^4$ MPa，铝的刚度为 $6.9×10^4$ MPa。问直径为 2.5mm，长 12cm 的钢丝在承受 450N 的拉力作用时产生的弹性变形量（Δl）是多少？若是将钢丝改成同样长度的铝丝，在承受作用力不变、产生的弹性变形量（Δl）也不变的情况下，铝丝的直径应是多少？

5. 某钢棒需承受 14000N 的轴向拉力，加上安全系数允许承受的最大应力为 140MPa。问钢棒最小直径应是多少？若钢棒长度为 60mm，$E=210000$ MPa，则钢棒的弹性变形量（Δl）是多少？

6. 试比较布氏、洛氏、维氏硬度的特点，指出各自最适用的范围。下列几种工件的硬度适宜哪种硬度法测量：淬硬的钢件、灰铸铁毛坯件、硬质合金刀片、渗氮处理后的钢件表面渗氮层的硬度。

7. 若工件刚度太低易出现什么问题？若是刚度可以而弹性极限太低易出现什么问题？

学习情境二
金属的晶体结构与结晶

知识目标
掌握：金属材料的晶粒细化方法和原理；
理解：纯金属的同素异构转变；
了解：多晶体的概念；实际金属的晶格结构及常见的缺陷。

能力目标
能用专业术语分析表述金属材料的晶粒细化方法和原理；
能用专业术语分析表述纯铁的同素异构特性和转变过程。

学习导航

金属材料与非金属材料相比，不仅具有良好的力学性能和某些物理、化学性能，而且工艺性能在多方面也较优良。化学成分不同的金属具有不同性能，例如，纯铁强度比纯铝高，但其导电性和导热性不如纯铝。但即使成分相同的金属，当生产条件不同或在不同状态下，它们的性能也有很大的差别，例如两块含碳量均为0.8%的碳钢，其中一块是从冶金厂出厂的，硬度为20HRC，另一块加工成刀具并进行热处理，硬度可达60HRC以上。造成上述性能差异的主要原因，主要是材料内部结构不同，因此掌握金属和合金的内部结构和结晶规律，对于合理选材具有重要意义。

单元一　金属的晶体结构

金属的晶体结构

材料的结构是指材料组成单元之间平衡时的空间排列方式。材料的结构从宏观到微观可分为不同的层次，即宏观组织结构、显微组织结构和微观结构。

宏观组织结构是指用肉眼或放大镜能够观察到的结构，如晶粒、相的集合状态等。显微组织结构，又称亚微观结构，是借助光学显微镜或电子显微镜能观察到的结构，其尺寸约为 $10^{-7} \sim 10^{-4}$ m。材料的微观结构是指其组成原子（或分子）间的结合方式，及组成原子在空间的排列方式。

自然界的固态物质，根据原子在内部的排列特征可分为晶体与非晶体两大类。物质内部原子作有规则排列的固体物质，称为晶体。绝大多数金属和合金固态下都属于晶体。内部原子呈现无序堆积状况的固体物质，称为非晶体，例如，松香、玻璃、沥青等。晶体与非晶体，由于原子排列方式不同，它们的性能也有差异。晶体具有固定的熔点，其性能呈各向异性；非晶体没有固定的熔点，而且表现为各向同性。

一、晶体结构的基础知识

1. 晶格

为了形象描述晶体内部原子排列［晶体结构见图 2-1（a）］的规律，将原子抽象为几何点，并用一些假想连线将几何点在三维方向连接起来，这样构成了一个空间格子。这种抽象的、用于描述原子在晶体中排列规律的空间格子称为晶格［见图 2-1（b）］。

2. 晶胞

晶体中原子排列具有周期性变化的特点，通常从晶格中选取一个能够完整反映晶格特征的最小几何单元称为晶胞［见图 2-1（c）］。

3. 晶胞表示方法

不同元素结构不同，晶胞的大小和形状也有差异。结晶学中规定，晶胞的大小以其各棱边尺寸 a、b、c 表示，称为晶格常数，以 Å（埃）为单位来度量（$1Å=10^{-8}$cm）。晶胞各棱边之间的夹角分别以 α、β、γ 表示。当棱边 $a=b=c$，棱边夹角 $\alpha=\beta=\gamma=90°$时，这种晶胞称为简单立方晶胞，见图 2-1（c）。

4. 原子半径

金属晶体中最邻近的原子间距的一半，称为原子半径，它主要取决于晶格类型和晶格常数。

5. 致密度

金属晶胞中原子本身所占有的体积百分数，它用来表示原子在晶格中排列的紧密程度。

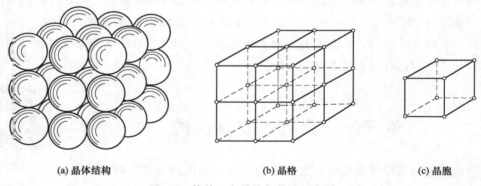

(a) 晶体结构　　　　(b) 晶格　　　　(c) 晶胞

图 2-1　简单立方晶格与晶胞示意图

二、常见的金属晶格类型

常用的金属材料中，金属的晶格类型很多，但大多数属于体心立方晶格、面心立方晶格、密排六方晶格三种结构。

1. 体心立方晶格

如图 2-2（a）所示。它的晶胞是一个立方体，原子位于立方体的八个顶角和立方体的中心。属于体心立方晶格类型的常见金属有铬（Cr）、钨（W）、钼（Mo）、钒（V）、铁（α-Fe）等。这类金属一般都具有相当高的强度和塑性。

2. 面心立方晶格

如图 2-2（b）所示。它的晶胞也是一个立方体，原子位于立方体的八个顶角和立方体的六个面中心。属于该晶格类型的常见金属有铝（Al）、铜（Cu）、铅（Pb）、金（Au）、铁（γ-Fe）等。这类金属的塑性都很好。

3. 密排六方晶格

如图 2-2（c）所示。它的晶胞是一个正六方柱体，原子排列在柱体的每个顶角和上、下底面的中心，另外三个原子排列在柱体内。属于密排六方晶格类型的常见金属有镁（Mg）、锌（Zn）、铍（Be）、钛（α-Ti）等。

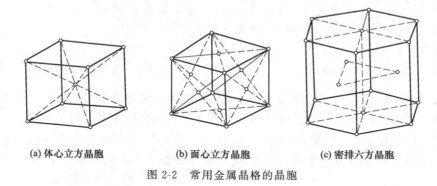

(a) 体心立方晶胞　　(b) 面心立方晶胞　　(c) 密排六方晶胞

图 2-2　常用金属晶格的晶胞

三、金属实际的晶体结构

前面研究金属的晶体结构时，把晶体看成是原子按一定几何规律作周期性排列而成，即晶体内部的晶格位向是完全一致的，这种晶体称为单晶体。目前，只有采用特殊方法才能获得单晶体。

1. 多晶体结构

实际使用的金属材料大都是多晶体结构，即它是由许多不同位向的小晶体组成，每个小晶体内部晶格位向基本上是一致的，而各小晶体之间位向却不相同，如图 2-3 所示。这种外形不规则，呈颗粒状的小晶体称为晶粒。晶粒与晶粒之间的界面称为晶界。由许多晶粒组成的晶体称为多晶体。

2. 晶体缺陷

在金属晶体中，由于晶体形成条件、原子的热运动及其他各种因素影响，原子规则排列在局部区域受到破坏，呈现出不完整，通常把这种区域称为晶体缺陷。根据晶体缺陷的几何特征，可分为点缺陷、线缺陷和面缺陷三类。

（1）点缺陷　最常见的点缺陷有空位、间隙原子和置换原子等，如图 2-4 所示。由于点缺陷的出现，使周围原

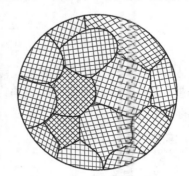

图 2-3　金属多晶体结构

子发生"撑开"或"靠拢"现象，这种现象称为晶格畸变。晶格畸变的存在，使金属产生内应力，晶体性能发生变化，如强度、硬度和电阻增加，体积发生变化，它也是强化金属的手段之一。

（2）线缺陷　线缺陷主要指的是位错。最常见的位错形态是刃型位错，如图 2-5 所示。这种位错的表现形式是晶体的某一晶面上，多出一个半原子面，它如同刀刃一样插入晶体，故称刃型位错，在位错线附近一定范围内，晶格发生了畸变。

位错的存在对金属的力学性能有很大影响，例如金属材料处于退火状态时，位错密度较

低，强度较差；经冷塑性变形后，材料的位错密度增加，故提高了强度。位错在晶体中易于移动，金属材料的塑性变形是通过位错运动来实现的。

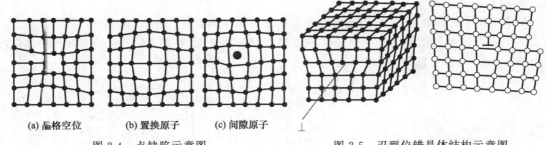

图 2-4　点缺陷示意图　　　　　　　　图 2-5　刃型位错晶体结构示意图

（3）面缺陷　通常指的是晶界和亚晶界。实际金属材料都是多晶体结构，多晶体中两个相邻晶粒之间晶格位向是不同的，所以晶界处是不同位向晶粒原子排列无规则的过渡层，如图 2-6 所示。晶界原子处于不稳定状态，能量较高，因此晶界与晶粒内部有着一系列不同特性，例如，常温下晶界有较高的强度和硬度；晶界处原子扩散速度较快；晶界处容易被腐蚀、熔点低等。

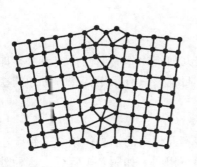

图 2-6　晶界的过渡结构示意图

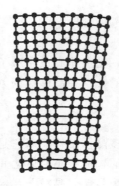

实验证明，即使在一颗晶粒内部，其晶格位向也并不像理想晶体那样完全一致，而是分隔成许多尺寸很小，位向差也很小（只有几秒、几分，最多达 1°～2°）的小晶块，它们相互嵌镶成一颗晶粒，这些小晶块称为亚晶粒（或嵌镶块）。亚晶粒之间的界面称为亚晶界。晶粒中亚晶粒与亚晶界称亚组织。亚晶界处原子排列也是不规则的，其作用与晶界相似。综上所述，晶体中由于存在了空位、间隙原子、置换原子、位错、晶界和亚晶界等结构缺陷，都会使晶格发生畸变，从而引起塑性变形抗力增大，使金属的强度提高。

金属的结晶

单元二　金属的结晶

金属的组织与结晶过程关系密切，结晶后形成的组织对金属的使用性能和工艺性能有直接影响，因此了解金属和合金的结晶规律非常必要。

一、纯金属的冷却曲线及过冷度

1. 结晶的概念

物质由液态转变为固态的过程称为凝固。如果凝固的固态物质是晶体，则这种凝固又称为结晶。一般金属固态下是晶体，所以金属的凝固过程可称为结晶。

2. 纯金属的冷却曲线

金属的结晶过程可以通过热分析法进行研究。将纯金属加热熔化成液体，然后缓慢冷却下来，在冷却过程中，每隔一定时间测量一次温度，直到冷却至室温将测量结果绘制在温度-时间坐标上，便得到纯金属的冷却曲线，即温度随时间而变化的曲线。

由冷却曲线可见，液态金属随着冷却时间的延长，它所含的热量不断散失，温度也不断下降，但是当冷却到某一温度时，温度随时间延长并不变化，在冷却曲线上出现了"平台"，"平台"对应的温度就是纯金属结晶温度。出现"平台"的原因，是结晶时放出的潜热正好补偿了金属向外界散失的热量。结晶完成后，由于金属继续向环境散热，温度又重新下降。

需要指出的是，T_0 为理论结晶温度，实际上液态金属总是冷却到理论结晶温度（T_0）以下才开始结晶，如图 2-7 所示。实际结晶温度（T_1）总是低于理论结晶温度（T_0）的现象，称为"过冷现象"；理论结晶温度和实际结晶温度之差称为过冷度，以 ΔT 表示，($\Delta T = T_0 - T_1$)。金属结晶时过冷度的大小与冷却速度有关，冷却速度越快，金属的实际结晶温度越低，过冷度就越大。

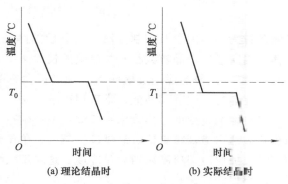

图 2-7 纯金属结晶时的冷却曲线

二、纯金属的结晶过程

纯金属的结晶过程发生在冷却曲线上平台所经历的这段时间。液态金属结晶时，都是首先在液态中出现一些微小的晶体——晶核，它不断长大，同时新的晶核又不断产生并相继长大，直至液态金属全部消失为止。因此金属的结晶包括晶核的形成和晶核的长大两个基本过程，并且这两个过程是既先后又同时进行的。

1. 晶核的形成

由图 2-8 可见，当液态金属冷至结晶温度以下时，某些类似晶体原子排列的小集团便成为结晶核心，这种由液态金属内部自发形成结晶核心的过程称为自发形核。而在实际金属中常有杂质的存在，这种依附于杂质或型壁而形成的晶核，晶核形成时具有择优取向，这种形核方式称为非自发形核。自发形核和非自发形核在金属结晶时是同时进行的，但非自发形核常起优先和主导作用。

2. 晶核的长大

晶核形成后，当过冷度较大或金属中存在杂质时，金属晶体常以树枝状的形式长大。在晶核形成初期，外形一般比较规则，但随着晶核的长大，形成了晶体的顶角和棱边，此处散热条件优于其他部位，因此在顶角和棱边处以较大成长速度形成枝干。同理，在枝干的长大过程中，又会不断生出分支，最后填满枝干的空间，结果形成树枝状晶体，简称枝晶。

三、金属结晶后的晶粒大小

金属结晶后晶粒大小对金属的力学性能有重大影响（表 2-1），一般来说，细晶粒金属具有较高的强度和韧性。为了提高金属的力学性能，希望得到细晶粒的组织，因此必须了解

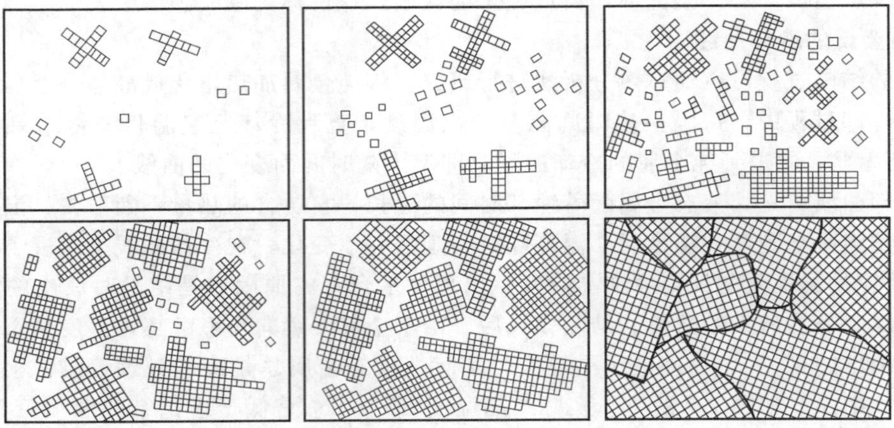

图 2-8 纯金属的结晶过程示意图

影响晶粒大小的因素及控制方法。结晶后的晶粒大小主要取决于形核率 N（单位时间、单位体积内所形成的晶核数目）与晶核的长大速率 G（单位时间内晶核向周围长大的平均线速度）。显然，凡是能促进形核率 N，抑制长大速率 G 的因素，均能细化晶粒。工业生产中，为了细化晶粒，改善其性能，常采用以下方法：

（1）增加过冷度　形核率和长大速率都随过冷度增大而增大，但在很大范围内形核率比晶核长大速率增长得更快。故过冷度越大，单位体积中晶粒数目越多，晶粒细化。实际生产中，通过加快冷却速度来增大过冷度，这对于大型零件显然不易办到，因此这种方法只适用于中、小型铸件。

（2）变质处理　在液态金属结晶前加入一些细小变质剂，使结晶时形核率 N 增加，而长大速率 G 降低，这种细化晶粒方法称为变质处理。例如，向钢液中加入铝、钒、硼等；向铸铁中加入硅铁、硅钙等；向铝合金中加入钠盐等。

（3）振动处理　采用机械振动、超声波振动和电磁振动等，增加结晶动力，使枝晶破碎，也间接增加形核核心，同样可细化晶粒。

表 2-1　晶粒大小对纯铁力学性能的影响

晶粒平均直径/μm	R_m/MPa	R_{eL}/MPa	A/%
7.0	184	34	30.6
2.5	216	45	39.5
0.2	268	58	48.8
0.16	270	66	50.7

合金的晶体结构与结晶

单元三　合金的晶体结构与结晶

　　纯金属虽然具有优良的导电、导热等性能，但它的力学性能较差，并且价格昂贵，因此在使用上受到很大限制。机械制造领域中广泛使用的金属材料是合金，如钢和铸铁等。合金与纯金属比较，具有一系列优越性：

① 通过调整成分，可在相当大范围内改善材料的使用性能和工艺性能，从而满足各种不同的需求；

② 改变成分可获得具有特定物理性能和化学性能的材料，即功能材料；

③ 多数情况下，合金价格比纯金属低，如碳钢和铸铁比工业纯铁便宜、黄铜比纯铜经济等。

一、合金的基本概念

1. 合金

合金是由两种或两种以上的金属元素或金属与非金属元素组成的具有金属特性的物质。例如碳钢就是铁和碳组成的合金。

2. 组元

组成合金的最基本的独立物质称为组元，简称元。组元可以是金属元素或非金属元素，也可以是稳定化合物。由两个组元组成的合金称为二元合金，三个组元组成合金称为三元合金。

3. 合金系

由两个或两个以上组元按不同比例配制成一系列不同成分的合金，称为合金系。例如，铜和镍组成的一系列不同成分的合金，称为铜-镍合金系。

4. 相

合金中具有同一聚集状态、同一结构和性质的均匀组成部分称为相。例如，液态物质称为液相；固态物质称为固相；同样是固相，有时物质是单相的，有时是多相的。

5. 组织

用肉眼或借助显微镜观察到材料具有独特微观形貌特征的部分称为组织。组织反映材料的相组成，相形态、大小和分布状况，因此组织是决定材料最终性能的关键。在研究合金时通常用金相方法对组织加以鉴别。

二、合金的组织

多数合金组元液态时都能互相溶解，形成均匀液溶体。固态时由于各组分之间相互作用不同，形成不同的组织。通常固态时合金中形成固溶体、金属间化合物和机械混合物三类组织。

1. 固溶体

合金由液态结晶为固态时，一组元溶解其他组元或组元之间相互溶解而形成的一种均匀相称为固溶体。占主要地位的元素是溶剂，而被溶解的元素是溶质。固溶体的晶格类型保持着溶剂的晶格类型。根据溶质原子在溶剂中所占位置的不同，固溶体可分为置换固溶体和间隙固溶体两种。

（1）置换固溶体　溶剂结点上的部分原子被溶质原子所替代而形成的固溶体，称为置换固溶体，如图 2-9（a）所示。

溶质原子溶于固溶体中的量称为固溶体的溶解度，通常用质量分数或原子百分数来表示。按固溶体溶解度不同，置换固溶体可分为有限固溶体和无限固溶体两类。例如，在铜镍合金中，铜与镍组成的为无限固溶体，而锌溶解在铜中所形成的固溶体为有限固溶体。当 W、Zn 质量分数大于 39% 时，组织中除了固溶体外，还出现了铜与锌的化合物。

置换固溶体中溶质在溶剂中的溶解度主要取决于两组元的晶格类型、原子半径和原子结构特点。通常两组元原子半径差别较小，晶格类型相同，原子结构相似，固溶体溶解度较大。事实上，大多数合金都为有限固溶体，并且溶解度随温度升高而增大。

（2）间隙固溶体　溶质原子溶入溶剂晶格之中而形成的固溶体，称为间隙固溶体，如图 2-9（b）所示。由于溶剂晶格的间隙有限，通常形成间隙固溶体的溶质原子都是原子半径较小的非金属元素，例如，碳、氮、氢等非金属元素溶入铁中形成的均为间隙固溶体。间隙固溶体的溶解度都是有限的。

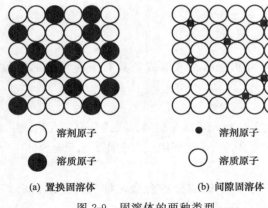

图 2-9　固溶体的两种类型

无论是置换固溶体还是间隙固溶体，溶质原子的溶入，都会使点阵发生畸变，同时晶体的晶格常数也要发生变化，原子尺寸相差越大，畸变也越大。畸变的存在使位错运动阻力增加，从而提高了合金的强度和硬度，而塑性下降，这种现象称为固溶强化。固溶强化是提高金属材料力学性能的重要途径之一。

2. 金属间化合物

合金组元间发生相互作用而形成一种具有金属特性的物质称为金属间化合物，它的晶格类型和性能完全不同于任一组元，一般可用化学分子式表示，如 Fe_3C，TiC，Cu，Zn 等。金属间化合物具有熔点高、硬度高、脆性大的特点，在合金中主要作为强化相，可以提高材料的强度、硬度和耐磨性，但塑性和韧性有所降低。金属间化合物是许多合金的重要组成相。

3. 机械混合物

两种或两种以上的相按一定质量分数组合成的物质称为机械混合物。混合物中各组成相仍保持自己的晶格，彼此无交互作用，其性能主要取决各组成相的性能以及相的分布状态。工程上使用的大多数合金的组织都是固溶体与少量金属间化合物组成的机械混合物。通过调整固溶体中溶质含量和金属间化合物的数量、大小、形态和分布状况，可以使合金的力学性能在较大范围变化，从而满足工程上的多种需求。

三、合金的结晶

合金的结晶也是在过冷条件下形成晶核与晶核长大的过程，但由于合金成分中会有两个以上的组元，使其结晶过程比纯金属要复杂得多。为了掌握合金的成分、组织、性能之间关系，必须了解合金的结晶过程，合金中各组织的形成和变化规律。相图就是研究这些问题的重要工具。详细介绍见学习情境三内容。

思考与练习

1. 晶体与非晶体的主要区别是什么？
2. 常见的金属晶格类型有哪几种？试画出其晶胞图。
3. 实际金属晶体中存在哪些晶体缺陷？它们对力学性能有何影响？
4. 什么叫过冷度？影响过冷度的主要因素是什么？
5. 晶粒大小对材料的力学性能有何影响？如何细化晶粒？
6. 什么是合金？与纯金属相比合金具有哪些优点？
7. 合金组织有哪几种类型？它们的结构和性能有何特点？

学习情境三
铁碳合金和铁碳合金相图

知识目标

掌握：铁碳合金相图各点、线、区的含义和铁碳合金的分类；

理解：铁碳合金的基本相及基本组织特征；典型合金（共析钢、亚共析钢、过共析钢）的结晶过程。

能力目标

能分析铁碳合金的基本相及基本组织；

能根据 $Fe-Fe_3C$ 相图分析铁碳合金的含碳量与力学特性的关系。

学习导航

钢铁材料是现代工业应用最为广泛的合金，它们是以铁和碳为基本组元组成的合金。与其他材料相比，钢铁具有较高的强度和硬度，可以铸造和锻压，也可以进行切削加工和焊接，尤其是通过适当的热处理，可以显著提高各种性能。此外，自然界中铁矿石的蕴藏量较丰富，钢铁价格较低。要合理地选择铁碳合金，就必须了解铁碳合金的成分、组织和性能之间的关系。

单元一　铁碳合金基本组织

铁碳合金
基本组织

一、纯铁的同素异构转变

自然界中大多数金属结晶后晶格类型都不再变化，但少数金属，如铁、锰、钛等，结晶成固态后继续冷却时，还会发生晶格的变化。金属这种在固态下晶格类型随温度（或压力）发生变化的现象称为同素异构转变。以不同晶格形式存在的同一金属元素的晶体称为该金属的同素异晶体。同一金属的同素异晶体按其稳定存在的温度，由低温到高温依次用希腊字母 α、β、γ、δ 等表示。

图 3-1 为纯铁的冷却曲线。由图可见，液态纯铁在 1538℃ 进行结晶，得到具有体心立方晶格的 δ-Fe，继续冷却到 1394℃ 时发生同素异构转变，δ-Fe 转变为面心立方晶格的 γ-Fe，在冷却到 912℃ 时又发生同素异构转变，转变为体心立方晶格的 α-Fe。如再冷却到室温，晶格不在发生变化。纯铁的同素异构转变可用下式表示：

$$\delta\text{-Fe} \xrightleftharpoons{1394℃} \gamma\text{-Fe} \xrightleftharpoons{912℃} \alpha\text{-Fe}$$
（体心立方晶格）　（面心立方晶格）　（体心立方晶格）

金属的同素异构转变与液态金属结晶过程有许多相似之处：有一定的转变温度；转变时有过冷现象；放出和吸收潜热；转变过程也是一个形核和晶核长大的过程。

但同素异构转变属于固态相变，转变时又具有本身的特点，例如：转变需要较大的过冷度；晶格的改变伴随着体积的变化；转变时会产生较大的内应力。例如，γ-Fe 转变为 α-Fe 时，铁的体积会膨胀约 1%。这是钢在淬火时产生内应力，导致工件变形和开裂的主要原因。纯铁具有同素异构转变的特性，也是钢铁材料能够通过热处理改善性能的重要依据。

二、铁碳合金的基本组织

铁碳合金中的碳元素既可以与铁作用形成金属化合物，也可以溶解在铁中形成间隙固溶体，或者形成化合物与固溶体组成的机械混合物，可形成下列五种基本组织。铁碳合金基本组织的性能特点见表 3-1。

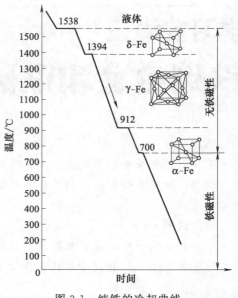

图 3-1 纯铁的冷却曲线

表 3-1 铁碳合金基本组织的性能特点

组织名称	符号	w_C/%	存在温度区间/℃	力学性能			性能特点
				R_m/MPa	A/%	HBW	
铁素体	F	0.0008～0.0218	室温～912	180～280	30～50	50～80	具有良好的塑性、韧性，较低的强度、硬度
奥氏体	A	0.77～2.11	727 以上	—	40～60	120～220	强度、硬度虽不高，却具有良好的塑性，尤其是具有良好的锻压性能
渗碳体	Fe_3C	6.69	室温～1148	30	0	800	高熔点，高硬度，塑性和韧性几乎为零，脆性极大
珠光体	P	0.77	室温～727	20	35	180	强度较高，硬度适中，有一定的塑性，具有较好的综合力学性能
莱氏体	L_d'	4.30	室温～727	—	0	>700	性能接近于渗碳体，硬度很高，塑性、韧性极差
	L_d		727～1148	—	—	—	

1. 铁素体

碳溶于 α-Fe 中所形成的间隙固溶体称为铁素体，用符号 F 表示，它仍保持 α-Fe 的体心立方晶格结构，其显微组织如图 3-2 所示。因其晶格间隙较小，所以溶碳能力很差，在 727℃时最大含碳量 w_C 仅为 0.0218%，室温时降至 0.0008%。铁素体由于溶碳量小，所以力学性能与纯铁相似，即塑性和冲击韧度较好，而强度、硬度较低。

2. 奥氏体

碳溶于 γ-Fe 中所形成的间隙固溶体称为奥氏体，用符号 A 表示，它保持 γ-Fe 的面心立方晶格结构。由于其晶格间隙较大，所以溶碳能力比铁素体强，在 727℃时 w_C 为 0.77%，

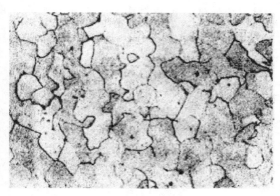

图 3-2　铁素体显微组织

1148℃时 w_C 达到 2.11%。奥氏体的强度、硬度不高，但具有良好塑性，是绝大多数钢高温进行压力加工的理想组织。

3. 渗碳体

渗碳体是铁和碳组成的具有复杂斜方结构的间隙化合物，用化学式 Fe_3C 表示。渗碳体中的碳的质量分数为 6.69%，硬度很高（800HBW），塑性和韧性几乎为零。渗碳体主要作为铁碳合金中的强化相存在。

4. 珠光体

珠光体是铁素体和渗碳体组成的机械混合物，用符号 P 表示，其显微组织如图 3-3 所示。在缓慢冷却条件下，珠光体中 w_C 为 0.77%，力学性能介于铁素体和渗碳体之间，即强度较高，硬度适中，具有一定的塑性。

5. 莱氏体

莱氏体是 w_C 为 4.3% 的合金，缓慢冷却到 1148℃ 时从液相中同时结晶出奥氏体和渗碳体的共晶组织，用符号 L_d 表示，其显微组织如图 3-4 所示。冷却到 727℃ 时，奥氏体将转变为珠光体，所以室温下莱氏体由珠光体和渗碳体组成，称为低温莱氏体，用符号 $L_{d'}$ 表示。莱氏体中由于有大量渗碳体存在，其性能与渗碳体相似，即硬度高，塑性差。

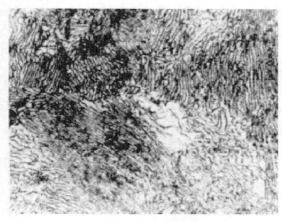

图 3-3　珠光体显微组织

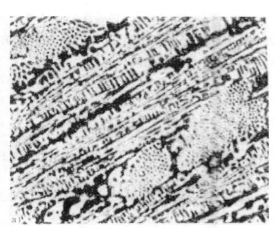

图 3-4　莱氏体显微组织

单元二　铁碳合金相图

铁碳合金相图

铁碳合金相图是在缓慢冷却的条件下，表明铁碳合金成分、温度、组织变化规律的简明图解，它也是选择材料和制定有关热加工工艺时的重要依据。由于 $w_C > 6.69\%$ 的铁碳合金脆性极大，在工业生产中没有使用价值，所以我们只研究

$w_C < 6.69\%$ 的部分。$w_C = 6.69\%$ 对应的正好全部是渗碳体，把它看作一个组元，实际上我们研究的铁碳相图是 Fe-Fe$_3$C 相图，如图 3-5 所示。

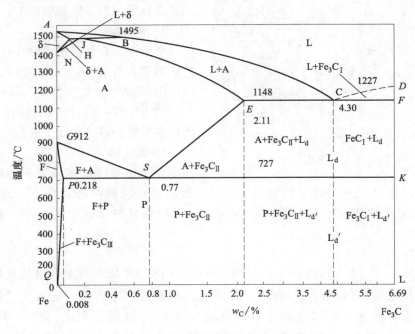

图 3-5　Fe-Fe$_3$C 相图

图中纵坐标为温度，横坐标为含碳量的质量分数。为了便于掌握和分析 Fe-Fe$_3$C 相图，将其实用意义不大的左上角部分以及左下角 GPQ 线左边部分予以省略，经简化后的 Fe-Fe$_3$C 相图如图 3-6 所示。

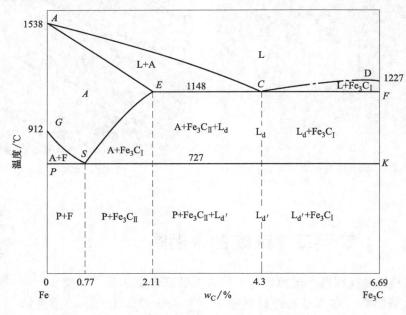

图 3-6　简化后的 Fe-Fe$_3$C 相图

一、相图分析

1. Fe-Fe₃C 相图中典型点的含义

见表 3-2。应当指出,Fe-Fe₃C 相图中特性的数据随着被测试材料纯度的提高和测试技术的进步而趋于精确,因此不同资料中的数据会有所出入。

表 3-2　Fe-Fe₃C 相图中的特征点

特征点	温度/℃	碳含量/%	含义
A	1538	0	纯铁的熔点
C	1148	4.3	共晶点
D	1227	6.69	渗碳体的熔点
E	1148	2.11	碳在奥氏体中的最大溶解度
F	1148	6.69	渗碳体的成分
G	912	0	纯铁的异构转变点
K	727	6.69	渗碳体的成分
P	727	0.0218	碳在铁素体中的最大溶解度
S	727	0.77	共析点
Q	600	0.0057	碳在铁素体中的溶解度

2. Fe-Fe₃C 相图中特性线的意义

Fe-Fe₃C 的相图中各特性线的符号、名称、意义列于表 3-3 中。

表 3-3　Fe-Fe₃C 相图的特征线

特征线	含义
ABCD	液相线
AECF	固相线
GS(又称 A_3)	铁素体完全固溶于奥氏体中(或开始从奥氏体中析出)的温度; 奥氏体转变为铁素体的开始线
ES(又称 A_{cm})	二次渗碳体完全固溶于奥氏体中(或开始从奥氏体中析出)的温度;碳在奥氏体中的溶解度曲线
ECF	共晶转变线
GP	奥氏体转变为铁素体的终了线
PQ	碳在铁素体中溶解度曲线
PSK(又称 A_1)	共析转变线

3. Fe-Fe₃C 相图相区分析

依据特性点和线的分析,简化 Fe-Fe₃C 相图主要有四个单相区即 L、A、F、Fe_3C;相图上其他区域的组织如图 3-6 所示。

二、典型铁碳合金结晶过程分析

铁碳合金由于成分不同,室温下得到不同的组织。根据含碳量和室温组织特点,铁碳合金可分为工业纯铁、钢、白口铸铁三类：

(1) 工业纯铁：$w_C < 0.0218\%$。

(2) 钢：$0.0218\% < w_C < 2.11\%$。根据其室温组织特点不同，又可将其分为三种：

亚共析钢：$0.0218\% < w_C < 0.77\%$，组织为 F+P；

共析钢：$w_C = 0.77\%$，组织为 P；

过共析钢：$0.77\% < w_C < 2.11\%$，组织为 $P+Fe_3C_{II}$。

(3) 白口铸铁：$2.11\% < w_C < 6.69\%$。按白口铁室温组织特点，也可分为三种：

亚共晶白口铁：$2.11\% < w_C < 4.3\%$，组织为 $P+Fe_3C_{II}+L_{d'}$；

共晶白口铁：$w_C = 4.3\%$，组织为 $L_{d'}$；

过共晶白口铁：$4.3\% < w_C < 6.69\%$，组织为 $Fe_3C+L_{d'}$。

典型铁碳合金结晶过程分析 依据成分垂线与相线相交情况，分析几种典型 $Fe-Fe_3C$ 合金结晶过程中组织转变规律。铁碳合金在 $Fe-Fe_3C$ 相图中的位置可参见图 3-7。

1. 共析钢

图 3-7 中合金 I（$w_C = 0.77\%$）为共析钢。当合金冷到 1 点时，开始从液相中析出奥氏体，降至 2 点时全部液体都转变为奥氏体，合金冷到 3 点 727℃ 时，奥氏体将发生共析反应，即 A 转变为 P（F+Fe_3C）。温度再继续下降，珠光体不再发生变化。共析钢冷却过程如图 3-8 所示，其室温组织是珠光体。珠光体的典型组织是铁素体和渗碳体呈片状叠加而成，如图 3-3 所示。

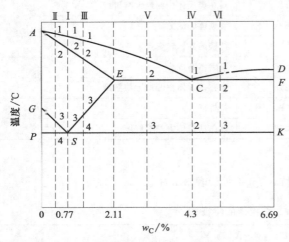

图 3-7 典型铁碳合金在 $Fe-Fe_3C$ 相图中的位置

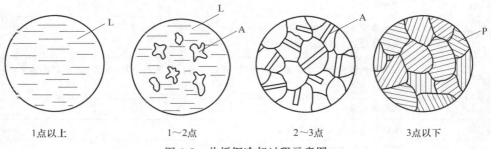

1点以上　　1~2点　　2~3点　　3点以下

图 3-8 共析钢冷却过程示意图

2. 亚共析钢

图 3-7 中合金 II（$w_C = 0.4\%$）为亚共析钢。合金在 3 点以上冷却过程同合金 I 相似，缓慢冷却至 3 点（与 GS 线相交于 3 点）时，从奥氏体中开始析出铁素体。随着温度降低，铁素体量不断增多，奥氏体量不断减少，并且成分分别沿 GP、GS 线变化。温度降到 PSK 温度，剩余奥氏体含碳量达到共析成分（$w_C = 0.77\%$），即发生共析反应，转变成珠光体。4 点以下冷却过程中，组织不再发生变化。因此亚共析钢冷却到室温的显微组织是铁素体和珠光体，其冷却过程组织转变如图 3-9 所示。

凡是亚共析钢结晶过程均与合金Ⅱ相似，只是由于含碳量不同，组织中铁素体和珠光体的相对量也不同。随着含碳量的增加，珠光体量增多，而铁素体量减少。亚共析钢的显微组织见图 3-10 所示。

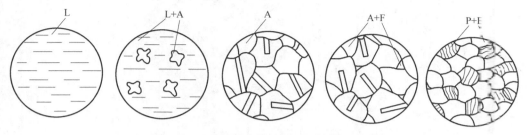

图 3-9 亚共析钢冷却过程组织转变示意图

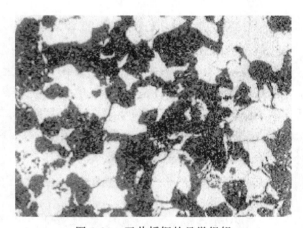

图 3-10 亚共析钢的显微组织

3. 过共析钢

图 3-7 中合金Ⅲ（$w_C = 1.20\%$）为过共析钢。合金Ⅲ在 3 点以上冷却过程与合金Ⅰ相似，当合金冷却到 3 点（ES 线相交于 3 点）时，奥氏体中碳含量达到饱和，继续冷却，奥氏体成分沿 ES 线变化，从奥氏体中析出二次渗碳体，它沿奥氏体晶界呈网状分布。温度降至 PSK 线时，奥氏体 w_C 达到 0.77% 即发生共析反应，转变成珠光体。4 点以下至室温，组织不再发生变化。过共析钢的组织转变过程见图 3-11，其室温下的显微组织是珠光体和网状二次渗碳体。

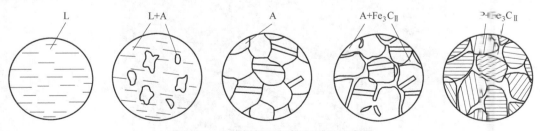

图 3-11 过共析钢组织转变过程示意图

过共析钢的结晶过程均与合金Ⅲ相似，只是随着含碳量不同，最后组织中珠光体和渗碳体的相对量也不同，图 3-12 是过共析钢在室温时的显微组织。

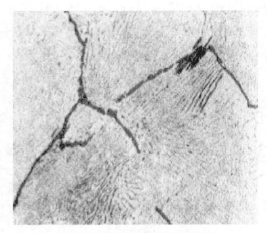

图 3-12 过共析钢的显微组织

4. 共晶白口铁

图 3-7 中合金Ⅳ（$w_C=4.3\%$）为共晶白口铁。合金Ⅳ在 1 点以上为单一液相，当温度降至与 ECF 线相交时，液态合金发生共晶反应，共晶反应的产物为莱氏体。随着温度继续下降，奥氏体成分沿 ES 线变化，从中析出二次渗碳体。当温度降至 2 点时，奥氏体发生共析转变，形成珠光体。故共晶白口铁室温组织是由珠光体、二次渗碳体和共晶渗碳体组成的混合物，称之为低温莱氏体，其结晶过程见图 3-13。

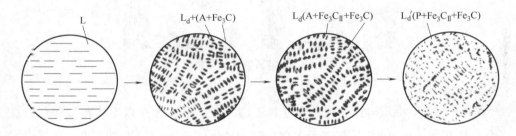

图 3-13 共晶白口铁结晶过程组织转变示意图

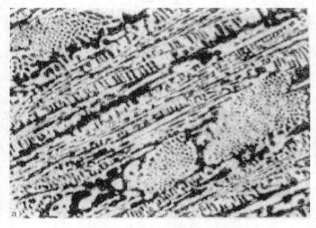

图 3-14 共晶白口铁的显微组织

室温下共晶白口铁显微组织如图 3-14 所示。图中黑色部分为珠光体，白色基体为渗碳体。

亚共晶白口铁（2.11%＜w_C＜4.3%）结晶过程同合金Ⅳ基本相同，区别是共晶转变之前先有析相 A 形成，因此其室温组织为 $P+Fe_3C+L_{d'}$，如图 3-15 所示。图中黑色块状、树枝状为珠光体，黑白相间的基体为低温莱氏体，二次渗碳体与共晶渗碳体在一起，难以分辨。

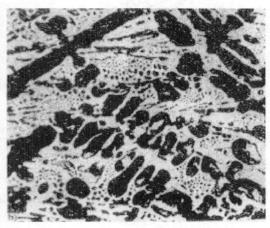
图 3-15 亚共晶白口铁的显微组织

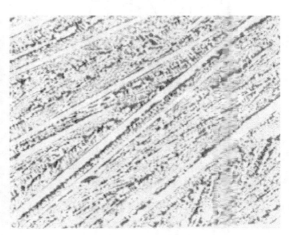
图 3-16 过共晶白口铁的显微组织

过共晶白口铁（4.3%＜w_C＜6.69%）结晶过程也与合金Ⅳ相似，只是在共晶转变前先从液体中析出一次渗碳体，其室温组织为 Fe_3C+L_d，如图 3-16 所示。图中白色板条状为一次渗碳体，基体为低温莱氏体。

三、含碳量对铁碳合金组织和性能的影响

1. 含碳量对平衡组织的影响

综上所述，铁碳合金在室温的组织都是由铁素体和渗碳体两相组成，随着含碳量增加，铁素体不断减少，而渗碳体逐渐增加，并且由于形成条件不同，渗碳体的形态和分布有所变化。

室温下随着含碳量增加，铁碳合金平衡组织变化规律如下：

$$F \rightarrow F+P \rightarrow P \rightarrow P+Fe_3C_{II} \rightarrow P+Fe_3C_{II}+L_{d'} \rightarrow L_{d'} \rightarrow Fe_3C_I+L_{d'}$$

2. 含碳量对力学性能的影响

图 3-17 为含碳量对碳钢的力学性能的影响。由图可见，随着钢中含碳量增加，钢的强度、硬度升高，而塑性和韧性下降，这是组织中渗碳体量不断增多，铁素体量不断减少的缘故。但当 $w_C=0.9$% 时，由于网状二次渗碳体的存在，强度明显下降。工业上使用的钢 w_C 一般不超过 1.3%～1.4%；而 w_C 超过 2.11% 的白口铸铁，组织中大量渗碳体的存在，使性能硬而脆，难以切削加工，一般以铸态使用。

四、铁碳合金相图的应用

相图是分析钢铁材料平衡组织和制定钢铁材料各种热加工工艺的基础性资料，在生产实践中具有重大的现实意义（图 3-18）。

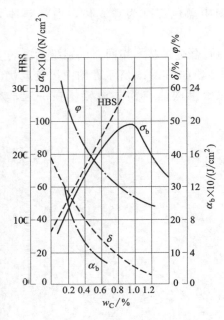 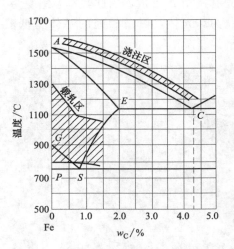

图 3-17 含碳量对碳钢的力学性能的影响

图 3-18 Fe-Fe₃C 相图与铸、锻工艺的关系

(1) 在选材方面的应用　相图表明了钢铁材料成分、组织的变化规律，据此可判断出力学性能变化特点，从而为选材提供了可靠的依据。例如，要求塑性、韧性好、焊接性能良好的材料，应选低碳钢；而要求硬度高、耐磨性好的各种工具钢，应选用含碳量较高的钢。

(2) 在铸造方面的应用　生产中，相图可估算钢铁材料的浇注温度，一般在液相线以上 50～100℃；由相图可知共晶成分的合金结晶温度最低，结晶区间最小，流动性好，体积收缩小，易获得组织致密的铸件，所以通常选择共晶成分的合金作为铸造合金。

(3) 在锻造方面的应用　相图可作为确定钢的锻造温度范围依据。通常把钢加热到奥氏体单相区，塑性好、变形抗力小，易于成形。一般始锻温度控制在固相线以下 100～200℃ 范围内，而终锻温度亚共析钢控制在 GS 线以上，过共析钢应在稍高于 PSK 线以上。

(4) 在焊接方面的应用　焊缝及周围热影响区受到不同程度的加热和冷却，组织和性能会发生变化，相图可作为研究变化规律的理论依据。

(5) 热处理方面的应用　相图是制定各种热处理工艺加热温度的重要依据，这一问题后续章节中会专门讨论。相图尽管应用广泛，但仍有一些局限性，主要表现在以下几方面。

① 相图只是反映了平衡条件下组织转变规律（缓慢加热或缓慢冷却），它没有体现出时间的作用，因此实际生产中，冷却速度较快时不能用此相图分析问题。

② 相图只反映出了二元合金中相平衡的关系，若钢中有其他合金元素，其平衡关系会发生变化。

③ 相图不能反映实际组织状态，它只给出了相的成分和相对量的信息，不能给出形状、大小、分布等特征。

思考与练习

1. 何谓金属的同素异构转变？试以纯铁为例说明金属的同素异构转变。
2. 何谓共晶转变和共析转变？以铁碳合金为例写出转变表达式。
3. 画出 Fe-Fe$_3$C 相图钢的部分，试分析 45 钢、T8 钢、T12 钢在极缓慢的冷却条件下的组织转变过程，并绘出室温显微组织示意图。
4. 为什么铸造合金常选用靠近共晶成分的合金？而压力加工合金则选用单相固溶体成分的合金？
5. 试以钢的显微组织说明 20 钢、45 钢和 T8 钢的力学性能有何不同。
6. 某厂仓库中积压了许多碳钢（退火状态），由于钢材混杂不知其化学成分，现找出一根，经金相分析后发现组织为珠光体和铁素体，其中铁素体量占 80%。问此钢材碳的含量大约是多少？是哪个钢号？
7. 有形状和大小一样的两块铁碳合金，一块是低碳钢，一块是白口铁。问用什么简便的方法可迅速将它们区分开来？
8. 现有形状尺寸完全相同的四块平衡状态的铁碳合金，它们碳的质量分数分别为 0.20%、0.40%、1.2%、3.5%。根据你所学过的知识，可有哪些方法来区别它们？
9. 根据 Fe-Fe$_3$C 相图解释下列现象：
   (1) 在进行热轧和锻造时，通常将钢材加热到 1000～1200℃；
   (2) 钢铆钉一般用低碳钢制作；
   (3) 绑扎物件一般用铁丝（镀锌低碳钢丝），而起重机吊重物时却用钢丝绳（60 钢、65 钢、70 钢等制成）；
   (4) 在 1100℃时，w_C=0.4% 的碳钢能进行锻造，而 w_C=4.0% 的铸铁不能进行锻造；
   (5) 在室温下 w_C=0.8% 的碳钢比 w_C=1.2% 的碳钢强度高；
   (6) 钢锭在正常温度（950～1100℃）下轧制有时会造成开裂。

学习情境四
钢的热处理

知识目标

掌握：热处理的原理、目的和分类；退火、正火、淬火和回火工艺特点及应用；

理解：热处理零件的结构工艺性；

了解：表面热处理、化学热处理工艺方法的特点及应用。

能力目标

能区分、选择退火、正火工艺；

能根据零件性能要求选择淬火工艺；

能根据零件的性能要求选择回火工艺。

学习导航

钢的热处理是指将钢在固态下进行加热、保温和冷却，以改变其内部组织，从而获得所需要性能的一种工艺方法。

热处理同铸造、压力加工和焊接等工艺不同，它不改变零件的外形和尺寸，只改变金属的内部组织和性能。热处理不仅可以强化金属材料、充分发挥其内部潜力、提高或改善工件的使用性能和加工工艺性，而且还是提高加工质量、延长工件和刀具使用寿命、节约材料、降低成本的重要手段；并且经过合理的表面热处理则可提高零件的耐蚀性及耐磨性，也可装饰和美化零件外观。所以，机械制造业中大多数的机器零件都要经过热处理，提高产品的质量和使用寿命。如在机床制造中，60%～70%的零件要热处理。在汽车、拖拉机制造中，需要经过热处理的零件占70%～80%。至于刀具、模具、量具和滚动轴承等，则要100%进行热处理。随着工业和科学技术的发展，热处理在改善和强化金属材料、提高产品质量、节省材料和提高经济效益等方面将发挥更大的作用。

根据热处理的目的、要求以及加热和冷却条件的不同，金属材料热处理主要有钢的普通热处理、钢的表面和化学热处理。

钢的热处理方法虽多，但任何一种热处理都是由加热、保温和冷却三个阶段组成的，因此可以用"温度-时间"曲线图表示（图4-1）。

单元一 钢的热处理原理

一、钢在加热和冷却时的转变温度

为了使钢件在热处理后获得所需要的性能，对于大多数热处理工艺，都要将钢加热到相变温度以上，使其组织发生变化。对于碳素钢在缓慢加热和冷却过程中，相变温度可以根据

Fe-Fe$_3$C 相图来确定，然而由于 Fe-Fe$_3$C 相图中的相变温度 A_1、A_3、A_{cm} 是在极其缓慢的加热和冷却条件下测定的，与实际热处理的相变温度有一些差异，加热时相变温度因有过热现象而偏高，冷却时因有过冷现象而偏低，随着加热和冷却速度的增加，这一偏离现象愈加严重，因此，常将实际加热时偏离的相变温度用 A_{c_1}、A_{c_3}、$A_{c_{cm}}$ 表示，将实际冷却时偏离的相变温度用 A_{r_1}、A_{r_3}、$A_{r_{cm}}$ 表示，如图 4-2 所示。

二、钢在加热时的组织转变

碳钢的室温组织基本上是由铁素体和渗碳体两个相组成，只有在奥氏体状态才能通过不同冷却方式使钢转变为不同组织，获得所需要性能。所以，热处理时须将钢加热到一定温度，使其组织全部或部分转变为奥氏体。现以共析碳钢为例讨论钢的奥氏体化过程。

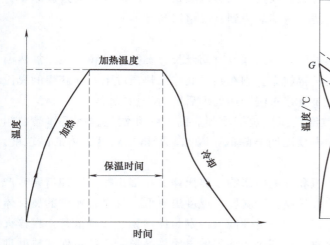

图 4-1 钢的热处理工艺曲线

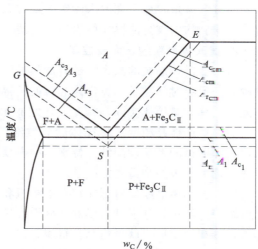

图 4-2 加热或冷却时相变温度变化

1. 奥氏体的形成

根据 Fe-Fe$_3$C 相图，共析碳钢的室温组织为珠光体，其奥氏体化的温度应在 A_1 线以上。因此，奥氏体的形成必须经过原来晶格（铁素体和渗碳体）的改组和铁、碳原子的扩散来实现。从室温组织珠光体向高温组织奥氏体的转变，也遵循"形核与核长大"这一相变的基本规律。其奥氏体形成的全过程应包括下面四个连续的阶段，如图 4-3 所示。

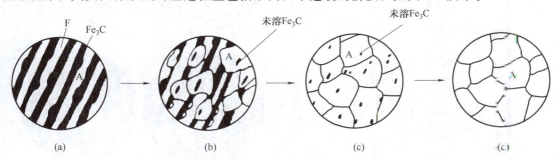

图 4-3 共析碳钢的奥氏体形成过程示意图

(1) 第一阶段为奥氏体形核　钢在加热到 A_{c_1} 时，奥氏体晶核优先在铁素体与渗碳体的相界面上形成,这是因为相界面的原子是以铁素体与渗碳体两种晶格的过渡结构排列的,原子偏离平衡位置处于畸变状态,具有较高能量;再则,与晶体内部比较,晶界处碳的分布是不均匀的,这些都为形成奥氏体晶核在成分、结构和能量上提供了有利条件。

(2) 第二阶段为奥氏体晶核长大　奥氏体晶核形成后,通过原子扩散,铁素体晶格先逐渐改组为奥氏体晶格,随后通过渗碳体的连续不断分解和铁原子扩散而使奥氏体晶核不断长大。

(3) 第三阶段是残余渗碳体的溶解　由于渗碳体的晶体结构和含碳量与奥氏体差别很大,所以,渗碳体向奥氏体的溶解必然落后于铁素体向奥氏体的转变。因而还需要一段时间继续向奥氏体溶解,直至全部渗碳体消失为止。

(4) 第四阶段是奥氏体成分均匀化　奥氏体转变刚结束时,其成分是不均匀的,在原来铁素体处含碳量较低,在原来渗碳体处含碳量较高,只有继续延长保温时间,通过碳原子扩散才能得到均匀成分的奥氏体组织,以便在冷却后得到良好组织与性能。

2. 奥氏体晶粒的长大及控制

(1) 奥氏体晶粒的长大　随着加热温度升高或保温时间延长,奥氏体晶粒长大。加热温度越高,保温时间越长,奥氏体晶粒就长得越大。钢在某一具体加热条件下实际获得的奥氏体晶粒,称为奥氏体实际晶粒度,其大小直接影响到热处理后的力学性能。

(2) 奥氏体晶粒度　奥氏体的晶粒度直接影响钢冷却后的组织和性能。奥氏体晶粒粗大,冷却后钢的力学性能差,特别是冲击韧度明显降低,因此,严格控制奥氏体的晶粒度,是热处理生产中一个重要的问题。

(3) 奥氏体晶粒度对钢在室温下组织和性能的影响　奥氏体晶粒细小时,冷却后转变产物的组织也细小,其强度与塑性、韧性都较高,冷脆转变温度也较低;反之,粗大的奥氏体晶粒,冷却转变后仍获得粗晶粒组织,使钢的力学性能(特别是冲击韧性)降低甚至在淬火时产生变形、开裂。所以,热处理加热时获得细小而均匀的奥氏体晶粒,往往是保证热处理零件质量的关键之一。钢的晶粒度级别图见图 4-4。

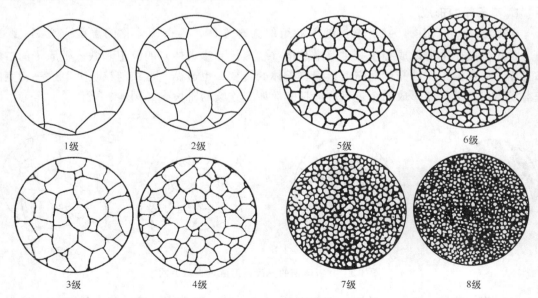

图 4-4　钢的晶粒度级别图

(4) 奥氏体晶粒度的控制

① 加热温度和保温时间：加热温度越高，晶粒长大越快，奥氏体晶粒越粗大。因此，必须严格控制加热温度。

② 加热速度：加热速度越快，则加热时间越短，晶粒越来不及长大，所以快速短时加热是细化晶粒的重要手段之一。

③ 钢的成分：当加热温度相同时，奥氏体中的碳化物增加时，奥氏体晶粒长大倾向也增加，但奥氏体晶界上存在未溶的碳化物时，可阻止奥氏体晶粒长大。

当钢中加入能形成稳定碳化物的合金元素（如 Ti、V、Ta、Nb、Zr、Mo、C 等），会不同程度地阻碍奥氏体的晶粒长大。但 Mn 和 P 可促进奥氏体晶粒长大。

从上述可知，为了控制奥氏体的晶粒长大，应合理地选择钢材，严格控制加热温度和保温时间。

三、钢在冷却时的组织转变

热处理中对钢进行加热和保温的主要目的是为了使钢获得细小而均匀的奥氏体晶粒。钢在加热转变为奥氏体后，以什么方式和速度进行冷却，将对钢的组织和性能有着决定性的作用，因为冷却的方式和速度不同，所得到的组织和性能就大不相同。因此掌握奥氏体在什么冷却条件下向什么组织转变，是正确地选择合适的冷却方法来控制钢的组织和性能的关键。

实际生产中，钢热处理时常用的冷却方式有两种。一是等温冷却，即使奥氏体化的钢先以较快的冷却速度冷却到相变点（A_1 线以下一定的温度），然后进行保温，使过冷奥氏体在等温下发生组织转变，转变完成后再冷却到室温。二是连续冷却，即对奥氏体化的钢，使其在温度连续下降的过程中发生组织转变。例如在热处理生产经常使用的水中、油中或空气中冷却等都是连续冷却方式（图 4-5）。

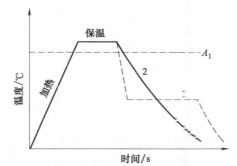

图 4-5　奥氏体的冷却曲线示意图

不同冷却条件对 45 钢力学性能的影响（加热温度 840℃）见表 4-1。

表 4-1　不同冷却条件对 45 钢力学性能的影响（加热温度 840℃）

冷却方法	力学性能				硬度 HRC
	R_m/MPa	R_{eL}/MPa	A/%	φ/%	
随炉冷却	519	272	32.5	49	15～18
空气冷却	657～706	333	15～18	45～50	18～24
油冷却	882	608	18～20	48	40～50
水冷却	1078	706	7～8	12～14	52～60
15%盐水冷却	—	—	—	—	55～62

下面以共析碳钢为例，说明冷却方式对钢组织及性能的影响。

1. 过冷奥氏体等温冷却转变

(1) 过冷奥氏体等温转变曲线　以共析碳钢为例，将奥氏体化的共析碳钢以不同的冷却

速度急冷至 A_1 线以下不同温度保温，使过冷奥氏体在等温条件下发生相变。测出不同温度下过冷奥氏体发生相变的开始时间和终了时间。并分别画在温度-时间坐标上，然后将转变开始时间和转变终了时间分别连接起来，即得共析碳钢的过冷奥氏体等温转变曲线，如图 4-6 所示。过冷奥氏体等温转变曲线类似"C"字，故简称 C 曲线，又称为 TTT 曲线（英文时间、温度、转变三词字头）。图中 A_1、M_s 两条温度线划分出上中下三个区域：A_1 线以上是稳定奥氏体区；M_s 线以下是马氏体转变区；A_1 和 M_s 线之间的区域是过冷奥氏体等温转变区。共析碳钢过冷奥氏体等温转变产物的组织及硬度见表 4-2。

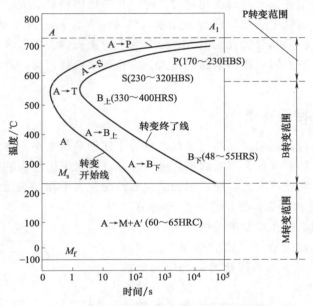

图 4-6 共析碳钢过冷奥氏体的等温转变曲线

图中两条 C 曲线又把等温转变区划分为左中右三个区域：左边一条 C 曲线为转变开始线，其左侧是过冷奥氏体区；右边一条 C 曲线为转变终了线，其右侧是转变产物区；两条 C 曲线之间是过冷奥氏体部分转变区。

（2）过冷奥氏体的高温转变　$A_1 \sim 550℃$ 范围内，原子的扩散能力较强，容易在奥氏体晶界上产生高碳的渗碳体晶核和低碳的铁素体晶核，容易实现晶格重构，属于扩散型转变，也可称作高温转变，转变产物为铁素体与渗碳体层片相间的珠光体型组织。

（3）过冷奥氏体的中温转变　在 $550℃ \sim M_s$（230℃）范围内，过冷度较大，铁原子难以扩散，仅有碳原子扩散，过冷奥氏体转变速度下降，孕育期逐渐延长，主要通过相变驱动力来改变晶格结构，通过碳原子扩散形成碳化物，属于半扩散型转变，也称作中温转变，其转变产物为贝氏体型组织（B），主要特征是组织呈羽毛状或呈针状。

（4）过冷奥氏体的低温转变　在 M_s 线以下范围内，铁、碳原子都已失去扩散的能力，但过冷度很大，相变驱动力足以改变过冷奥氏体的晶格结构，并将碳全部过饱和固溶于 α-Fe 晶格内，这种转变属于非扩散型转变，也称作低温转变，转变产物为马氏体（M）。

马氏体的转变是在 $M_s \sim M_f$ 范围内不断降温的过程中进行的，冷却中断，转变随即停止，只有继续降温，马氏体转变才能继续进行，直至冷却到 M_f 点温度，转变终止。M_s 为马氏体转变开始温度，M_f 为马氏体转变终了温度。马氏体转变至环境温度下仍会保留一定数量的奥氏体，称为残留奥氏体。

表 4-2　共析碳钢过冷奥氏体等温转变产物的组织及硬度

组织名称	符号	转变温度/℃	组织形态	层间距/μm	分辨所需放大倍数	硬度 HRC
珠光体	P	A_1～650	粗层状	约 0.3	<500	<25
索氏体	S	650～600	细层状	0.1～0.3	1000～1500	25～35
托氏体	T	600～550	极细针状	约 0.1	10000～100000	35～40
上贝氏体	$B_上$	550～350	羽毛状	—	>400	40～45
下贝氏体	$B_下$	350～Ms	黑色针状	—	>400	45～55

2. 过冷奥氏体连续冷却转变

在实际生产中，奥氏体的转变大多是在连续冷却过程中进行，故有必要对过冷奥氏体的连续冷却转变曲线有所了解。连续冷却转变曲线又称 CCT 图，如图 4-7 所示。连续冷却的奥氏体，存在一个临界冷却速度 v_K。当冷却速度小于 v_K 时，奥氏体就会分解形成珠光体；而当冷却速度大于 v_K 时，奥氏体就不能分解而转变成马氏体。由于钢在冷却介质中的冷却速度不是恒定值，且受环境因素和操作方式影响较大，因而 CCT 曲线既难以测定，也难以使用。生产中往往用 C 曲线来近似地代替 CCT 曲线，对过冷奥氏体的连续冷却组织进行定性分析，其结果可作为制定热处理工艺的参考。共析碳钢过冷奥氏体连续冷却转变产物的组织和硬度见表 4-3。

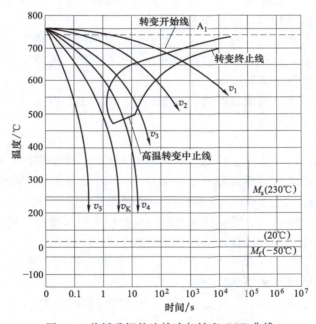

图 4-7　共析碳钢的连续冷却转变 CCT 曲线

表 4-3　共析碳钢过冷奥氏体连续冷却转变产物的组织和硬度

冷却速度	冷却方法	转变产物	符号	硬度
v_1	随炉冷却	珠光体	P	170～220HBW
v_2	自然空冷	索氏体	S	25～35HRC

冷却速度	冷却方法	转变产物	符　号	硬　度
v_3	吹风空冷	索氏体+托氏体	S+T	35～45HRC
v_4	油中冷却	托氏体+马氏体+残余奥氏体	$T+M+A_R$	45～55HRC
v_5	水中冷却	马氏体+残余奥氏体	$M+A_R$	55～65HRC

单元二　钢的普通热处理

一、钢的退火

钢的退火

退火是将钢件加热到高于或低于钢的相变点适当温度，保温一定时间，随后在炉中或埋入导热性较差的介质中缓慢冷却，以获得接近平衡状态组织的一种热处理工艺。

1. 退火的目的

（1）降低钢件硬度，便于切削加工　铸、锻、焊成形工件，由于冷却速度过快，一般硬度偏高，不易切削加工。退火后，硬度降低到200～240HB，切削加工性较好。

（2）消除残余应力，防止变形和开裂　退火可消除铸、锻、焊件的残余内应力，稳定工件尺寸，并减少淬火时变形和开裂的倾向。

（3）消除缺陷，改善组织，细化晶粒，提高钢的力学性能　铸、锻、焊件中往往存在粗大晶粒的过热组织或带状组织缺陷，退火时进行一次重结晶，可消除上述组织缺陷，改善性能，并为以后淬火热处理做组织准备。

（4）消除前一道工序（铸造、锻造、冷加工等）所产生的内应力，为下道工序最终热处理（淬火回火）做好组织准备。

2. 退火类型

根据上述不同的目的，生产上采用了不同的退火工艺，主要有以下几类。

（1）完全退火　将亚共析钢加热到 A_{c_3} 以上30～50℃，保温一定时间后，随炉缓慢冷却，或埋入石灰中冷却，至500℃以下在空气中冷却。

完全退火的目的是使铸造、锻造或焊接所产生的粗大组织细化、所产生的不均匀组织得到改善、所产生的硬化层得到消除，以便于切削加工。

完全退火主要用于处理亚共析组织的碳钢，合金钢的铸件、锻件、热轧型材和焊接结构，也可作为一些不重要件的最终热处理。

（2）球化退火　加热至 A_{c_1} 以上，保温一定时间，使钢的 Fe_3C（碳化物）趋于球化，然后缓慢冷却到600℃后出炉冷却。

应用：共析钢和过共析钢及合金钢。

目的：降低硬度，改善切削加工性能，并为淬火作组织准备。

（3）去应力退火　把钢件加热到500～650℃，保温一定时间，随炉冷却至200℃后出炉。

应用：铸件、锻件、焊件、冷冲压件及机加工件。

目的：消除残余应力，以防止零件变形或产生裂纹。

二、钢的正火

将工件加热至奥氏体区,保温一定时间后,出炉空冷的热处理工艺称为正火。正火与退火主要区别是正火冷却速度较快,所获得的组织较细,强度和硬度较高。碳钢各种退火和正火加热温度范围见图4-8。

应用:普通结构件作为最终热处理;低、中碳钢作为预先热处理,改善切削加工性能;过共析钢消除网状渗碳体。

钢的正火

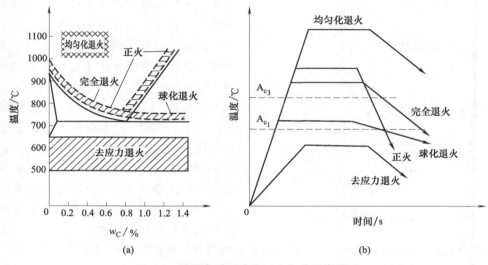

图4-8 碳钢各种退火和正火加热温度范围

目的:细化组织,适当提高硬度和强度。

选择退火或正火工艺时应考虑以下因素:

(1) 改善切削加工性能

低碳钢:硬度低,粘刀,选择正火;

高碳钢:硬度高,难切削,选择退火;

中碳钢:退火、正火皆可。

(2) 使用性能

普通结构件,以正火作为最终热处理,以细化晶粒,提高力学性能;形状复杂的结构件,采用退火作为最终热处理,以削除应力防止裂纹。

(3) 经济性

正火周期短,耗能少,操作简便,尽量以正火代替退火。

三、钢的淬火

将钢加热到A_{c_3}(亚共析钢)或A_{c_1}(共析或过共析钢)以上30~50℃,保温一定时间使其奥氏体化,然后在冷却介质中迅速冷却的热处理工艺,称为淬火。淬火的主要目的是得到马氏体(个别情况下得到贝氏体)组织,提高钢的硬度和耐磨性,例如各种工具、模具、量具、滚动轴承等都需要通过淬火来提高硬度和耐磨性。

钢的淬火

1. 淬火加热温度

淬火加热温度是淬火工艺的主要参数。它的选择应以得到均匀细小的奥氏体晶粒为原则，以使淬火后获得细小的马氏体组织。为防止奥氏体晶粒粗化，淬火加热温度一般限制在临界点以上 30~50℃ 范围。碳钢淬火加热温度范围如图 4-9 所示。

亚共析钢淬火加热温度为 $A_{c_3} + (30 \sim 50℃)$。这样可获得均匀细小的马氏体组织，若淬火加热温度过高，不仅会出现粗大马氏体组织，还会导致淬火钢的严重变形。若淬火加热温度过低，则会在淬火组织中出现铁素体，造成淬火钢硬度不足，甚至出现"软点"现象。

共析钢和过共析钢的淬火加热温度为 $A_{c_1} + (30 \sim 50℃)$。淬火后，共析钢组织为均匀细小的马氏体和少量残余奥氏体；过共析钢则可获得均匀细小的马氏体加粒状二次渗碳体和少量残余奥氏体的混合组织。

对于合金钢，由于大多数合金元素有阻碍奥氏体晶粒长大的作用，所以淬火加热温度可以稍微提高一些，以利于合金元素的溶解和均匀化，从而获得较好的淬火效果。

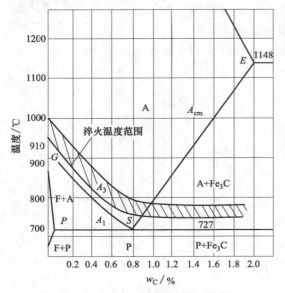

图 4-9 淬火加热温度范围的示意图

2. 淬火冷却介质

冷却也是影响淬火质量的一个重要因素。因此选择合适的淬火冷却介质，对于达到淬火目的和保证淬火质量具有十分重要的意义。为了保证淬火能得到马氏体组织，淬火冷却速度就必须大于临界冷却速度（v_K）而快冷总是不可避免地要造成较大的内应力，以致往往要引起钢件的变形或开裂。要解决这一矛盾，理想的淬火冷却曲线应如图 4-10 所示。由图可知，淬火并不需要整个冷却过程都是快冷，只要求在 C 曲线鼻尖附近快冷；而在 M_s 点以下则应尽量慢冷，以减小马氏体转变时的内应力。但是到目前为止，还没有找到一种淬火冷却介质能符合这一理想淬火冷却曲线的要求，也就是说，至今还没有一种十分理想的淬火冷却介质。淬火最常用的冷却介质是水、盐水和油。常用淬火介质的冷却特性见表 4-4。

水是既经济又有很强冷却能力的淬火冷却介质。其不足之处是在 650~550℃ 的范围内冷却能力不够强，而在 300~200℃ 范围内冷却能力又偏强，不符合理想淬火冷却介质的要求。因此，水主要适用于形状简单、硬度要求高而均匀、变形要求不严格的碳钢零件的淬火。

油是一类冷却能力较弱的淬火冷却介质。淬火用油主要为各种矿物油。油在高温区冷却速度不够，不利于碳钢的淬硬，但有利于减少工件的变形。因此，在实际生产中，油主要用作过冷奥氏体稳定性好的合金钢和尺寸小的碳钢零件的淬火冷却介质。

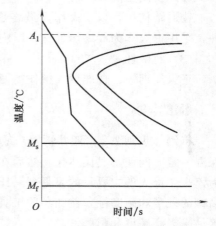

图 4-10 理想的淬火冷却曲线

碱浴和硝盐浴也常用作淬火冷却介质。碱浴在高温区的冷却能力比油强而比水弱，而硝盐在高温区的冷却能力比油略弱。在低温区域，碱浴和硝盐浴的冷却能力都比油弱。因此碱浴和硝盐浴广泛用作截面不大、形状复杂、变形要求严格的工具钢的分级淬火或等温淬火的冷却介质。

表 4-4 常用淬火介质的冷却特性

淬火冷却介质	最大冷却速度		平均冷却速度/(℃·s^{-1})	
	所在温度/℃	冷却速度/(℃·s^{-1})	650～550℃	320～200℃
水(20℃)	340	775	135	150
水(60℃)	220	275	80	185
10%的水溶液(20℃)	580	2000	1800	1000
15%的水溶液(20℃)	560	2830	2750	775
机油(20℃)	430	230	60	55
机油(80℃)	430	230	70	55

3. 淬火冷却方法

由于淬火介质不能完全满足淬火质量的要求，所以要选择适当的淬火方法，以保证获得所需要的淬火组织和性能的前提下，尽量减小淬火应力、工件变形和开裂倾向。最常用的几种淬火方法如下。

(1) 单液淬火 单液淬火是将奥氏体化后的钢件淬入一种介质中连续冷却获得马氏体组织的一种淬火方法。这种方法操作简单，易实现机械化与自动化热处理；但它只适用于形状简单的碳钢和合金钢零件的淬火。

(2) 双液淬火 双液淬火是先将奥氏体化后的钢件淬入冷却能力较强的介质中冷至接近 M_s 点温度时快速转入冷却能力较弱的介质中冷却，直至完成马氏体转变。这种淬火法利用了两种介质的优点，获得了较为理想的冷却条件；在保证工件获得马氏体组织的同时，减小了淬火应力，能有效防止工件的变形或开裂。工业生产常以水和油分别作为两种冷却介质，故又称之为水淬油冷法。双液淬火法要求操作人员必须具有丰富的实践经验，否则难以保证淬火质量。

(3) 分级淬火 分级淬火是将奥氏体化后的钢件淬入稍高于 M_s 点温度的盐浴中，保持到工件内外温度接近后取出，使其在缓慢冷却条件下发生马氏体转变。这种淬火方法显著降低了淬火应力，因而更为有效地减小或防止了淬火工件的变形和开裂。因受熔盐冷却能力的限制，它只适用于处理尺寸较小的工件。

(4) 等温淬火 等温淬火是将奥氏体化后的钢件淬入高于 M_s 点温度的盐浴中，等温保持，以获得下贝氏体组织的一种淬火工艺。这种淬火方法处理的工件强度高、韧性好；同时因淬火应力很小，故工件淬火变形极小。它多用于处理形状复杂、尺寸较小的零件。

4. 钢的淬透性

淬透性是指钢在规定条件下淬火时获得马氏体的能力或获得淬硬层深度的能力，它是钢的主要热处理工艺性能之一。钢的淬透性主要取决于钢的临界冷却速度，C曲线位置越偏右，临界冷却速度越小，过冷奥氏体越稳定，淬透性也就越好。因此，除Co以外，大多数合金元素都能显著提高钢的淬透性。

5. 钢的淬硬性

淬硬性是指钢在淬火时的硬化能力，常用淬火后马氏体所能达到的最高硬度表示，它主要取决于马氏体中的碳含量,碳含量越高则相应的马氏体越硬,完全淬火状态钢件的硬度也就越高。不同成分的钢的马氏体硬度主要取决于钢的碳含量。

钢的回火

四、钢的回火

工件经淬火后,一般都要进行回火。回火是将淬火工件重新加热至 A_{c_1} 点以下的预定温度,保持一定时间,然后以一定速度冷却到室温,这种热处理工艺称为回火。回火是紧接着淬火之后进行的一道热处理工序。这是因为淬火后得到的马氏体性能很脆,并存在很大的内应力,如不及时回火,时间久了有可能使工件发生变形或开裂。再者淬火组织中的马氏体和残余奥氏体都是不稳定的组织,如不回火会在日后使用中发生组织转变而引起工件尺寸变化,因此,回火是钢淬火后不可缺少的一个重要工序。

1. 回火目的

(1) 降低脆性 消除或减少内应力。淬火钢存在很大的内应力,不及时回火,往往会导致工件的变形和开裂。

(2) 稳定组织和工件尺寸 回火过程中,不稳定的淬火马氏体和残余奥氏体会转变为较稳定的铁素体和渗碳体或碳化物的两相混合物,从而保证了工件在使用过程中形状和尺寸的稳定性。

(3) 获得要求的力学性能 钢的淬火态组织一般虽然硬度很高,但脆性也很大;可通过适当温度的回火,以获得零件所要求的强度、硬度、塑性和韧性的良好配合。

2. 回火种类、组织及性能

淬火钢回火后的组织和性能决定于回火温度。按回火温度范围的不同,可将钢的回火分为三类:

(1) 低温回火 回火温度范围一般为 150~250℃,得到回火马氏体组织。淬火钢经低温回火后仍保持高硬度(58~64HRC)和高耐磨性。其主要目的是为了降低淬火应力和脆性。各种高碳钢工、模具及耐磨零件通常采用低温回火。

(2) 中温回火 回火温度范围通常为 350~500℃,得到回火托氏体组织。淬火钢经中温回火后,硬度为 35~45HRC,具有较高的弹性极限和屈服极限,并有一定的塑性和韧性。中温回火主要用于各种弹簧的处理。

(3) 高温回火 回火温度范围通常为 500~650℃,得到回火索氏体组织,硬度为 25~35HRC。淬火钢经高温回火后,在保持较高强度的同时,又具有较好的塑性和韧性,即综合力学性能较好。人们通常将中碳钢的淬火加高温回火的热处理称为调质处理。它广泛应用于处理各种重要的结构零件,如在交变载荷下工作的连杆、螺栓、齿轮及轴类等。调质处理还可作为某些精密零件(如精密量具、模具等)的预先热处理,以减少最终热处理(淬火)时的变形。

除以上三种常用回火方法外,对某些精密的工件,为了保持淬火后的高硬度及尺寸的稳定性,常进行低温(100~150℃)长时间(10h~50h)保温的回火,称为时效处理。

单元三 钢的表面热处理和化学热处理

有些零件的工作表面要求具有高的硬度和耐磨性,而心部又要求有足够的韧性和塑性,如汽车、拖拉机的传动齿轮、凸轮轴和曲轴等,多需要采用表面热处理。

一、钢的表面淬火

表面淬火是采用快速加热的方法使工件表面奥氏体化,然后快冷获得表层淬火组织的一种热处理工艺。

表面淬火是钢表面强化的方法之一,由于其具有工艺简单、生产率高、热处理缺陷少等优点,因而在工业生产中获得了广泛的应用。根据加热方法的不同,表面淬火可分为感应加热表面淬火、火焰加热表面淬火、电接触加热表面淬火、电解液加热表面淬火及激光加热表面淬火等。其中应用最广泛的是感应加热与火焰加热表面淬火方法。

1. 感应加热表面淬火

(1) 感应加热的基本原理 感应加热是利用电磁感应原理,使工件表面产生密度很高的感应电流,将工件表层迅速加热。

将工件放入感应圈内,当感应圈中通过一定频率交流电时会产生交变磁场,于是工件内就会感应产生同频率的感应电流。由于感应电流沿工件表面形成封闭回路,故通常称为涡流。涡流在工件中的分布由表面到心部呈指数规律衰减。因此,涡流主要分布在工件表面,工件心部电流密度几乎为零,这种现象称为集肤效应。感应加热就是利用感应电流的集肤效应和热效应将工件表面迅速加热到淬火温度的。

(2) 感应加热表面淬火的种类 感应电流透入工件表层的深度主要取决于电流频率,电流频率越高,电流透入深度越浅,则工件表层被加热的厚度越薄,即淬透层深度越小。

根据所用电流频率的不同,感应加热表面淬火(图4-11)可分为三类。

① 高频感应加热表面淬火:电流频率为100~500kHz,最常用频率为200~300kHz,可获淬硬层深度为0.5~2.0mm,主要适用于中、小模数齿轮及中、小尺寸轴类零件的表面淬火。

② 中频感应加热表面淬火:电流频率为500~10000Hz,最常用频率为2500~8000Hz。可获淬硬层深度为3~5mm。主要用于要求淬硬层较深的较大尺寸的轴类零件及大中模数齿轮的表面淬火。

③ 工频感应加热表面淬火:电流频率为50Hz,不需要变频设备。可获得淬硬层深度为10~15mm。适用于轧辊、火车车轮等大直径零件的表面淬火。感应加热表面淬火的分类与应用见表4-5。

感应加热速度极快,一般不进行加热保温,为保证奥氏体化质量,感应加热表面淬火可采用较高的淬火加热温度,一般可比普通淬火温度高100~200℃。感应加热表面淬火通常采用喷射介质冷却。

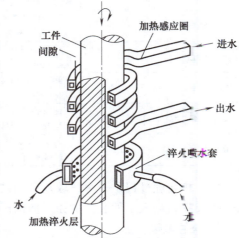

图4-11 感应加热表面淬火示意图

工件经表面淬火后,一般应在180~200℃进行回火,以降低残余应力和脆性。

感应加热表面淬火主要适用于中碳和中碳低合金结构钢,例如40、45、40Cr、40MnB等。

表 4-5　感应加热表面淬火的分类与应用

分类	频率范围	淬硬层深度	应用范围
高频感应加热	200~300kHz	0.5~2mm	在摩擦条件下工作的小型零件,如小齿轮、小轴
中频感应加热	2500~8000Hz	2~8mm	承受扭曲、压力载荷的零件,如曲轴、大齿轮、主轴、凸轮轴
工频感应加热	50Hz	10~15mm	承受扭曲、压力载荷的大型零件,如冷轧辊、火车车轮

2. 火焰加热表面淬火

利用乙炔-氧火焰（最高温度 3200℃）或煤气-氧火焰（最高温度 2000℃）对工件表面进行快速加热,并随即喷水冷却的表面淬火方法。其淬硬层深度一般为 2~6mm。适用于单件小批量及大型轴类、大模数齿轮等的表面淬火。使用设备简单、成本低、灵活性大,但温度不易控制,工件表面易过热,淬火质量不够稳定。

二、钢的化学热处理

化学热处理是将工件置于特定介质中加热和保温,使介质中的活性原子渗入工件表层,改变表层的化学成分和组织,从而达到改进表层性能的一种热处理工艺。化学热处理不仅可以显著提高工件表层的硬度、耐磨性、疲劳强度和耐腐蚀性能,而且能够保证工件心部具有良好的强韧性。因此,化学热处理在工业生产中已获得越来越广泛的应用。

化学热处理种类很多,根据渗入元素的不同,可分为渗碳、渗氮（氮化）、碳氮共渗（氰化）、渗硼、渗硫、渗金属、多元共渗等。在机械制造工业中,最常用的化学热处理工艺有钢的渗碳、氮化和碳氮共渗。常用化学热处理方法简介见表 4-6。

表 4-6　几种常用化学热处理方法简介

化学热处理方法	渗入元素	渗层特性	适用范围
渗硼	B	硬度极高,耐磨;具有良好的耐热性和抗蚀性	适用于钢、铸铁等,应用于冷作和热作模具效果较好
渗硫	S	可降低摩擦系数,提高抗咬合性,但硬度不高	主要适用于轻负荷、低速运动的工件,也可用作刀具的补充处理
渗铝	Al	在 850℃以下具有良好的高温抗氧化性	低、中碳钢渗铝后可代替不锈耐热钢使用
渗铬	Cr	具有良好的耐磨、抗腐蚀和抗氧化性	可代替铬不锈钢使用
硫、碳-氮共渗	S、C、N	能改善钢的摩擦性能,提高耐磨性和抗疲劳性	适用于钢、铸铁等,常用于刀具效果较好
碳、氮-硼共渗	C、N、B	与 C、N 共渗相比,耐磨性和耐蚀性更好	主要用于碳素钢及低合金钢结构件

化学热处理过程是一个比较复杂的过程。一般将它看成由渗剂的分解、工件表面对活性原子的吸收和渗入工件表面的原子向内部扩散三个基本过程组成。

1. 钢的渗碳

将低碳钢放入渗碳介质中,在 900~950℃加热保温,使活性碳原子渗入钢件表面以获得高碳渗层的化学热处理工艺称为渗碳。渗碳的主要目的是提高工件表面的硬度、耐磨性和疲劳强度,同时保持心部具有一定强度和良好的塑性与韧性。渗碳钢的含碳量一般为 0.1%~0.3%,常用渗碳钢有 20、20Cr、20CrMnTi、12CrNi、20MnVB 等。因此,一些重要的钢制机器零件经渗碳和热处理后,能兼有高碳钢和低碳钢的性能;从而使它们既能承受磨损和较高的表面接触应力，同时又能承受弯曲应力及冲击载荷的作用。

根据所用渗碳剂的不同，渗碳方法可分为三种，即气体渗碳（图4-12）、固体渗碳和液体渗碳。常用的是前两种，尤其是气体渗碳应用最为广泛。

(1) 气体渗碳　气体渗碳是零件在含有气体渗碳介质的密封高温炉罐中进行渗碳处理的工艺。通常使用的渗碳剂是易分解的有机液体，如煤油、苯、甲醇、丙酮等。这些物质在高温下发生分解反应，产生活性碳原子，形成渗碳条件：

$$CH_4 \rightarrow 2H_2 + [C]$$
$$2CO \rightarrow CO_2 + [C]$$
$$CO + H_2 \rightarrow H_2O + [C]$$

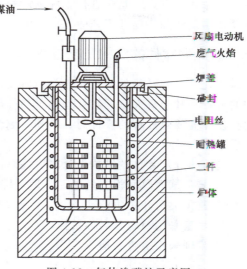

图4-12　气体渗碳炉示意图

(2) 固体渗碳　固体渗碳是将工件装入渗碳箱中，周围填满固体渗碳剂，密封后送入加热炉内，进行加热渗碳。渗碳温度一般也为900～950℃。

2. 渗氮

向钢的表面渗入氮元素，以获得富氮表层的化学热处理称为渗氮，通常叫做氮化。与渗碳相比，钢件氮化后表层具有更高的硬度和耐磨性。氮化后的工件表层硬度高达950～1200HV，相当于85～72HRC。

目前较为广泛应用的氮化工艺是气体渗氮，即将氨气通入加热到氮化温度的密封氮化罐中，使其分解出活性氮原子，反应如下：

$$2NH_3 \rightarrow 3H_2 + 2[N]$$

氮化用钢通常为含有Cr、Mo、Al、Ti、V等合金元素的中碳钢，如38CrMoAl。氮化温度较低，一般为500～570℃。氮化层厚度随工件的不同而有所区别，一般不会超过0.6～0.7mm。工件在氮化前需进行调质处理，以保证氮化件心部具有较高的强度和韧性。

3. 碳氮共渗

碳氮共渗就是向钢件表层同时渗入碳和氮的化学热处理工艺，又称为钢的氰化。气体氰化是将钢件放入密封炉罐内加热到820～860℃，并向炉内滴入煤油或其他渗碳剂，同时通入氨气。

氰化用钢：主要是渗碳钢，但也可用中碳钢和中碳合金钢。

氰化的特点：与渗碳相比，氰化具有处理温度低、时间短、生产效率高、工件变形小等优点，但其渗层较薄，主要用于形状复杂、要求变形小的小型耐磨件。

单元四　热处理工艺的应用

热处理在机械制造中应用十分广泛。热处理工艺应用是否正确直接关系到零件的使用性能、寿命和成本。因此在进行零件设计和制定加工工艺时必须正确设计零件的结构形状、热处理技术条件和热处理工艺的工序位置。

一、热处理零件的结构工艺性

热处理零件结构的工艺性，是指所设计的零件结构在满足使用要求的前提下，进行热处理的可行性和经济性（即热处理的难易程度）。零件的结构形状对热处理质量影响很大。因此在设计需要热处理的零件时，必须考虑热处理工艺对零件结构的要求——以确保零件热处理质量。

进行热处理零件的结构设计时应注意：
① 避免截面厚薄相差悬殊，合理安排孔洞与键槽；
② 避免尖角和棱角；
③ 尽量采用封闭和对称结构；
④ 合理采用组合结构。

二、零件的热处理技术条件

当零件有热处理要求时，设计者应根据零件的工作条件、材料及性能要求提出适当的热处理技术条件并标注在零件图上；热处理技术条件的内容包括热处理方法及应达到的力学性能。

热处理技术条件的标注内容。对于一般零件：热处理技术条件只标注硬度值。对于重要零件：除标注硬度值外，还应标注强度、塑性、韧性，有时还标注金相组织要求。对于表面处理或化学热处理零件：除分别标注表面和心部硬度值外，还应标注表面处理层深度或渗层部位和渗层深度要求。

零件热处理技术条件的标注通常用文字在图样标题栏上方做扼要说明：按 GB/T 12603—2005《金属热处理工艺分类及代号》，并标出相应的力学性能指标及其他要求。

热处理工艺代号标记由基础分类工艺代号和附加分类工艺代号组成。在基础分类中根据工艺类型、工艺名称和实践工艺的加热方法，将热处理工艺按三个层次进行分类，见表 4-7。对基础分类中某些工艺的具体条件的进一步分类，包括退火、正火、淬火、化学热处理工艺加热介质（表 4-8）；退火冷却工艺及代号（表 4-9）；淬火冷却介质或冷却方法；渗碳和碳氮共渗的后续冷却工艺，以及化学热处理中非金属、渗金属、多元共渗、熔渗四种工艺按元素的分类。

热处理工艺代号标记规定如下：

<u>5</u>（热处理）　<u>X</u>（工艺类型）　<u>X</u>（工艺名称）　<u>X</u>（加热方法）　☐（附加分类工艺代号）

基础工艺代号用四位数字表示。第一位数字"5"为机械制造工艺分类与代号中表示热处理的工艺代号；第二，三，四位数字分别代表基础分类中的第二，三，四层次中的分类代号。当工艺中某个层次不需分类时，该层次用 0 代号。

附加工艺代号用英文字母代表。接在基础分类工艺代号后面。

零件热处理后应达到的技术要求可按相应的规定进行标注。如图 4-13 所示，图中 5151 表示应对螺钉进行整体调质处理，使其硬度达到 230～250HBW，尾 5213 表示对其尾部进行火焰加热表面淬火和回火，尾部硬度要求 42～48HRC。

表 4-7 热处理工艺分类及代号

工艺总称	代号	工艺类型	代号	工艺名称	代号	加热方法	代号
热处理	5	整体热处理	1	退火	1	加热炉	1
				正火	2		
				淬火	3		
				淬火和回火	4	感应	2
				调质	5		
				稳定化处理	6		
				固溶处理,水韧处理	7	火焰	3
				固溶处理+时效	8		
		表面热处理	2	表面淬火和回火	1	电阻	4
				物理气相沉淀	2		
				化学气相沉淀	3		
				等离子体增强化学气相沉淀	4	激光	5
		化学热处理	3	渗碳	1		
				碳氮共渗	2	电子束	6
				渗氮	3		
				氮碳共渗	4	等离子体	7
				渗其他非金属	5		
				渗金属	6		
				多元共渗	7	其他	8
				固溶化处理和时效	8		

表 4-8 热处理加热介质及代号

加热介质	固体	液体	气体	真空	保护气氛	可控气氛	流态床
代号	S	L	G	V	P	C	F

表 4-9 退火冷却工艺及代号

退火工艺	去应力	扩散	再结晶	石墨化	去氢退火	球化退火	等温退火
代号	o	d	r	g	h	s	n

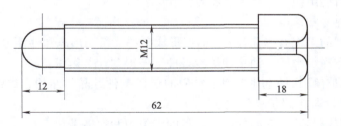

热处理5151,235HBW,尾5213,45HRC

图 4-13 45 钢螺钉热处理技术条件标注示意图

三、热处理工序位置的确定

热处理工序在零件加工过程中是穿插进行的,其位置对于零件的加工工艺性、使用性能和成本影响很大。因此在确定热处理工序位置时,必须认真分析冷、热加工各工序间的关系,合理安排加工工艺路线,以优化工艺过程——在保证使用性能的前提下,使工艺性好、成本低、安全和生产周期短。

1. 确定热处理工序位置的一般原则

热处理工序一般安排在铸造、锻压、焊接等热加工和切削加工（冷加工）的各工序之间。因热处理目的的不同，预备热处理和最终热处理的工序位置也不同。

（1）预备热处理的工序位置　预备热处理包括退火、正火，重要零件还常采用调质作为预备热处理。其工序位置一般安排在毛坯生产之后，切削加工之前；或粗加工之后，精加工之前。

（2）最终热处理的工序位置　最终热处理包括淬火＋回火、化学热处理等。其工序位置一般安排在半精加工之后，精加工（磨削加工）之前。

2. 热处理工序位置确定实例

机床主轴制造工艺过程

材料：45 钢

热处理技术条件：5151，220～250HBW；轴颈及锥孔 5212，50～52HRC。

5151：主轴整体调质处理，硬度要求 220～250HBW；

5212：轴颈及锥孔，硬度要求 50～52HRC。

锻造→预备热处理→机加工（粗加工）→最终热处理 1→机加工（半精加工）→最终热处理 2→磨削加工（精加工）

因为 45 钢是亚共析钢所以预备热处理是正火，由于机床主轴整体要求具有良好的综合力学性能。所以最终热处理 1 是整体调质处理，由于机床主轴轴颈要求具有良好的耐磨性，需要高的硬度，所以最终热处理 2 是轴颈处局部感应加热表面淬火。

思考与练习

1. 钢在加热时的组织转变过程和特点是什么？
2. 钢在冷却时的组织转变过程和特点是什么？
3. 什么是临界冷却速度？
4. 珠光体类型的组织有哪几种？它们在形成条件、组织形态和性能方面有何特点？
5. 共析钢在空冷、水冷、油冷和炉冷条件下各得到什么组织？
6. 马氏体组织有哪几种基本类型？它们的形成条件、晶体结构、组织形态和性能有何特点？马氏体的硬度与含碳量有何关系？
7. 退火工艺有哪几种？它们的特点、目的、组织和性能是什么？
8. 什么是正火？退火和正火如何选择？
9. 淬火工艺有哪几种？它们的特点、目的、组织和性能是什么？
10. 各种不同的淬火冷却方法如何在 C 曲线中表示，它们各得到什么组织？各有何特点？
11. 亚共析钢和过共析钢的淬火加热温度如何确定？它们得到的淬火组织有何不同？
12. 常用淬火冷却介质有哪几种？说明其冷却特性、优缺点和应用范围。
13. 淬透性与淬硬性有何区别？它们各自主要取决于什么因素？
14. 淬火钢回火时的组织转变过程和特点是什么？
15. 不同回火工艺的目的、用途和得到的组织与性能是什么？

16. 表面淬火方法有哪几种？它们的目的、特点和应用场合是什么？

17. 化学热处理的目的、特点和应用场合是什么？

18. 车床主轴要求轴颈部位硬度为 54~58HRC，其余地方为 20~25HRC，其加工路线为：下料　锻造　正火　机加工　调质　机加工（精）轴颈表面淬火　低温回火　磨削加工。请指出：

（1）轴的材料；

（2）正火和调质的目的和大致热处理工艺；

（3）表面淬火目的；

（4）低温回火目的及工艺。

19. 一批 45 钢试样（尺寸 $\phi15mm \times 10mm$），因其组织、晶粒大小不均匀，需采用退火处理。拟采用以下几种退火工艺：

（1）缓慢加热至 700℃，保温足够时间，随炉冷却至室温；

（2）缓慢加热至 840℃，保温足够时间，随炉冷却至室温；

（3）缓慢加热至 1100℃，保温足够时间，随炉冷却至室温；

问上述三种工艺各得到何种组织？若要得到大小均匀的细小晶粒，选何种工艺最合适？

学习情境五
工业用钢

知识目标

掌握：非合金钢、合金钢的分类、牌号及应用；

理解：常见杂质元素（S、P、Si）对钢性能的影响；

了解：合金元素在钢中的作用。

能力目标

能识别分析常用非合金钢、合金钢的牌号、用途；

能根据零件的使用要求选择钢种；

能分析非合金钢含碳量与力学特性的关系。

学习导航

金属材料是最重要的工程材料，工业上将金属及其合金分为两类：黑色金属——包括钢和铁；有色金属——除黑色金属以外的其他金属，如铜、铝、镁等。金属材料中95%为钢铁，由于钢铁材料价格低廉、便于冶炼、容易加工而且性能多种多样，能满足很多生产及应用方面的要求，因此钢铁材料成为使用最广、用量最大的金属材料，在现代工业、农业、科研、国防等行业中占有极其重要的地位。

工业用钢按化学成分分为非合金钢和合金钢两大类。非合金钢为含碳量小于2.11%的铁碳合金。而合金钢是指为了提高钢的性能，在碳钢的基础上有意加入一定量合金元素所获得的铁基合金。从钢的生产来说，世界各国生产的非合金钢约占80%，合金钢约占20%。非合金钢不仅价格低廉，容易加工，而且能满足一般工程结构和机械零件的使用性能要求，是最广泛应用的材料。与非合金钢相比，合金钢的性能有显著提高和改变，能提供多种性能，满足不同的用途，因而合金钢的用量逐年增长。

单元一 非合金钢

非合金钢
（碳素钢）

非合金钢即碳素钢，指含碳量大于0.0218%并小于2.11%且不含有特意加入合金元素的铁碳合金。碳素钢冶炼方法简单，容易加工，价格低廉，具有较好的力学性能和工艺性能，因此，在机械制造、交通运输等许多部门中得到广泛的应用。

一、非合金钢中的常存杂质元素及其影响

实际使用的非合金钢并不是单纯的铁碳合金，由于冶炼时所用原料以及冶炼工艺方法等影响，钢中总不免有少量其他元素存在，如硅、锰、硫、磷、铜、铬、镍等，这些并非有意

加入或保留的元素一般作为杂质看待。它们的存在对钢的性能有较大的影响。

(1) 锰（Mn）　钢中的锰来自炼钢生铁及脱氧剂锰铁。一般认为锰在钢中是一种有益的元素。在碳钢中含锰量通常≤0.80%；在含锰合金钢中，含锰量一般控制在1.0%~1.2%范围内。锰大部分溶于铁素体中，形成置换固溶体，并使铁素体强化；另一部分锰溶于渗碳体中，形成合金渗碳体，提高钢的硬度；锰与硫化合成MnS，能减轻硫的有害作用。当锰含量不多，在碳钢中仅作为少量杂质存在时，它对钢的性能影响并不明显。

(2) 硅（Si）　硅也是来自炼钢生铁和脱氧剂硅铁，在碳钢中含硅量通常≤0.35%，硅和锰一样能溶于铁素体中，使铁素体强化，从而使钢的强度、硬度、弹性提高，而塑性、韧性降低。因此，硅也是碳钢中的有益元素。

(3) 硫（S）　硫是生铁中带来的而在炼钢时又未能除尽的有害元素。硫不溶于铁，而以FeS形成存在，FeS会与Fe形成低熔点（985℃）的共晶体（FeS-Fe），并分布于奥氏体的晶界上，当钢材在1000~1200℃压力加工时，晶界处的FeS-Fe共晶体已经熔化，并使晶粒脱开，钢材将沿晶界处开裂，这种现象称为"热脆"。为了避免热脆，钢中含硫量必须严格控制，普通钢含硫量应≤0.055%，优质钢含硫量应≤0.040%，高级优质钢含硫量应≤0.030%。

在钢中增加含锰量，可消除硫的有害作用，锰能与硫形成熔点为1620℃的MnS，而且MnS在高温时具有塑性，这样避免了热脆现象。

(4) 磷（P）　磷也是生铁中带来的而在炼钢时又未能除尽的有害元素。磷在钢中全部溶于铁素体中，虽可使铁素体的强度、硬度有所提高，但却使室温下的钢的塑性、韧性急剧降低，在低温时表现尤其突出。这种在低温时由磷导致钢严重变脆的现象称为"冷脆"。磷的存在还会使钢的焊接性能变坏，因此钢中含磷量应严格控制，普通钢含磷量应≤0.045%，优质钢含磷量应≤0.040%，高级优质钢含磷量应≤0.035%。

但是，在适当的情况下，硫、磷也有一些有益的作用。对于硫，当钢中含硫较高（0.08%~0.3%）时，适当提高钢中含锰量（0.6%~1.55%），使硫与锰结合成MnS，切削时易于断屑，能改善钢的切削性能，故易切钢中含有较多的硫。对于磷，如与铜配合能增加钢的抗大气腐蚀能力，改善钢材的切削加工性能。

另外，钢在冶炼时还会吸收和溶解一部分气体，如氮、氢、氧等，给钢的性能带来有害影响。尤其是氢，它可使钢产生氢脆，也可使钢中产生微裂纹，即白点。

二、非合金钢的分类

非合金钢的分类方法有多种，常见的有以下三种。

(1) 按钢的含碳量分类　分为三类：

低碳钢，含碳量＜0.25%；

中碳钢，含碳量为0.25%~0.60%；

高碳钢，含碳量为0.60%~2.11%。

(2) 按钢的质量（即按钢含有害元素S、P的多少）分类　分为三类：

普通碳素钢，钢中S、P含量分别≤0.055%和≤0.045%；

优质碳素钢，钢中S、P含量均≤0.040%；

高级碳素钢，钢中S、P含量分别≤0.030%和≤0.035%。

(3) 按钢的用途分类　分为两类：

碳素结构钢，主要用于制造各种工程构件和机械零件，含碳量＜0.77%；

碳素工具钢,主要用于制造各种工具、量具和模具等,含碳量＞0.77%。

此外,按冶炼方法不同,分为平炉钢、转炉钢和电炉钢;按冶炼时脱氧程度不同,分为沸腾钢、镇静钢和半镇静钢等。

三、非合金钢的牌号和用途

1. 碳素结构钢

用"Q+数字"表示,"Q"为屈服点一词中"屈"汉语拼音的首字母,数字表示屈服点数值。如:Q275,表示屈服点为275MPa。若牌号后面标注字母A、B、C、D,则表示钢材质量等级不同,即S、P含量不同。A、B、C、D质量依次提高,"F"表示沸腾钢,"b"为半镇静钢,不标"F"和"b"的为镇静钢。如:Q235-A·F表示屈服点为235MPa的A级沸腾钢,Q235-C表示屈服点为235MPa的C级镇静钢。

碳素结构钢一般情况下都不经热处理,而是在供应状态下直接使用。通常Q195、Q215、Q235含碳量低,有一定强度,常轧制成薄板、钢筋、焊接钢管等,用于桥梁、建筑等钢结构,也可制造普通的铆钉、螺钉、螺母、垫圈、地脚螺栓、轴套、销轴等等。Q255和Q275钢强度较高,塑性、韧性较好,可进行焊接,通常轧制成型钢、条钢和钢板作结构件以及制造连杆、键、销、简单机械上的齿轮、轴节等。

GB/T 700—2006标准规定了碳素结构钢的具体牌号和化学成分、力学性能等技术条件,见表5-1。

表 5-1 碳素结构钢的具体牌号和化学成分、力学性能

牌号	等级	化学成分/%			力学性能			应用举例
		C	S	P	R_{eL}/MPa	R_m/MPa	A/%	
			不大于					
Q195	—	0.06～0.12	0.050	0.045	195	315～390	33	用于制作开口销、铆钉、垫片及载荷较小的冲压件
Q215	A	0.09～0.15	0.050	0.045	215	335～10	31	
	B		0.045					
Q235	A	0.14～0.22	0.050	0.045	235	375～460	26	用于制作后桥壳盖、内燃机支架、制动器底板、发电机机架、曲轴前挡油盘
	B	0.12～0.20	0.045					
	C	≤0.18	0.040	0.040				
	D	≤0.17	0.035	0.035				
Q255	A	0.18～0.28	0.050	0.045	235	410～510	24	用于制作拉杆、心轴、转轴、小齿轮、销、键
	B		0.045					
Q275	—	0.28～0.38	0.050	0.045	275	490～610	20	

2. 优质碳素结构钢

这类钢硫、磷含量均小于0.035%,有害杂质元素含量低,塑性和韧性较好,主要制作较重要的机械零件,常常用来制作轴类、齿轮、弹簧等零件。这类钢经热处理后具有良好的综合力学性能。

优质碳素结构钢牌号由二位数字,或数字与特征符号组成。以二位数字表示平均碳的质量分数（以万分之几计）。沸腾钢和半镇静钢在牌号尾部分别加符号"F"和"b",镇静钢一般不标符号。较高含锰量的优质碳素结构钢,在表示平均碳的质量分数的数字后面加锰元素符号。例如:$w_C=0.50\%$,$w_{Mn}=0.70\%～1.00\%$的钢,其牌号表示为"50Mn"。高级优质碳素结构钢,在牌号后加符号"A",特级优质碳素结构钢在牌号后加符号"E"。

优质碳素结构钢主要用于制造机械零件。一般都要经过热处理以提高力学性能。根据碳

的质量分数不同，有不同的用途。08、08F、10、10F 钢，塑性、韧性好，具有优良的冷成形性能和焊接性能，常冷轧成薄板，用于制作仪表外壳、汽车和拖拉机上的冷冲压件，如汽车车身，拖拉机驾驶室等；15、20、25 钢用于制作尺寸较小、负荷较轻、表面要求耐磨、心部强度要求不高的渗碳零件，如活塞销、样板等；30、35、40、45、50 钢经热处理（淬火＋高温回火）后具有良好的综合力学性能，即具有较高的强度和塑性、韧性，用于制作轴类零件；55、60、65 钢热处理（淬火＋中温回火）后具有高弹性极限，常用作弹簧，其中 65Mn 作为弹簧钢应用较多。优质碳素结构钢的牌号和化学成分、力学性能见表 5-2。

表 5-2 优质碳素结构钢的牌号和化学成分、力学性能

牌号	化学成分/%			力学性能					应用举例
	C	Si	Mn	R_{eL}/MPa	R_m/MPa	A/%	Z/%	α_k/(J/cm²)	
				不小于					
08F	0.05~0.11	≤0.03	0.25~0.50	75	295	35	60	—	塑性高，焊接性好，宜制造冲压件、焊接件及强度要求不高的机械零件和渗碳件，如一般螺钉、铆钉、垫圈等
08	0.05~0.12	0.17~0.35	0.35~0.65	95	325	33	60	—	
10F	0.07~0.14	≤0.07	0.25~0.50	85	315	33	55	—	
10	0.07~0.14	0.17~0.37	0.35~0.65	205	335	31	55	—	
15F	0.12~0.19	≤0.07	0.25~0.50	205	355	29	55	—	
15	0.12~0.19	0.17~0.37	0.35~0.65	225	375	27	55	—	
20	0.17~0.24	0.17~0.37	0.35~0.65	245	410	25	55	—	
25	0.22~0.30	0.17~0.37	0.50~0.80	275	450	23	50	88.3	
30	0.27~0.35	0.17~0.37	0.50~0.80	295	490	21	50	78.5	优良的综合力学性能，宜制作受力较大的机械零件，如齿轮、连杆、活塞杆、轴类零件及联轴器等零件
35	0.32~0.40	0.17~0.37	0.50~0.80	315	530	20	45	68.5	
40	0.37~0.45	0.17~0.37	0.50~0.80	335	570	19	45	58.8	
45	0.42~0.50	0.17~0.37	0.50~0.80	355	600	16	40	49	
50	0.47~0.55	0.17~0.35	0.50~0.80	375	630	14	40	39.2	
55	0.52~0.60	0.17~0.37	0.50~0.80	380	645	13	35	—	
60	0.57~0.65	0.17~0.37	0.50~0.80	400	675	12	35	—	屈服点高，弹性好，宜制造弹性元件（如各种螺旋弹簧、板簧等）及耐磨零件
65	0.62~0.70	0.17~0.37	0.50~0.80	410	695	10	30	—	
70	0.67~0.75	0.17~0.37	0.50~0.80	420	715	9	30	—	
75	0.72~0.80	0.17~0.37	0.50~0.80	880	1080	7	30	—	
80	0.77~0.85	0.17~0.37	0.50~0.80	930	1080	6	30	—	
85	0.82~0.90	0.17~0.37	0.50~0.80	980	1130	6	30	—	
15Mn	0.12~0.19	0.17~0.37	0.70~1.00	245	410	26	55	—	用于渗碳零件、受磨损零件及较大尺寸的各种弹性元件等
20Mn	0.17~0.25	0.17~0.37	0.70~1.00	275	450	24	50	—	
25Mn	0.22~0.30	0.17~0.37	0.70~1.00	295	490	22	50	88.3	
30Mn	0.27~0.19	0.17~0.37	0.70~1.00	315	540	20	45	78.5	
35Mn	0.32~0.40	0.17~0.37	0.70~1.00	335	560	18	45	68.5	
40Mn	0.37~0.45	0.17~0.37	0.70~1.00	335	590	17	45	58.7	
45Mn	0.42~0.50	0.17~0.37	0.70~1.00	375	620	15	40	49	
50Mn	0.47~0.55	0.17~0.37	0.70~1.00	390	645	13	40	39.2	
60Mn	0.57~0.65	0.17~0.37	0.70~1.00	410	695	11	35	—	
65Mn	0.62~0.70	0.17~0.37	0.90~1.20	430	735	9	30	—	
70Mn	0.67~0.75	0.17~0.37	0.90~1.20	450	785	8	30	—	

3. 碳素工具钢

这类钢的牌号是由代表碳的符号"T"与数字组成，其中数字表示钢中平均碳的质量分数（以千分之几计）。对于较高含锰或高级优质碳素工具钢，牌号尾部的表示同优质碳素结构钢。例如 T12 钢，表示 $w_C=1.2\%$ 的碳素工具钢。

碳素工具钢生产成本较低，加工性能良好，可用于制造低速、手动刀具及常温下使用的工具、模具、量具等。在使用前要进行热处理（淬火＋低温回火）。

常用牌号有T7、T8，用于制造要求较高韧性、承受冲击负荷的工具，如小型冲头、凿子、锤子等；T9、T10、T11用于制造要求中韧性的工具，如钻头、丝锥、车刀、冲模、拉丝模、锯条等；T12、T13钢具有高硬度、高耐磨性，但韧性低，用于制造不受冲击的工具，如量规、塞规、样板、锉刀、刮刀、精车刀等。碳素工具钢的具体牌号、化学成分、硬度和用途见表5-3。

表5-3　碳素工具钢的具体牌号、化学成分、硬度和用途

牌号	化学成分/%			硬度		用途举例
	C	Si	Mn	退火后HB（不大于）	淬火后HRC（不小于）	—
T7 T7A	0.65~0.74	≤0.35	≤0.40	187	62	承受冲击、韧性较好、硬度适当的工具，如扁铲、手钳、大锤、旋具、木工工具
T8 T8A	0.75~0.84	≤0.35	≤0.40	187	62	承受冲击、要求较高硬度的工具，如冲头、压缩空气工具、木工工具
T8Mn T8MnA	0.80~0.90	≤0.35	0.40~0.60	187	62	承受冲击、要求较高的工具，如冲头、压缩空气工具、木工工具，但淬透性较好，可制造断面较大的工具
T9 T9A	0.85~0.94	≤0.35	≤0.40	192	62	韧性中等、硬度高的工具，如冲头、木工工具、凿岩工具
T10 T10A	0.95~1.04	≤0.35	≤0.40	197	62	不受剧烈冲击、高硬度耐磨的工具，如车刀、刨刀、丝锥、钻头、手锯条
T11 T11A	1.05~1.14	≤0.35	≤0.40	207	62	不受剧烈冲击、高硬度耐磨的工具，如车刀、刨刀、丝锥、钻头、手锯条
T12 T12A	1.15~1.24	≤0.35	≤0.40	207	62	不受冲击、要求高硬度耐磨的工具，如锉刀、刮刀、精车刀、丝锥量具
T13 T13A	1.25~1.35	≤0.35	≤0.40	217	62	不受冲击要求高硬度耐磨的工具，如锉刀、刮刀、精车刀、丝锥、量具，要求耐磨的工具，如刮刀、剃刀

4. 铸造碳钢

许多形状复杂的零件，很难通过锻压等方法加工成形，用铸铁铸造时性能难以满足需要，此时常用铸钢铸造获取铸钢件，所以，铸造碳钢在机械制造尤其是重型机械制造业中应用广泛。铸造碳钢的具体牌号和化学成分、力学性能见表5-4。

表5-4　铸造碳钢的具体牌号和化学成分、力学性能

牌号	化学成分/%				力学性能					应用举例
	C	Si	Mn	P和S	R_{eL}	R_m	A	Z	α_k	
					MPa		%		J/cm²	
	不大于				不小于					
ZG200-400	0.20	0.50	0.80	0.04	200	400	25	40	60	机座和减变速箱体
ZG230-450	0.30	0.50	0.90	0.04	230	450	22	32	45	轴承盖、阀体、外壳、底板
ZG270-500	0.40	0.50	0.90	0.04	270	500	18	25	35	轧钢机机架、连杆、箱体、缸体、曲轴、轴承座、飞轮
ZG310-570	0.50	0.60	0.90	0.04	310	570	15	21	30	大齿轮、制动轮汽缸体
ZG340-640	0.60	0.60	0.90	0.04	340	640	12	18	20	齿轮、联轴器、棘轮

铸钢的牌号有两种表示方法。以强度表示的铸钢牌号,是由铸钢代号"ZG"与表示力学性能的两组数字组成,第一组数字代表最低屈服点,第二组数字代表最低抗拉强度值。例如 ZG200-400,表示 0.2(R_{eL} 不小于 200MPa,R_m 不小于 400MPa)。另一种用化学成分表示的牌号在此不作介绍。

铸造碳钢碳的质量分数,一般在 0.15%～0.60%范围内,过高则塑性差,易产生裂纹。铸钢的铸造性能比铸铁差,主要表现在铸钢流动性差,凝固时收缩比大且易产生偏析等方面。

单元二 合 金 钢

一、合金元素在钢中的作用

合金钢

为了改善钢的性能,在熔炼时有目的地加入一定比例的合金元素,通常加入的合金元素有硅、锰、铬、镍、钨、钼、钒、钴、铝、钛和稀土元素等。

1. 合金元素对钢中基本相的影响

① 形成合金铁素体。除铅外,大多数合金元素都能溶于铁素体,形成合金铁素体。合金元素溶入铁素体后,必然引起铁素体晶格畸变,产生固溶强化,使铁素体强度、硬度提高,塑性、韧性有所下降。

② 形成碳化物。碳化物是钢中的重要相之一,碳化物的种类、数量、大小、形状及其分布对钢的性能有重要的影响。碳化物形成元素,在元素周期表中都位于铁以左的过渡族金属,越靠左,形成碳化物的倾向越强。合金元素在钢中形成的碳化物可分为两类:合金渗碳体和特殊碳化物。弱碳化物形成元素形成的合金渗碳体的熔点较低,硬度较低,稳定性较差,如 $(Fe、Mn)_3C$。中强碳化物形成元素,形成的合金渗碳体的熔点、硬度、耐磨性以及稳定性都比较高,如 $(Fe、Cr)_3C$,$(Fe、W)_3C$。强碳化物形成元素(如铬、钨、钼、钒等)在钢中优先形成特殊碳化物,如 VC、NbC 和 TiC 等,它们的稳定性最高,不易分解,熔点、硬度和耐磨性高,它们弥散分布于钢的基体上,能显著提高钢的强度、硬度和耐磨性。

2. 合金元素对钢热处理和力学性能的影响

合金钢一般都需经过热处理后使用,主要是通过热处理改变钢的组织来显示合金元素的作用。

① 减缓奥氏体化过程。大多数合金元素(除镍、钴外)都会减缓奥氏体化过程。

② 细化晶粒。几乎所有的合金元素都能抑制钢在加热时的奥氏体长大的作用,达到细化晶粒的目的。强碳化物形成元素形成的碳化物,它们弥散地分布在奥氏体的晶界上,均能强烈地阻碍奥氏体晶粒长大,使合金钢在热处理后获得比碳钢更细的晶粒。

③ 提高钢的淬透性。大多数合金元素(除钴外)溶解于奥氏体中后,均可增加过冷奥氏体的稳定性,使 C 曲线右移,减小淬火临界冷却速度,从而提高钢的淬透性。单一合金元素对淬透性的影响往往没有多种合金元素联合作用效果显著,通过复合元素,采用多元少量的合金化原则,对提高钢的淬透性会更有效。

④ 提高钢的回火稳定性。淬火钢在回火时抵抗硬度下降的能力称为回火稳定性。合金

钢在回火过程中，由于合金元素的阻碍作用，马氏体不易分解，碳化物不易析出，即使析出后也难于聚集长大，从而提高了钢的回火稳定性。

二、合金钢的分类

合金钢的分类方法有很多，常用的分类方法有两种。

1. 按合金钢的用途分

(1) 合金结构钢　用于制造机械零件和工程构件的合金钢。
(2) 合金工具钢　用于制造各种工具的合金钢。
(3) 特殊性能钢　具有某种特殊性能的合金钢，如不锈钢、耐磨钢、耐热钢等。

2. 按合金钢中合金元素总量分

(1) 低合金钢　合金元素总量低于5%的合金钢。
(2) 中合金钢　合金元素总量为5%~10%的合金钢。
(3) 高合金钢　合金元素总量高于10%的合金钢。

三、合金钢的牌号

国家标准规定，我国合金钢牌号采用国际化学元素符号和汉语拼音字母并用的原则，以含碳量、合金元素的种类及含量、质量等级来编号，简单实用。根据GB/T 221—2008规定，钢号由三大部分结合组成：①化学元素符号，用来表示钢中所含化学元素种类；②汉语拼音字母，用来表示产品的名称、用途、冶炼方法等特点；③阿拉伯数字，用来表示钢中主要化学元素含量（质量分数）或产品的主要性能参数或代号如表5-5所示。

表 5-5　合金钢牌号表示方法说明

钢类		牌号举例	表示方法说明
结构钢	碳素结构钢	Q235A·F	Q代表钢的屈服强度，其后数字表示屈服强度值(MPa)，必要时数字后标出质量等级(A、B、C、D、E)和脱氧方法(F、b、Z)
	优质碳素结构钢	45,40Mn,08F,20g,20A,45E	牌号头两位数代表以平均万分数表示的碳的质量分数；Mn含量较高的钢在数字后标出"Mn"；脱氧方法或专业用钢也应在数字后标出，如F表示沸腾钢，g表示锅炉用钢，但镇静钢一般不标符号；高级、特级优质碳素结构钢分别在牌号后加"A"和"E"
	合金结构钢	20Cr, 40CrNiMoA, 60Si2Mn, ML30CrMnSi	牌号头两位数代表以平均万分数表示的碳的质量分数；其后为钢中主要合金元素符号，它的质量分数以百分数标出，若其含量<1.5%，则不必标，当其含量为1.5%~2.49%、2.5%~3.49%，……，则相应数字为2,3,……；若为高级或特级优质钢，则在钢号最后标"A"或"E"；专用合金结构钢在牌号头部或尾部加代表产品用途的符号，如"ML"代表铆螺钢
	低合金高强度结构钢	16Mn,16MnR,Q390E	表示方法同合金结构钢，专业用钢在其后标出缩写字母（如16MnR表示压力容器钢），新标准(GB/T 1591—2018)表示方法同普通质量碳素结构钢（如Q390E）
	铸钢	ZG230-450 ZG20Cr13	ZG代表铸钢，第一组数字代表屈服强度最低值(MPa)，第二组数字代表抗拉强度最低值(MPa)。ZG20Cr13为用化学成分表示的铸钢，$w_C \approx 0.2\%$，名义铬含量为13%
工具钢	碳素工具钢	T8,T8Mn,T8A	T代表碳素工具钢，其后数字代表以平均千分数表示的碳的质量分数，含Mn量较高者在数字后标出"Mn"，高级优质钢标出"A"
	合金工具钢	9SiCr,CrWMn	当平均$w_C \geq 1.0\%$时不标；平均$w_C < 1.0\%$时，以千分数标出碳含量，合金元素及含量表示方法基本上与合金结构钢相同
	高速工具钢	W6Mo5Cr4V2	牌号中一般不标出碳含量，只标合金元素及含量，方法同合金工具钢

钢类	钢号举例	表示方法说明
轴承钢	GCr15,G20CrNiMo,GCr15SiMn,9Cr18,10Cr14Mo4	轴承钢分为高碳铬轴承钢、渗碳轴承钢、高碳铬不锈轴承钢和高温轴承钢等四大类。高碳铬轴承钢在牌号头部加 G，碳含量不标出，铬的质量分数以千分数标出，其他合金元素及含量表示同合金结构钢；渗碳轴承钢采用合金结构钢牌号表示方法，仅在牌号头部加 G；高碳铬不锈轴承钢和高温轴承钢采用不锈钢和耐热钢的牌号表示方法，牌号头部不加 G
不锈钢和耐热钢	1Cr18Ni9,0Cr18Ni9,00Cr19Ni13Mo3	钢号中碳的质量分数以千分之几的数字标出，若 $w_C\leqslant 0.03\%$ 或 $\leqslant 0.08\%$ 者，钢号前以"00"或"0"标出，合金元素及含量表示同合金结构钢

四、合金结构钢

合金结构钢按用途分为低合金高强度结构钢和机械结构用合金结构钢。机械结构用合金结构钢是用途广、产量大、钢号多的一类钢，大多数需经热处理后才能使用，主要用于制造各类工程结构件和各种机械零件。按其用途及热处理特点可分为合金渗碳钢、合金调质钢、弹簧钢等。

1. 低合金高强度结构钢

在碳素结构钢基础上加入少量合金元素（一般合金总量低于 5%）形成的低合金高强度结构钢，其强度等级较高，塑性好，加工工艺性能良好，可满足桥梁、船舶、车辆、锅炉、高压容器、输油输气管道等大型重要钢结构对性能的要求，并且能减轻结构自重、节约钢材、降低成本。

（1）性能特点　①强度高于碳素结构钢，从而可降低结构自重、节约钢材；②具有足够的塑性、韧性及良好的焊接性能；③具有良好的耐蚀性和低的冷脆转变温度。

（2）成分特点　①低碳：含碳量≤0.2%，以满足对塑性、韧性、可焊性及冷加工性能的要求；②低合金：主加合金元素为锰。因为锰的资源丰富，对铁素体具有明显的固溶强化作用。锰还能降低钢的冷脆转变温度，使组织中的珠光体相对量增加，从而进一步提高强度。钢中加入少量的 V、Ti、Nb 等元素可细化晶粒、提高钢的韧性。加入稀土元素（RE）可提高韧性、疲劳极限，降低冷脆转变温度。

（3）热处理特点　这类钢大多在热轧状态下使用，组织为铁素体加珠光体。考虑到零件加工特点，有时也可在正火及正火加回火状态下使用。

（4）典型钢种及用途　Q345（16Mn）是应用最广、用量最大的低合金高强度结构钢，其综合性能好，广泛用于制造石油化工设备、船舶、桥梁、车辆等大型钢结构，如我国的南京长江大桥就是用 Q345 钢制造的。Q390 钢含有 V、Ti、Nb，其强度高，可用于制造高压容器等。Q460 钢含有 Mo 和 B，正火后组织为贝氏体，强度高，可用于制造石化工业中温高压容器等。新旧低合金结构钢标准牌号对照及用途见表 5-6。常用低合金结构钢的具体牌号和化学成分、力学性能见表 5-7。

表 5-6　新旧低合金结构钢标准牌号对照及用途

GB/T 1591—2018	GB 1591—88	用途
Q295	09MnV、09MnNb、09Mn2、12Mn	桥梁、车辆、容器、船舶、油罐及建筑结构等
Q345	12MnV、14MnNb、16Mn、16MnRE、18Nb	建筑结构、桥梁、车辆、压力容器、化工容器、船舶、锅炉、重型机械、机械制造及电站设备等
Q390	15MnV、15MnTi、16MnNb	桥梁、船舶、高压容器、电站设备、起重设备及锻件等

续表

GB/T 1591—2018	GB 1591—88	用途
Q420	15MnVN、14MnVTiRE	大型桥梁和船舶、高压容器、电站设备、车辆及锅炉等
Q460		大型桥梁及船舶、中温高压容器（<120℃）、锅炉、石油化工高压厚壁容器（<100℃）

表 5-7 常用低合金结构钢的具体牌号和化学成分、力学性能

牌号	化学成分/%						厚度或直径/mm	力学性能				应用举例
	C	Mn	Si	V	Nb	Ti	其他	R_{eL}/MPa	R_m/MPa	A/%	A_k/J(20℃)	
Q295	≤0.16	0.80~1.50	≤0.55	0.02~0.15	0.015~0.060	0.02~0.20		<16 16~35 35~50	≥295 ≥275 ≥255	390~570	23	34	桥梁，车辆，容器，油罐
Q345	0.18~0.20	1.00~1.60	≤0.55	0.02~0.15	0.015~0.060	0.02~0.20		<16 16~35 35~50	≥345 ≥325 ≥295	470~630	21~22	34	桥梁，车辆，船舶，压力容器，建筑结构
Q390	≤0.20	1.00~1.60	≤0.55	0.02~0.20	0.015~0.060	0.02~0.20	W_{Cr}≤0.30 W_{Ni}≤0.70	<16 16~35 35~50	≥390 ≥370 ≥350	490~650	19~20	34	桥梁，船舶，起重设备，压力容器
Q420	≤0.20	1.00~1.70	≤0.55	0.02~0.20	0.015~0.060	0.02~0.20	W_{Cr}≤0.40 W_{Ni}≤0.70	<16 16~35 35~50	≥420 ≥400 ≥380	520~680	18~19	34	桥梁，高压容器，大型船舶，管道
Q460	≤0.22	1.00~1.70	≤0.55	0.02~0.20	0.015~0.060	0.02~0.20	W_{Cr}≤0.70 W_{Ni}≤0.70	<16 16~35 35~50	≥460 ≥440 ≥420	550~720	17	34	中温高压容器（<120℃），锅炉，化工、石油高压厚壁容器（<100℃）

注：1. 各牌号钢中均含有质量分数为 0.015~0.060 的 Nb 和质量分数为 0.02~0.20 的 Ti。
2. 表中的屈服强度为直径≤16mm 时的值。

2. 合金渗碳钢

合金渗碳钢是指经渗碳、淬火和低温回火后使用的结构钢。渗碳钢基本上都是低碳钢和低碳合金钢。合金渗碳钢是在低碳渗碳钢（如 15、20 钢）的基础上发展起来的。低碳渗碳钢淬透性低，经渗碳、淬火和低温回火后虽可获得高表面硬度，但心部强度低，只适用于制造受力不大的小型渗碳零件。而对性能要求高，尤其是对整体强度要求高或截面尺寸较大的零件则应选用合金渗碳钢。

（1）合金渗碳钢的工作条件及对性能的要求　渗碳钢主要用于制造具有高耐磨性、高疲劳强度和较高心部韧性（即表硬心韧）的零件，如各种变速齿轮和凸轮轴等。

（2）合金渗碳钢的化学成分　合金渗碳钢的碳的质量分数通常在 0.10%~0.25% 之间，以保证心部有足够塑性和韧性。合金元素主要有 Cr、Ni、Mn、Si、B、Ti、V、Mo、W 等。其中 Cr、Ni、Mn、Si、B 的主要作用是提高淬透性，可使较大截面零件的心部在淬火后获得具有高强度、优良的塑性和韧性的低碳（板条）马氏体组织，这种组织既能承受很大的静载荷（由高强度保证），又能承受大的冲击载荷（由高韧性保证），从而克服了低碳渗碳钢零件心部得不到有效强化的缺点；Ti、V、W、Mo 的主要作用是形成高稳定性、弥散分

布的特殊碳化物，防止零件在高温长时间渗碳时奥氏体晶粒的粗化，从而起到细晶强韧化和弥散强化作用，并进一步提高表层耐磨性。渗碳件的表层强化是通过渗碳、淬火和低温回火后获得具有高硬度、高耐磨性的高碳回火马氏体实现的。

（3）常用的渗碳钢　渗碳钢可根据淬透性高低分为低淬透性渗碳钢、中淬透性渗碳钢和高淬透性渗碳钢。低淬透性渗碳钢在水中的临界淬透直径为20～35mm，中淬透性渗碳钢在油中的临界淬透直径为25～60mm，高淬透性渗碳钢在油中的临界淬透直径在100mm以上。

（4）热处理和组织特点　渗碳件一般的工艺路线为：下料→锻造→正火→机加工→渗碳→淬火＋低温回火→磨削。渗碳温度为900～950℃，渗碳后的热处理通常采用直接淬火加低温回火，但对渗碳时易过热的钢种如20、20Mn2等，渗碳后需先正火，以消除晶粒粗大的过热组织，然后再淬火和低温回火。淬火温度一般为A_{c_1}＋30～50℃。使用状态下的组织为：表面是高碳回火马氏体加颗粒状碳化物加少量残余奥氏体（硬度达58～62HRC），心部是低碳回火马氏体加铁素体（淬透）或铁素体加托氏体（未淬透）。

常用合金渗碳钢的具体牌号和化学成分、力学性能见表5-8。

表 5-8　常用合金渗碳钢的具体牌号和化学成分、力学性能

类别	牌号	化学成分/%						力学性能					应用举例
		C	Mn	Si	Cr	Ni	V	其他	R_{eL}/MPa	R_m/MPa	A/%	Z/%	A_k/J	
低淬透性	15	0.12～0.18	0.35～0.65	0.17～0.37					300	500	15	55		活塞销等
	20Mn2	0.17～0.24	1.40～1.80	0.17～0.37					590	785	10	40	47	小齿轮，小轴，活塞销等
	20Cr	0.17～0.24	0.50～0.80	0.20～0.40	0.70～1.00				540	835	10	40	47	齿轮，小轴，活塞销等
	20MnV	0.17～0.24	1.30～1.60	0.17～0.37			0.07～0.12		590	785	10	40	55	齿轮，小轴，活塞销，可用作锅炉、高压容器管道等
中淬透性	20CrMn	0.17～0.23	0.90～1.20	0.17～0.37	0.90～1.20				735	930	10	45	47	齿轮，轴，蜗杆、活塞销、摩擦轮
	20CrMnTi	0.17～0.23	0.80～1.10	0.17～0.37	1.00～1.30			(Ti)0.04～0.01	850	1080	10	45	55	汽车、拖拉机上的变速箱齿轮
高淬透性	18Cr2Ni4WA	0.13～0.19	0.30～0.60	0.17～0.37	1.35～1.65	4.00～4.50		(W)0.80～1.20	835	1180	10	45	78	大型渗碳齿轮和轴类件
	20Cr2Ni4	0.17～0.23	0.30～0.60	0.17～0.37	1.25～1.65	3.25～3.65			1080	1180	10	45	63	大型渗碳齿轮和轴类件

3. 合金调质钢

合金调质钢是指调质处理后使用的钢种。常用的调质钢牌号、化学成分、性能和用途见表5-9。

(1) 用途　合金调质钢主要用于制造受力复杂的汽车、拖拉机、机床及其他机器的各种重要零件，如齿轮、连杆、螺栓、轴类件等。

(2) 性能要求　①具有良好的综合力学性能，即具有高的强度、硬度和良好的塑性、韧性。②具有良好的淬透性。

(3) 成分特点　①中碳：调质钢含碳量为 0.25%～0.50%。碳低则强度不够，碳高则韧性不足。②合金元素：主加元素为 Mn、Si、Cr、Ni、B，其主要作用是提高淬透性，其次是强化基体（除 B 之外）铁素体。辅加元素为 W、Mo、V 等，强碳化物形成元素 V 的主要作用是细化晶粒，而 W、Mo 的主要作用是防止高温（第二类）回火脆性。几乎所有合金元素都提高调质钢的耐回火性。

(4) 热处理特点　调质件一般的工艺路线为：下料→锻造→退火→粗机加工→调质→精机加工。预备热处理采用退火（或正火），其目的是调整硬度、便于切削加工，或改善锻造组织、消除缺陷、细化晶粒，为淬火做组织准备。最终热处理为淬火加高温回火（调质），回火温度的选择取决于调质件的硬度要求。为防止第二类回火脆性，回火后采用快冷（水冷或油冷），最终热处理后的使用状态下组织为回火索氏体。当调质件还有高耐磨性和高耐疲劳性能要求时，可在调质后进行表面淬火或氮化处理，这样在得到表面高耐磨性硬化层的同时，心部仍保持综合力学性能高的回火索氏体组织。

近年来，利用低碳钢和低碳合金钢经淬火和低温回火处理，得到强度和韧性配合较好的低碳马氏体来代替中碳的调质钢。在石油、矿山、汽车工业上得到广泛应用，收效很大。如用 15MnVB 代替 40Cr 制造汽车连杆螺栓等，效果很好。

(5) 典型钢种　根据淬透性不同，可将渗碳钢分为三类。

① 低淬透性调质钢：这类钢的油中临界直径为 30～40mm，常用钢种为 45、40Cr 等，用于制造尺寸较小的齿轮、轴、螺栓等。

② 中淬透性调质钢：这类钢的油中临界直径为 40～60mm，常用钢种为 40CrNi，用于制造截面较大的零件，如曲轴、连杆等。

③ 高淬透性调质钢：这类钢的油中临界直径为 60～100mm，常用钢种为 40CrNiMo，用于制造大截面、重载荷的零件，如汽轮机主轴、叶轮、航空发动机轴等。

4. 合金弹簧钢

(1) 弹簧钢的工作条件及对性能的要求　合金弹簧钢是因为主要用于制造弹簧而得名的。弹簧钢应具有高的弹性极限、高的疲劳强度和足够的塑性与韧性。

(2) 弹簧钢的化学成分　弹簧钢一般为高碳钢和中碳合金钢、高碳合金钢（以保证弹性极限及一定韧性）。高碳弹簧钢（如 65、70、85 钢）的碳的质量分数通常较高，以保证高的强度、疲劳强度和弹性极限，但其淬透性较差，不适于制造大截面弹簧。合金弹簧钢由于有合金元素的强化作用，碳的质量分数通常在 0.45%～0.70% 之间，而碳的质量分数过高会导致塑性、韧性下降较多。其中含有 Si、Mn、Cr、B、V、Mo、W 等合金元素，既可提高淬透性又可提高强度和弹性极限，可用于制造截面尺寸较大、对强度要求高的重要弹簧。常用的弹簧钢的牌号、热处理、力学性能和用途见表 5-10。

(3) 弹簧钢的热处理　弹簧钢的热处理、弹簧成形方法和弹簧钢的原始状态密切相关。冷成形（冷卷、冷冲压等）弹簧，因弹簧钢已经冷变形强化或热处理强化，只需进行低温去应力退火处理即可。热成型弹簧通常要经淬火、中温回火热处理（得到回火屈氏体），以获得高的弹性极限。目前，已有低碳马氏体弹簧钢的应用。对耐热、耐蚀应用场合，应选不锈钢、耐热钢、高速钢等高合金弹簧钢或其他弹性材料（如铜合金等）。

表 5-9 常用合金调质钢的具体牌号和化学成分、力学性能

类别	钢号	化学成分/%								力学性能					应用举例
		C	Mn	Si	Cr	Ni	Mo	V	其他	R_{eL}/MPa	R_m/MPa	A/%	Z/%	A_k/J	
低淬透性	40MnB	0.37~0.44	1.10~1.40	0.17~0.37					B0.0005~0.0035	785	980	10	45	47	主轴、曲轴、齿轮、柱塞等；可代替40Cr及部分代替40CrNi做重要零件，也可代替38CrSi做重要调质件
	40MnVB	0.37~0.44	1.10~1.40	0.17~0.37				0.05~0.10	B0.0005~0.0035	785	980	10	45	47	
中淬透性	40Cr	0.37~0.44	0.50~0.80	0.17~0.37	0.80~1.10					785	980	9	45	47	载荷大的重要调质件及车辆上的重要调质件，可代替40CrNi做截面轴类件；做氮化零件，如高压阀门、缸套等
	38CrSi	0.35~0.43	0.30~0.60	1.00~1.30	1.30~1.60					835	980	12	50	55	
	35CrMo	0.35~0.43	0.40~0.70	0.17~0.37	0.80~1.10		0.15~0.25			835	980	12	45	63	
	38CrMoAl	0.35~0.45	0.30~0.60	0.20~0.45	1.35~1.65		0.15~0.25		Al0.70~1.10	835	980	14	50	71	
高淬透性	37CrNi3	0.34~0.41	0.30~0.60	0.17~0.37	1.20~1.60	3.00~3.50				980	1130	10	50	47	做大截面并要求高强度、高韧性的零件，做高强度零件，如航空发动机主轴，在＜500℃工作的喷气发动机机座零件
	40CrMnMo	0.37~0.45	0.90~1.20	0.17~0.37	0.90~1.20		0.20~0.30			758	980	10	45	63	
	40CrNiMoA	0.37~0.44	0.50~0.80	0.17~0.37	0.60~0.90	0.15~0.25	0.15~0.25			835	980	12	55	78	

表 5-10 常用弹簧钢的具体牌号和化学成分、力学性能

钢号	化学成分/%					热处理/℃		力学性能				应用举例
	C	Mn	Si	Cr	其他	淬火	回火	R_{eL}/MPa	R_m/MPa	A/%	Z/%	
65	0.62~0.70	0.50~0.80	0.17~0.37	≤0.25		840(油)	500	800	1000	9	35	截面≤15mm的小弹簧
85	0.82~0.90	0.50~0.80	0.17~0.37	≤0.25		820(油)	480	1000	1150	6	30	
65Mn	0.62~0.70	0.90~1.20	0.17~0.37	≤0.25		830(油)	540	800	1000	8	30	截面≤25mm的弹簧，例如车厢缓冲卷簧
60Si2Mn	0.56~0.64	0.60~0.90	1.50~2.00			870(油)	480	1200	1300	5	25	
60Si2CrA	0.50~0.04	0.40~0.70	1.40~1.80	1.70~1.00		870(油)	420	1600	1800	6		截面≤30mm的重要弹簧，例如汽车板簧，低于350℃的耐热弹簧
50CrVA	0.46~0.54	0.50~0.80	0.17~0.37	0.80~1.10		850(油)	500	1150	1300	9	40	
55CrMnA	0.52~0.60	0.65~0.95	0.17~0.37	0.65~0.95	V0.1~0.2	850(油)	500	1100	1250	6	35	

5. 滚动轴承钢

(1) 滚动轴承钢的工作条件及对性能的要求　滚动轴承钢是指主要用于制造各类滚动轴承的内圈、外圈以及滚动体的专用钢，常简称为轴承钢。滚动轴承钢应具有高的抗压强度、接触疲劳强度、高的硬度和耐磨性，同时应具有一定的韧性和抗腐蚀性。

(2) 滚动轴承钢的化学成分　滚动轴承钢的种类主要有高碳铬轴承钢、渗碳轴承钢、高碳铬不锈轴承钢和高温轴承钢。高碳铬轴承钢是使用最为广泛的滚动轴承钢，约占总量的90%，其碳的质量分数为0.95%～1.15%，以保证高强度、高硬度和高耐磨性。主加合金元素铬（w_{Cr}为0.40%～1.65%）的主要作用是提高钢的淬透性，并可形成合金渗碳体$(FeCr)_3C$，提高钢的强度、接触疲劳强度及耐磨性；加入硅（$w_{Si}=0.40\%$）和锰（$w_{Mn}=1.20\%$）可进一步提高淬透性；对硫、磷含量限制很严（$w_S \leq 0.020\%$，$w_P \leq 0.007\%$），以进一步保证接触疲劳强度，属高级优质钢。

(3) 典型钢种　在高碳铬轴承钢中以GCr15最为常用，主要用于制造中小型滚动轴承的内、外套圈及滚动体。由于GCr15的成分、性能特点与工具钢相似，也常用于制造量具和冷作模具，均在淬火后低温回火状态下使用，组织为极细的回火马氏体＋细粒状碳化物＋少量残余奥氏体。常见的滚动轴承钢见表5-11。

表5-11　常用滚动轴承钢的牌号、化学成分、热处理及用途

牌号	化学成分/%						热处理			应用举例
	C	Cr	Mn	Si	S	P	淬火温度/℃	回火温度/℃	回火后硬度(HRC)	
GCr9	1.0～1.10	0.90～1.20	0.25～0.45	0.15～0.35	≤0.020	≤0.027	810～830	150～170	62～66	直径10～20mm的滚珠、滚柱及滚针
GCr9SiMn	1.00～1.10	0.90～1.20	0.45～0.75	0.95～1.25	≤0.020	≤0.027	810～830	150～170	62～66	壁厚＜12mm，外径＜250mm的套圈，直径为25～50mm的钢球，直径＜22mm的滚子
GCr15	0.95～1.05	1.40～1.65	0.25～0.45	0.15～0.35	≤0.020	≤0.027	825～845	150～170	62～66	壁厚＜12mm，外径＜250mm的套圈,直径为15～50mm的钢球
GCr15SiMn	0.95～1.05	1.40～1.65	0.95～1.25	0.45～0.75	≤0.020	≤0.027	820～840	150～170	≥62	壁厚≥12mm，外径＞250mm的套圈，直径＞50mm的钢球

此外，还有无铬轴承钢，如GSiMnMoV、GSiMnMoVRE等，由于加入了钼、钒及稀土，其性能与GCr15接近，耐磨性甚至还有所提高。

对于承受较大冲击的滚动轴承，常用渗碳轴承钢制造，其主要牌号有G20CrMn、G20Cr2Ni4A、G20Cr2Mn2MoA等；对要求耐腐蚀的滚动轴承可用不锈轴承钢9Cr18（9Cr18Mo）甚至1Cr18Ni9Ti来制造；而耐高温的轴承可用高碳的Cr14Mo4V、GCrSiWV、高速钢或渗碳钢12Cr2Ni3Mo5A来制造。

五、合金工具钢

工具钢可分为碳素工具钢和合金工具钢两种。碳素工具钢容易加工，价格便宜。但是淬

透性差，容易变形和开裂，而且当切削过程温度升高时容易软化。因此，尺寸大、精度高和形状复杂的模具、量具以及切削速度较高的刀具，都要采用合金工具钢来制造。

合金工具钢按用途可分为刃具钢、模具钢、量具钢。

1. 合金刃具钢

合金刃具钢主要用来制造车刀、铣刀、拉刀、钻头等各种金属切削用刀具。刃具钢要求高硬度、耐磨、红硬性、足够的强度以及良好的塑性和韧性。

合金刃具钢分为低合金刃具钢和高速钢两种。

（1）低合金刃具钢 低合金刃具钢是在碳素工具钢的基础上加入少量合金元素的钢。钢中主要加入铬、锰、硅等元素，其目的是提高钢的淬透性，同时还能提高钢的强度。加入钨、钒等强碳化物形成元素，是为了提高钢的硬度和耐磨性，并防止加热时过热，保持晶粒细小。但由于合金元素加入量不大，一般工作温度不得超过300℃。

低合金刃具钢的预备热处理是球化退火，最终热处理为淬火加低温回火。

最常用的低合金刃具钢是9SiCr钢、CrWMn钢和9Mn2V钢，如表5-12所示。

表5-12 常用低合金刃具钢的牌号、化学成分、热处理及用途

牌号	化学成分/%					试样淬火		退火状态不小于/℃	用途举例
	C	Si	Mn	Cr	其他	淬火温度/℃	HBC不小于		
Cr06	1.30~1.45	≤0.40	≤0.40	0.50~0.70	—	780~810（水）	64	241~187	锉刀、刮刀、刻刀、工具、剃刀、外科医疗刀具
Cr2	0.95~1.10	≤0.40	≤0.40	1.30~1.65	—	830~860（油）	62	229~179	车刀、插刀、铰刀、冷轧辊等
9SiCr	0.85~0.95	1.20~1.60	0.30~0.60	0.95~1.25	—	830~860（油）	62	241~179	丝锥、板牙、钻头、铰刀、齿轮铣刀、小型拉刀、冷冲模等
8MnSi	0.75~0.85	0.30~1.60	0.80~1.10	—	—	800~820（油）	60	≤229	多用作木工凿子、锯条或其他工具
9Cr2	0.85~0.95	≤0.40	≤0.40	1.30~1.70	—	820~850（油）	62	217~179	尺寸较大的铰刀、车刀等刃具、冷轧辊、冷冲模与冲头、木工工具等
W	1.05~1.25	≤0.40	≤0.40	0.010~0.30	W0.80~1.20	800~830（水）	62	229~187	低速切削硬金属刃具，如麻花钻、车刀和特殊切削工具

9SiCr钢由于加入铬和锰，使其有较高的淬透性和回火稳定性，碳化物细小均匀，红硬性可达300℃。因此，9SiCr适用于刀刃细薄的低速刀具，如丝锥、扳牙、铰刀等。

CrWMn钢的含碳量为0.90%~1.05%，铬、钨、锰同时加入，使钢具有更高的硬度和耐磨性，但红硬性不如9SiCr。但CrWMn钢热处理后变形小，故称微变形钢。主要用来制造较精密的低速刀具，如拉刀、铰刀等。

（2）高速钢 高速钢是一类具有很高耐磨性和很高热硬性的工具钢，在高速切削条件

(如 50~80m/min）下刃部温度达到 500~600℃ 时仍能保持很高的硬度，使刃口保持锋利，从而保证高速切削，高速钢由此得名。

高速钢为高碳合金钢。高速钢中的高碳（$w_C=0.7\%\sim1.6\%$）可保证钢在淬火、回火后具有高的硬度和耐磨性。高速钢中含有大量合金元素（W、Mo、Cr、V、Co、Al 等），其主要作用如下：

① 提高热硬性。提高热硬性的元素主要是 W 和 Mo，加热淬火后得到含有大量 W 和 Mo 的马氏体，在回火温度达 560℃（对此钢仍得回火马氏体）左右时析出弥散分布的高硬度高耐热的 W_2C 和 Mo_2C，具有明显的弥散强化效果，产生二次硬化，其回火硬度甚至比淬火硬度还高 2~3HRC。同时 W_2C 和 Mo_2C 在 500~600℃ 温度范围非常稳定，不易聚集长大，仍保持弥散强化效果，因而具有良好的热硬性。

② 提高钢的淬透性。提高淬透性的元素主要是 Cr。Cr 在退火高速钢中多以 $Cr_{23}C_6$ 方式存在，在淬火加热时几乎全部溶入奥氏体，可增大过冷奥氏体的稳定性，提高钢的淬透性，使在空气中冷却也能获得马氏体。实践表明，最佳 w_{Cr} 为 4%。加热时溶入奥氏体中的 W、Mo 等元素也可提高钢的淬透性。

③ 提高钢的耐磨性。提高耐磨性的元素主要是 V。V 的碳化物 VC 硬度极高，且细小弥散，分布均匀，非常稳定，对提高钢的硬度和耐磨性有很大的作用。W_2C 和 Mo_2C 对提高钢的耐磨性也有较大贡献。

④ 防止奥氏体晶粒粗化。退火高速钢中约有 30% 的各种合金碳化物，均具有较高的稳定性，尤其是 W、Mo、V 形成的 Fe_3W_3C、Fe_3Mo_3C、VC 稳定性很高，加热到 1160℃ 时才会较多地溶入奥氏体。淬火加热时通常约有 10% 的未溶碳化物，可阻碍奥氏体晶粒的长大，使奥氏体在高温加热时仍保持细小晶粒，这对提高强度、保持韧性具有重要意义。

常用的高速钢牌号有 W18Cr4V、W6Mo5Cr4V2、W9Mo3Cr4V（详见 GB/T 9943—2008），如表 5-13 所示。

表 5-13 常用高速工具钢的牌号、化学成分、热处理、硬度及热性

种类	牌号	化学成分/%						热处理			红硬性 HRC
		C	Cr	W	Mo	V	其他	淬火温度/℃	回火温度/℃	回火后硬度(HRC)	
钨系	W18Cr4V	0.70~0.80	3.80~4.40	17.50~19.00	≤0.30	1.00~1.40		1270~1285	550~570	63	61.5~62
钨钼系	CW6Mo5Cr4V2	0.95~1.05	3.80~4.40	5.50~6.75	4.50~5.50	1.75~2.20		1190~1210	540~560	65	—
	W6Mo5Cr4V2	0.80~0.90	3.80~4.40	5.50~6.75	4.50~5.50	1.75~2.20		1210~1220	540~560	64	60~61
	W6Mo5Cr4V3	1.00~1.10	3.75~4.50	5.00~6.75	4.75~5.50	2.80~3.30		1200~1240	540~560	64	64
	W9Mo3Cr4V	0.77~0.85	3.80~4.4	8.50~9.50	2.70~3.30	1.30~1.70		1210~1230	540~560	64	—
超硬系	W18Cr4V2Co8	0.75~0.85	3.75~5.00	17.50~19.00	0.50~1.25	1.80~2.40	Co: 7.00~9.50	1270~1290	540~560	65	64
	W6Mo5Cr4V2Al	1.05~1.20	3.80~4.40	5.50~6.75	4.50~5.50	1.75~2.20	Al: 0.80~1.20	1230~1240	540~560	65	65

注：1. 各钢种 S、P 含量均不大于 0.030%。
2. 淬火介质为油。

高速钢的加工工艺路线为：下料→锻造→退火→机加工→淬火＋回火→喷砂→磨削加工。

高速钢的热处理较为特别。首先，高速钢中含有大量难溶合金碳化物，为了使其充分溶入奥氏体中，以便淬火时获得高硬度的马氏体，回火后得到高的热硬性，高速钢的淬火加热温度很高，通常在1170～1300℃之间。其次，高速钢合金元素含量很高，导热性较差，且加热温度很高，为防止加热速度过快造成开裂，淬火时分两级或三级加热，即先在730～870℃之间预热，再加热到淬火温度。第三，为了消除淬火钢中大量的残余奥氏体（可达30％左右），使合金碳化物弥散析出，以保证具有高的热硬性，高速钢一般于560℃进行3～4次回火。使用状态组织为：回火马氏体＋粒状碳化物＋少量残余奥氏体。

2. 合金模具钢

模具钢是指主要用于制造各种模具（如冷冲模、冷挤压模、热锻模等）的钢。模具钢根据其用途可分为冷作模具钢、热作模具钢和成形模具钢等。此处仅简单介绍冷作模具钢和热作模具钢。

（1）冷作模具钢　冷作模具钢是指主要用于制造冷冲模、冷挤压模、拉丝模等使被加工材料在冷态下进行塑性变形的模具用钢。冷作模具钢应具有高强度、高硬度和高的耐磨性，足够的韧性和疲劳抗力，较高的淬透性，因此冷作模具钢通常为高碳钢和高碳合金钢。

常用的冷作模具钢有碳素工具钢和合金工具钢。碳素工具钢（如T8A）用于制造要求不太高、尺寸较小的模具，合金工具钢中的9Mn2V、CrWMn主要用于制造要求较高、尺寸较大的模具，如表5-14所示。而淬透性更好、淬火变形更小的Cr12、Cr12MoV、Cr4W2MoV用于制造要求更高的大型模具。高速钢及基体钢（如65Nb）等也可用于冷作模具。冷作模具钢多在淬火、低温回火状态下使用，Cr12、Cr12MoV也可高温淬火后在510℃～520℃多次回火以产生二次硬化，析出的碳化物能显著提高钢的耐磨性。其使用状态组织同刃具钢。此外，为提高耐磨性，部分钢种还可进行渗氮处理。

表5-14　常用冷作模具钢的牌号、化学成分及热处理

牌号	化学成分/%							试样淬火		用途举例
	C	Si	Mn	Cr	W	Mo	V	温度/℃	冷却介质	
9Mn2V	0.85～0.95	≤0.40	1.70～2.00				0.10～0.25	720～820	油	滚丝模、冷冲模、冷压模、塑料模
CrWMn	0.90～1.05	≤0.40	0.80～1.10	0.90～1.20	1.20～1.60			820～840	油	冷冲模、塑料模
Cr12	2.00～2.30	≤0.40	≤0.40	11.50～13.50				950～1000	油	冷冲模、拉延模、压印模、拉丝模
Cr12MoV	1.45～1.70	≤0.40	≤0.40	11.00～12.50		0.40～0.60	0.15～0.30	1020～1040 1115～1130	油 硝盐	冷冲模、压印模、冷墩模、冷挤压模、零件模、拉延模
Cr4W2MoV	1.12～1.25	0.40～0.47	≤0.40	3.50～4.00	1.90～2.60	0.80～1.20	0.80～1.10	980～1000	油 硝盐	代Cr12MoV钢
6W6Mo5Cr4V	0.55～0.65	≤0.40	≤0.60	3.70～4.30	6.00～7.00	4.50～5.50	0.70～1.10	1020～1040	油或硝盐	冷挤压模（钢件、硬铝件）
4CrW2Si	0.35～0.45	0.80～1.10	≤0.40	1.00～1.30	2.00～2.50			1180～1200	油	剪刀、切片冲头（耐冲击工具用钢）
6CrW2Si	0.55～0.65	0.50～0.80	≤0.40	1.00～1.30	2.20～2.70			860～900	油	剪刀、切片冲头（耐冲击工具用钢）

(2) 热作模具钢 热作模具钢是指用于制造热锻模、压铸模、热挤压模等使被加工材料在热态下成形的模具用钢。热作模具钢应具有较高的强度、良好的塑性和韧性、较高的热硬性和高温耐磨性、高的热疲劳抗力,此外还应具有高的热稳定性,在工作过程中不易氧化。

热作模具钢为中碳合金钢。中碳成分(w_C 为 0.3%~0.6%)可保证较高的强度、硬度,合适的塑性、韧性以及热疲劳抗力;Cr、Ni、Mn、Mo、W、V 等合金元素可提高钢的淬透性、强度和回火稳定性,Mo 可防止高温回火脆性,W、Mo、V 还能产生二次硬化,提高钢的热硬性。热作模具钢通常在淬火后中温或高温回火状态下(组织为回火屈氏体或回火索氏体)使用,也可为高硬度、高耐磨的回火马氏体基体(对某些专用模具钢),以获得较高的强度、硬度和良好的塑性、韧性。应该指出,4Cr5MoSiV、4Cr5MoSiV1、4Cr5W2VSi 以及 3Cr3Mo3VNb 等新型空冷硬化热作模具钢以其优良的性能,有取代传统热作模具钢的趋势。常用热作模具钢如表 5-15 所示。

表 5-15 常用热作模具钢的牌号、化学成分、热处理及硬度

牌号	化学成分/%								交货状态 HBW	试样淬火	
	C	Si	Mn	Cr	W	Mo	V	其他		淬火温度/℃(冷却介质)	HRC≥
5CrMnMo	0.50~0.60	0.25~0.60	1.20~1.60	0.60~0.90	—	0.15~0.30	—	—	241~197	820~850(油)	60
5CrNiMo	0.50~0.60	≤0.40	0.50~0.80	0.50~0.80	—	0.15~0.30	—	1.40~1.80	241~197	830~860(油)	60
3Cr2W8V	0.30~0.40	≤0.40	≤0.40	2.20~2.70	7.50~9.00	—	0.20~0.50	—	255~207	1075~1125(油)	60
5Cr4Mo3SiMnVAl	0.47~0.57	0.80~1.10	0.80~1.10	3.80~4.30	—	2.80~3.40	0.80~1.20	0.30~0.70	≤255	1090~1120(油)	—
4CrMnSiMoV	0.35~0.45	0.80~1.10	0.80~1.10	1.30~1.50	—	0.40~0.60	0.20~0.40	—	241~197	870~930(油)	60
4Cr5MoSiV	0.33~0.43	0.80~1.20	0.20~0.50	4.75~5.50	—	1.10~1.60	0.30~0.60	—	≤235	790℃预热,1000℃(盐浴)或1010℃(炉控气氛)加热,保温5~15min空冷,550℃回火	—
4Cr5MoSiV1	0.32~0.45	0.80~1.20	0.20~0.50	4.75~5.50	—	1.10~1.75	0.80~1.20	—	≤235		

3. 合金量具钢

量具钢是指用于制造各种测量工具(如卡尺、千分尺等)的钢。量具钢应具有高硬度、高耐磨性和高的尺寸稳定性。

量具无专用钢种,量具钢多为高碳钢和高碳合金钢。很多碳素工具钢和合金刃具钢都可作为量具钢使用。低碳钢(如 20 钢)经渗碳、淬火及低温回火,中碳钢(如 50 钢)经表面淬火及低温回火后也可用于要求不太高的量具,如平样板、卡规等;接触腐蚀介质的量具可用 4Cr13、9Cr18 等不锈钢制造。如表 5-16 所示。

表 5-16 量具用钢的选用举例

用途	选用的牌号举例	
	钢的类别	钢号
尺寸小、精度不高,形状简单的量规、塞规、样板等	碳素工具钢	T10A、T11A、T12A
精度不高、耐冲击的卡板、板样、直尺等	渗碳钢	15、20、15Cr
块规、螺纹塞规、环规、样柱、样套等	低合金工具钢	CrMn、9CrWMn、CrWMn
各种要求精度的量具	冷作模具钢	9Mn2V、Cr2Mn2SiWMoV
要求精度和耐腐蚀的量具	不锈钢	4Cr13、9Cr18

对碳素工具钢和合金工具钢制造的量具，通常在淬火及低温回火状态下使用；为获得高的尺寸稳定性，可在淬火后回火前进行冷处理，还可在精磨后进行时效处理。回火后进行长时间低温（120～150℃）时效处理，以消除内应力，降低马氏体的正方度。

六、特殊性能钢

用于制造在特殊工作条件或特殊环境下工作，具有特殊性能要求的机械零件的钢材，称特殊性能钢。工程中常用的特殊性能钢有不锈钢、耐热钢、耐磨钢等。

1. 不锈钢

不锈钢是具有抵抗大气或某些化学介质腐蚀作用的合金钢。

（1）金属腐蚀的概念　如前所述，腐蚀是指材料在外部介质作用下发生逐渐破坏的现象。金属的腐蚀分为化学腐蚀和电化学腐蚀两大类。化学腐蚀是指金属在非电解质中的腐蚀，如钢的高温氧化、脱碳等。电化学腐蚀是指金属在电解质溶液中的腐蚀，是有电流参与作用的腐蚀。大部分金属的腐蚀属于电化学腐蚀。

不同电极电位的金属在电解质溶液中构成原电池，使低电极电位的阳极被腐蚀，高电极电位的阴极被保护。金属中不同组织、成分、应力区域之间都可构成原电池。

为了防止电化学腐蚀，可采取以下措施：

① 均匀的单相组织，避免形成原电池；

② 提高合金的电极电位；

③ 使表面形成致密稳定的保护膜，切断原电池。

（2）用途及性能要求　不锈钢主要在石油、化工、海洋开发、原子能、宇航、国防工业等领域用于制造在各种腐蚀性介质中工作的零件和结构。

对不锈钢的性能要求主要是耐蚀性。此外，根据零件或构件不同的工作条件，要求其具有适当的力学性能。对某些不锈钢还要求其具有良好的工艺性能。

（3）成分特点　不锈钢是在碳钢基础上加入 Cr、Ni、Si、Mo、Ti、Nb、Al、N、Mn、Cu 等形成的。其中铬是保证"不锈"的主要元素，当钢中铬含量达一定量（$w_{Cr} > 12\%$）时，不仅使基体电极电位大大提高（从而减小了腐蚀原电池形成的可能性），而且在氧化性介质中还会使钢表面快速形成致密、稳定、牢固的 Cr_2O_3 膜，以减小或阻断腐蚀电流（这是耐蚀的主要原因），并且一定量的铬和镍（或与其他元素配合）可使钢在室温下形成单相铁素体或奥氏体，而不利腐蚀原电池的产生，可进一步提高耐蚀性。由于 Cr 为强碳化物形成元素，易与碳反应而使溶入基体中原子态的 Cr 含量降低，甚至低于 12%，所以钢中碳愈少、Cr 愈多，则愈耐蚀（但却使强度硬度降低）。所以大多数不锈钢碳的质量分数均很低。Cr_2O_3 膜易受氯等卤族元素的离子穿透及破坏，同时铬在非氧化性酸（如盐酸、稀硫酸）和碱中钝化能力较差，会使不锈钢在含此类离子的介质中易产生点蚀、应力腐蚀、晶界腐蚀等。而含少量 Mo、Nb、Ti 或更多 Cr 的不锈钢及双相不锈钢，则对此类介质的耐蚀性有所提高，强度也有所增加。

（4）常用不锈钢　目前应用的不锈钢，按其组织状态主要分为马氏体不锈钢、铁素体不锈钢和奥氏体不锈钢三大类。常用不锈钢的牌号、化学成分、热处理、力学性能及用途如表 5-17 所示。

① 马氏体不锈钢　主要是 Cr13 型不锈钢。典型钢号为 1Cr13、2Cr13、3Cr13、4Cr13。随含碳量提高，钢的强度、硬度提高，但耐蚀性下降。

表 5-17 常用不锈钢的牌号、化学成分、热处理、力学性能及用途（摘自 GB 20878—2007）

类别	牌号	化学成分/%			热处理/℃		力学性能（不小于）					用途举例
		C	Cr	其他	淬火	回火	$R_{p0.2}$/MPa	R_m/MPa	R_{eL}/MPa	Z/%	硬度	
马氏体型	1Cr13	≤0.15	11.50~13.50	Si≤1.00 Mn≤1.00	950~1000 油冷	700~750 快冷	345	540	25	55	HBW 159	制作抗弱腐蚀介质并承受冲击载荷的零件，如汽轮机叶片、水压机阀、螺栓、螺母等
	2Cr13	0.16~0.25	12.00~14.00	Si≤1.00 Mn≤1.00	920~980 油冷	600~750 快冷	440	635	20	50	HBW 192	
	3Cr13	0.26~0.35	12.00~14.00	Si≤1.00 Mn≤1.00	920~980 油冷	600~750 快冷	540	735	12	40	HBW 217	
	4Cr13	0.36~0.45	12.00~14.00	Si≤0.60 Mn≤0.80	1050~1100 油冷	200~300 空冷	—	—	—	—	HRCW 50	制作具有较高硬度和耐磨性的医疗器械、量具、滚动轴承等
	9Cr18	0.90~1.00	17.00~19.00	Si≤0.80 Mn≤0.80	1000~1050 油冷	200~300 油、空冷	—	—	—	—	HRCW 55	不锈切片机械刀具、剪切刀具、手术刀片，高耐磨、耐蚀件
铁素体型	1Cr17	≤0.12	16.00~18.00	Si≤0.75 Mn≤1.00	退火 780~850 空冷或缓冷		250	400	20	50	HBW 183	制作硝酸工厂、食品工厂的设备
奥氏体型	0Cr18Ni9	≤0.07	17.00~19.00	Ni8.00~11.00	固溶 1010~1150 快冷		205	520	40	60	HBW 187	具有良好的耐蚀及耐晶间腐蚀性能，为化学工业用的良好耐蚀材料
	1Cr18Ni9	≤0.15	17.00~19.00	Ni8.00~10.00	固溶 1010~1150 快冷		205	520	40	60	HBW 187	制作耐硝酸、冷磷酸、有机酸及盐、碱溶液腐蚀的设备零件
	1Cr18Ni9Ti	≤0.12	17.00~19.00	Ni8~11 Ti≥5C%~0.70	固溶 920~1150 快冷		205	520	40	50	HBW 187	耐酸容器及设备衬里，抗磁仪表，医疗器械，具有较好耐晶间腐蚀性

注：1. 表中所列奥氏体不锈钢的 Si≤1%，Mn≤2%。
2. 表中所列各钢种的 w_P≤0.035%，w_S≤0.030%。

1Cr13、2Cr13、3Cr13 的热处理为调质处理，使用状态下的组织为回火索氏体。这三种钢具有良好的耐大气、蒸汽腐蚀能力及良好的综合力学性能，主要用于制造塑韧性要求较高的耐蚀件，如汽轮机叶片等。

4Cr13 的热处理为淬火加低温回火，使用状态下的组织为回火马氏体。这种钢具有较高的强度、硬度。主要用于要求耐蚀、耐磨的器件，如医疗器械、量具等。

② 铁素体不锈钢　典型钢号如 1Cr17 等。这类钢的成分特点是高铬低碳，组织为单相铁素体。由于铁素体不锈钢在加热冷却过程中不发生相变，因而不能进行热处理强化，可通过加入钛、铌等强碳化物形成元素或经冷塑性变形及再结晶来细化晶粒。铁素体不锈钢的性

能特点是耐酸蚀，抗氧化能力强，塑性好，但有脆化倾向：a. 475℃脆性，即将钢加热到450℃～550℃停留时产生的脆化，可通过加热到600℃后快冷消除；b. σ相脆性，即钢在600℃～800℃长期加热时，因析出硬而脆的σ相产生的脆化。这类钢广泛用于硝酸和氮肥工业的耐蚀件。

③ 奥氏体不锈钢　主要是18-8（18Cr-8Ni）型不锈钢。这类钢的成分特点是低碳高铬镍，组织为单相奥氏体。因而具有良好的耐蚀性、冷热加工性及可焊性，高的塑韧性。这类钢无磁性。奥氏体不锈钢常用的热处理为固溶处理，即加热到920～1150℃使碳化物溶解后水冷，获得单相奥氏体组织。对于含有钛或铌的钢，在固溶处理后还要进行稳定化处理，即将钢加热到850℃～880℃，使钢中铬的碳化物完全溶解，而钛或铌的碳化物不完全溶解，然后缓慢冷却，使TiC充分析出，以防止发生晶间腐蚀。

常用奥氏体不锈钢为1Cr18Ni9、1Cr18Ni9Ti等，广泛用于化工设备及管道等。

奥氏体不锈钢在应力作用下易发生应力腐蚀，即在特定合金环境体系中，应力与腐蚀共同作用引起的破坏。奥氏体不锈钢易在含Cl^-的介质中发生应力腐蚀，裂纹为枯树枝状。

2. 耐热钢

耐热钢和高温合金是指在高温下具有高的热化学稳定性和热强性的特殊钢及合金。它们广泛用于热工动力、石油化工、航空航天等领域制造工业加热炉、锅炉、热交换器、汽轮机、内燃机、航空发动机等在高温条件下工作的构件和零件。

耐热钢所含合金元素Cr、Si、Al在高温下可被优先氧化形成致密的氧化膜，使金属与外界氧气隔离，避免氧化的进一步发生；Mo、V、W、Ti等元素可与碳结合形成稳定性高、不易聚集长大的碳化物，起弥散强化作用。同时这些元素大多数可提高钢的再结晶温度，增大基体相中原子之间的结合力，提高晶界强度，从而提高钢的高温强度。如含少量稀土（RE）元素，则使性能会进一步提高。

耐热钢多为中碳合金钢、低碳合金钢（w_C较高则使塑性、抗氧化性、焊接性及高温强度下降），所含合金元素主要有Cr、Ni、Mn、Si、Al、Mo、W、V等，这些合金元素均可产生固溶强化作用。

按使用特性不同，耐热钢分为抗氧化钢和热强钢；按组织不同，耐热钢又可分为铁素体类耐热钢（又称α-Fe基耐热钢，包括珠光体钢、马氏体钢和铁素体钢）和奥氏体类耐热钢（又称γ-Fe基耐热钢）。

(1) 珠光体耐热钢　常用钢种为15CrMo和12Cr1MoV等。这类钢一般在正火+回火状态下使用，组织为珠光体加铁素体，其工作温度低于600℃。由于含合金元素量少，工艺性好，常用于制造锅炉、化工压力容器、热交换器、气阀等耐热构件。其中15CrMo主要用于锅炉零件。这类钢在长期的使用过程中，易发生珠光体的球化和石墨化，从而显著降低钢的蠕变和持久强度。通过降低含碳量和含锰量，适当加入铬、钼等元素，可抑制球化和石墨化倾向。

此外，20、20g也是常用的珠光体耐热钢，常用于壁温不超过450℃的锅炉管件及主蒸汽管道等。

(2) 马氏体耐热钢　常用钢种为Cr12型（1Cr11MoV，1Cr12WMoV）、Cr13型（1Cr13，2Cr13）和4Cr9Si2等。这类钢铬含量高，其抗氧化性及热强性均高于珠光体耐热钢，淬透性好。马氏体耐热钢多在调质状态下使用，组织为回火索氏体。其最高工作温度与珠光体耐热钢相近，多用于制造600℃以下工作受力较大的零件，如汽轮机叶片和汽车阀门等。

(3) 奥氏体耐热钢 奥氏体耐热钢的耐热性能优于珠光体耐热钢和马氏体耐热钢，其冷塑性变形性能和焊接性都很好，一般工作温度在600～900℃，广泛用于航空、舰艇、石油化工等工业部门制造汽轮机叶片、发动机气阀及炉管等。

最典型的牌号是1Cr18Ni9Ti，铬的主要作用是提高抗氧化性，加镍是为了形成稳定的奥氏体，并与铬相配合提高高温强度，钛的作用是通过形成碳化物产生弥散强化。

4Cr25Ni20（HK40）及4Cr25Ni35（HP）钢是石化装置上大量使用的高碳奥氏体耐热钢。这种钢在铸态下的组织是奥氏体基体＋骨架状共晶碳化物，其在高温运行过程中析出大量弥散的$Cr_{23}C_6$型碳化物产生强化，900℃且1MPa应力下的工作寿命达10万小时。

4Cr14Ni14W2Mo是用于制造大功率发动机排气阀的典型钢种。此钢的含碳量提高到0.4%，目的在于形成铬、钼、钨的碳化物并呈弥散析出，提高钢的高温强度。

表5-18 常用耐热钢的牌号、热处理、力学性能及用途

类别	牌号	热处理/℃	R_m/MPa	$R_{p0.2}$/MPa	A/%	Z/%	HBW	抗氧化	热强性	用途举例
珠光体钢	15CrMo	正火 900～950 空冷 高回 360～700 空冷	≥410	≥296	≥22	≥60		<560		用于介质温度<500℃的蒸汽管路、垫圈等
	12CrMoV	正火 960～980 空冷 高回 740～760 空冷	≥440	≥225	≥22	≥50		<590		用于介质温度≤570℃的过热器管、导管等
	35CrMoV	淬火 900～920 油、水 高回 600～650 空冷	≥1080	≥930	≥10	≥50		<580		用于长期在500～520℃下工作的汽轮机叶轮等
铁素体钢	2Cr25N	退火 780～880 快冷	≥520	≥280	≥20	≥40	≤201	<1082		用作1050℃以下炉用构件
	0Cr13Al	退火 780～830 空冷或缓冷	≥420	≥180	≥20	≥60	≥183	<900		用作<900℃，受力不大的炉用构件，如退火炉罩等
	1Cr17	退火 780～850 空冷或缓冷	≥460	≥210	≥22	≥50	≥183	<900		用作<900℃耐氧化性部件，如散热器、喷嘴等
马氏体钢	1Cr13Mo	淬火 970～1020 油冷 高回 650～750 快冷	≥700	≥500	≥20	≥60	≤192	800	500	用于<800℃以下的耐氧化件，<480℃蒸汽用机械部件
	1Cr12WMoV	淬火 1000～1050 油冷 高回 680～7000 空冷	≥750	≥600	≥15	≥45		750	580	用于<580℃的汽轮机叶片、叶轮、转子、紧固件等
	4Cr9Si2	淬火 1020～1040 油冷 高回 700～780 油冷	≥900	≥600	≥19	≥50		800	650	用于<700℃的发动机排气阀、料盘等
	4Cr10Si2Mo	淬火 1010～1040 油冷 高回 720～760 空冷	≥900	≥700	≥10	≥35		850	650	用于<700℃的发动机排气阀、料盘等
奥氏体钢	0Cr18Ni11Nb	980～1150 快冷 固溶处理	≥520	≥205	≥40	≥50	≤187	850	650	用作400～900℃腐蚀条件下使用的部件、焊接结构件等
	4Cr14Ni14W2Mo	820～850 快冷 退火处理	≥705	≥315	≥20	≥35	≤248	850	750	用于500～600℃汽轮机零件、重负荷内燃机排气阀
	0Cr25Ni20	1030～1180 快冷 固溶处理	≥520	≥205	≥40	≥50	≥187	1035		用于<1035℃的炉用材料、汽车净化装置

3. 耐磨钢

在强烈冲击和磨损条件下具有良好韧性和高耐磨性的钢称为耐磨钢。

典型的耐磨钢是高锰钢，钢中的含碳量为 1.0%～1.3%，含锰量为 11%～14%，因此称为高锰耐磨钢。由于高锰耐磨钢板易冷作硬化，很难进行切削加工，因此大多数高锰耐磨钢件采用铸造成形。高锰耐磨钢铸态组织中存在许多碳化物，因此钢硬而脆，为改善其组织以提高韧性，将铸件加热至 1000～1100℃，使碳化物全部溶入奥氏体中，然后水冷得到单相奥氏体组织，称此处理为"水韧处理"。铸件经"水韧处理"后，强度、硬度（180～230HBW）不高，塑性、韧性好，工作时，若受到强烈冲击、巨大压力或摩擦，则其表面塑性变形而产生明显的冷变形强化，同时还发生奥氏体向马氏体转变，使表面硬度和耐磨性大大提高，而心部仍保持奥氏体组织和良好韧性和塑性，有较高的抗冲击能力。

耐磨钢主要用于制造在强烈冲击载荷和严重磨损下工作的机械零件，如球磨机的衬板、挖掘机的铲斗、各种碎石机的颚板、铁道上的道岔、拖拉机和坦克的履带板、主动轮和履带支承滚轮等。常用牌号有 ZGMn13-1 铸钢和 ZGMn13-2 铸钢。高锰钢的牌号、化学成分、热处理、力学性能及用途见表 5-19。

表 5-19 高锰钢的牌号、化学成分、热处理、力学性能及用途

牌号	化学成分					热处理（水韧处理）		力学性能			用途举例
	C	Si	Mn	S	P	淬火温度/℃	冷却介质	R_m/MPa	A/%	A_k/J	HBW
								不小于			不大于	
ZGMn13-1	1.00~1.45	0.30~1.00	11.00~14.00	≤0.040	≤0.090	1060~1100	水	637	20		229	用于结构简单、要求以耐磨为主的低冲击铸件，如衬板、齿板、辊套、铲齿等
ZGMn13-2	0.90~1.35	0.30~1.00	11.00~14.00	≤0.040	≤0.070	1060~1100	水	637	20	18	229	
ZGMn13-3	0.95~1.35	0.30~1.00	11.00~14.00	≤0.035	≤0.070	1060~1100	水	686	25	18	229	用于结构复杂、要求以韧性为主的高冲击铸件，如履带板等
ZGMn13-4	0.90~1.30	0.30~1.00	11.00~14.00	≤0.040	≤0.070	1060~1100	水	735	35	18	229	

思考与练习

1. 从力学性能、热处理变形、耐磨性和热硬性几方面比较合金钢和碳钢的差异，并简单说明原因。

2. 解释下列钢的牌号含义、类别及热处理方法：20CrMnTi，40Cr，4Cr13，16Mn，T10A，1Cr18Ni9Ti，Cr12MoV，W6Mo5Cr4V2，38CrMoAlA，5CrMnMo，GCr15，65Si2Mn。

3. 说明如何根据机器零件的工作条件选择机器零件用钢的含碳量和组织状态。

4. 比较 9SiCr，Cr12MoV，5CrMnMo，W18Cr4V 等四种合金工具钢的成分、性能和用途差异。

5. 今有 W18Cr4V 钢制铣刀，试制定其加工工艺路线，说明热加工工序的目的。淬火温

度为什么要高达1280℃？淬火后为什么要进行三次高温回火？能不能用一次长时间回火代替？

6. 简述提高钢的耐蚀性的原理及方法。

7. 耐磨钢（ZGMn13）和奥氏体不锈钢的淬火目的与一般钢的淬火目的有何不同？耐磨钢的耐磨原理与工具钢有什么差异？

8. 为什么有些合金钢能在室温下获得稳定的单相奥氏体组织（奥氏体钢）或单相铁素体组织（铁素体钢）？

9. 什么是钢的耐回火性和二次硬化？它们在实际应用中有何意义？

10. 9SiCr钢和W18Cr4V钢在性能方面有何区别？生产中能否将它们相互代用？

11. 有一根直径30mm的轴，受中等的交变载荷作用，要求零件表面耐磨，心部具有较高的强度和韧性，供选择的材料有16Mn、20Cr、45钢、T8钢和Cr12钢。要求：

（1）选择合适的材料；

（2）编制简明的热处理工艺路线；

（3）指出最终组织。

12. 如何提高钢的耐蚀性，不锈钢的成分有何特点？

13. ZGMn13-4钢为什么具有优良的耐磨性和良好的韧性？

14. 在工厂中经常切削铸铁件和碳素钢件，请问何种材料硬质合金刀片适合切削铸铁？

15. 说明下列钢号属于何种钢？数字的含意是什么？主要用途是什么？

T8、16Mn、20CrMnTi、ZGMn13-2、40Cr、GCr15、60Si2Mn、W18Cr4V、1Cr18Ni9Ti、1Cr13、Cr12MoV、12CrMoV、5CrMnMo、38CrMoAl、9CrSi、Cr12、3Cr2W8、4Cr5W2VSi、15CrMo、60、CrWMn、W6Mo5Cr4V2。

学习情境六

铸铁

知识目标

掌握：常用铸铁（HT、QT、RuT、KT）的牌号、性能及应用；

理解：铸铁与白口铁组织和性能差别；

了解：铸铁的石墨化过程；影响石墨化的因素。

能力目标

能识别常用铸铁的牌号和含义。

学习导航

铸铁是含碳量大于 2.11% 的铁碳合金。工业上常用的铸铁，含碳量一般在 2.5%～4.0% 的范围内，此外还有硅、锰、硫、磷等元素。

虽然铸铁的机械性（抗拉强度、塑性、韧性）较低，但是由于其生产成本低廉、具有优良的铸造性、可切削加工性、减振性及耐磨性，因此在现代工业中仍得到了普遍应用，典型的应用是制造机床的床身、内燃机的汽缸、汽缸套、曲轴等。在一般的机械中，铸铁约占机器总质量的 40%～70%，在机床和重型机械中高达 80%～90%。近年来，铸铁组织进一步改善，热处理对基体的强化作用也更明显。经合金化后，铸铁还可具有良好的耐热、耐磨或耐蚀等特殊性能。因此，铸铁日益成为物美价廉、应用广泛的结构材料。

铸铁的组织可以理解为在钢的组织基体上分布有不同形状、大小、数量的石墨。

根据铸铁中石墨形态的不同，铸铁可分为下列几种：

(1) 白口铸铁　碳主要以渗碳体形式存在，其断口呈银白色，所以称为白口铸铁。这类铸铁的性能既硬又脆，很难进行切削加工，所以很少直接用来制造机器零件。

(2) 灰铸铁　石墨以片状存在于铸铁中。

(3) 可锻铸铁　石墨以团絮状存在于铸铁中。

(4) 球墨铸铁　石墨以球状存在于铸铁中。

(5) 蠕墨铸铁　石墨以蠕虫状存在于铸铁中。

单元一　铸铁的石墨化

铸铁的石墨化

一、铸铁的石墨化及其形成途径

在铁碳合金中，碳除了少部分固溶于铁素体和奥氏体外，以两种形式存在：碳化物状态——渗碳体（Fe_3C）及合金铸铁中的其他碳化物；游离状态——石墨（以 G 表示）。渗碳体和其他碳化物的晶体结构及性能在前面章节中已经介绍。石墨的晶格类型为简单六方晶

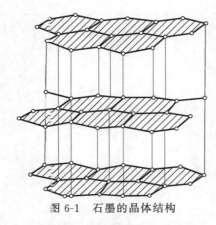

图 6-1 石墨的晶体结构

格,其基面中的原子间距为 0.142nm,结合力较强;而两基面间距为 0.340nm,结合力弱,故石墨的基面很容易滑动,其强度、硬度、塑性和韧性很低,常呈片状形态存在。石墨的晶体结构见图 6-1。

影响铸铁组织和性能的关键是碳在铸铁中存在的形式、形态、大小和分布。工程应用铸铁研究的中心问题是如何改变石墨的数量、形状、大小和分布。

铸铁组织中石墨的形成过程称为石墨化过程。一般认为石墨可以从液态中直接析出,也可以自奥氏体中析出,还可以由渗碳体分解得到。

二、铁碳合金的双重相图

实验表明,渗碳体是一个亚稳定相,石墨才是稳定相。通常在铁碳合金的结晶过程,之所以自液体或奥氏体中析出的是渗碳体而不是石墨,主要是因为渗碳体的含碳量(6.69%)较之石墨的含碳量($\approx$100%)更接近合金成分的含碳量(2.5%~4.0%),析出渗碳体时所需的原子扩散量较小,渗碳体的晶核形成较易。但在极其缓慢冷却(即提供足够的扩散时间)的条件下,或在合金中含有可促进石墨形成的元素(如 Si 等)时,那么在铁碳合金的结晶过程中,便会直接从液体或奥氏体中析出稳定的石墨相,而不再析出渗碳体。因此对铁碳合金的结晶过程来说,实际上存在两种相图,即 Fe-Fe$_3$C 和 Fe-G 相图,如图 6-2 所示,其中实线表示 Fe-Fe$_3$C 相图,虚线表示 Fe-G 相图。显然,按 Fe-Fe$_3$C 系相图进行结晶,就得到白口铸铁;按 Fe-G 系相图进行结晶,就析出和形成石墨。

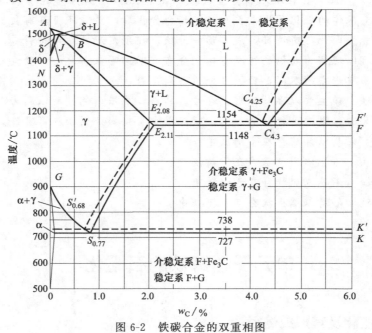

图 6-2 铁碳合金的双重相图

三、铸铁冷却和加热时的石墨化过程

按 Fe-G 相图进行结晶,则铸铁冷却时的石墨化过程应包括:从液体中析出一次石墨

G_I；通过共晶反应产生共晶石墨 $G_{共晶}$；由奥氏体中析出的二次石墨 G_{II}。

铸件加热时的石墨化过程：亚稳定的渗碳体当在比较高的温度下长时间加热时，会发生分解，产生石墨，即 $Fe-Fe_3C \rightarrow 3Fe-G$。加热温度越高，分解速度相对就越快。

无论是冷却还是加热时的石墨化过程，凡是发生在 PSK 线（Fe-G 系相图中）以上，统称为第一阶段石墨化；凡是发生在 PSK 线以下，统称为第二阶段石墨化。

四、影响铸铁石墨化的因素

（1）化学成分的影响　铸铁的化学成分是决定石墨以何种方式存在的基础。对铸铁来说，根据成分不同，有的铸铁中的碳容易以碳化物形式存在，有的铸铁中的碳容易以石墨形式存在。各种元素对石墨化的影响互有差异，促进石墨化的元素按其作用由强到弱的排列顺序为 Al、C、Si、Ti、Cu、P；阻碍石墨化的元素按作用由弱至强的排列顺序为 W、Mn、Mo、S、Cr、V、Mg。

（2）冷却速度的影响　冷却速度对石墨化的影响也很大，当铸铁结晶时，缓慢冷却有利于扩散，石墨化过程可充分进行，结晶出的石墨又多又大；而快冷则阻碍石墨化，促使白口化。铸铁的冷却速度主要决定于铸件的壁厚和铸型材料。例如铸铁在砂型中冷却比在金属型中冷却慢，铸件越厚，冷却越慢，这样的铸件有利于石墨化。

单元二　常用铸铁

根据碳在铸铁中存在的形式及石墨的形态，可将铸铁分为灰铸铁、球墨铸铁、可锻铸铁和蠕墨铸铁等。灰铸铁、球墨铸铁和蠕墨铸铁中石墨都是自液体铁水在结晶过程中获得的，而可锻铸铁中石墨则是由白口铸铁通过在加热过程中石墨化获得。

一、灰铸铁

灰铸铁中的碳多以片状石墨形式存在，它是铸铁中用量最大的一种，在铸铁生产中，约占 80% 以上。

1. 灰铸铁的组织与性能

灰铸铁的化学成分：C 为 2.7%～3.6%，Si 为 1.0%～2.2%，Mn 为 0.4%～1.2%，S 小于 0.15%，P 小于 0.3%。

灰铸铁的组织可看成是碳钢的基体加片状石墨。按基体组织不同分为：铁素体灰铸铁、铁素体-珠光体灰铸铁、珠光体灰铸铁。

由于灰铸铁内分布着许多片状石墨，而石墨的强度很低，塑性、韧性几乎为零。它的存在，相当于在钢的基体上分布了许多细小的裂纹，割裂了基体的连续性，减小了有效承载面积，而且石墨的尖角处易产生应力集中，所以灰铸铁的强度、塑性、韧性均比同基体的钢低。石墨片数量越多，尺寸越大，分布越不均匀，灰铸铁的抗拉强度越低。灰铸铁的硬度和抗压强度与同基体的钢差不多，石墨对其影响不大。灰铸铁的抗压强度约为其抗拉强度的 3～4 倍，故广泛用于制造受压构件。

石墨虽然降低了铸铁的强度、塑性和韧性，但却使铸铁获得了下列优良性能。

① 铸造性能好，灰铸铁熔点低、流动性好。在结晶过程中析出体积较大的石墨，部分补偿了基体的收缩，所以收缩率较小。

② 良好的减振性和吸振性。石墨割裂了基体，阻止了振动的传播，并将振动能量转变为热能而消耗掉，其减振能力比钢高10倍左右。

③ 良好的减摩性。石墨本身有润滑作用，石墨从基体上剥落后所形成的孔隙有吸附和储存润滑油的作用，可减少磨损。

④ 良好的切削加工性能。片状石墨割裂了基体，使切屑易脆性断裂，且石墨有减摩作用，减小了刀具的磨损。

⑤ 缺口敏感性低。铸铁中石墨的存在相当于许多微裂纹，致使外来缺口的作用相对减弱。

2. 灰铸铁的孕育处理

为提高灰铸铁的力学性能，生产中常采用孕育处理，即在浇注前往铁水中投加少量的硅铁、硅钙合金等作孕育剂，以获得大量的、高度弥散分布的人工晶核，使石墨片及基体组织得到细化。

经过孕育处理后的铸铁称为孕育铸铁，其强度较高，塑性和韧性有所提高。因此，孕育铸铁常用作力学性能要求较高，截面尺寸变化较大的大型铸件。

3. 灰铸铁的牌号及用途

灰铸铁的牌号由"灰铁"两字的汉语拼音字母字头"HT"及后面一组数字组成，数字表示最低抗拉强度。表6-1是灰铸铁的牌号和应用。

表 6-1 灰铸铁的牌号和应用

牌号	铸件壁厚/mm		最小抗拉强度 R_m/MPa	应用范围及举例
	大于	至		
HT100	2.5	10	130	适用于制造盖、外罩、手轮、支架、重锤等负载小，对摩擦、磨损无特殊要求的零件
	10	20	100	
	20	30	90	
	30	50	80	
HT150	2.5	10	175	适用于制造支柱、底座、工作台等承受中等载荷的零件
	10	20	145	
	20	30	130	
	30	50	120	
HT200	2.5	10	220	适用制造气缸、活塞、齿轮、轴承座、联轴器等承受较大负荷和较重要的零件
	10	20	195	
	20	30	170	
	30	50	160	
HT250	4	10	270	
	10	20	240	
	20	30	220	
	30	50	200	
HT300	10	20	290	适用于制造齿轮、凸轮、车床卡盘、高压液压筒和滑阀壳体等承受高负荷的零件
	20	30	250	
	30	50	230	
HT350	10	20	340	
	20	30	290	
	30	50	260	

4. 灰铸铁的热处理

灰铸铁可以通过热处理改变基体组织，但不能改变石墨的形态和分布，因而对提高灰铸铁的力学性能作用不大。灰铸铁的热处理常常为减小铸件内应力的去应力退火，提高表面硬度和耐磨性的表面淬火，以及消除铸件白口、降低硬度的石墨化退火。

二、球墨铸铁

铁水经过球化处理而使石墨大部分或全部呈球状的铸铁称为球墨铸铁。

球化处理是在铁水浇注前加入少量的球化剂及孕育剂，使石墨以球状析出。

1. 球墨铸铁的成分、组织与性能

球墨铸铁的化学成分一般为：C 为 3.6%～3.9%，Si 为 2.0%～2.8%，Mn 为 0.6%～0.8%，S 小于 0.07%，P 小于 0.1%。与灰铸铁相比，它的碳、硅含量较高，有利于石墨球化。

球墨铸铁按基体组织的不同分为铁素体球墨铸铁、铁素体-珠光体球墨铸铁和珠光体球墨铸铁。

由于球墨铸铁中的石墨呈球状，其割裂基体的作用及应力集中现象大为减小，可以充分发挥金属基体的性能，它的强度和塑性超过灰铸铁，接近铸钢。

2. 球墨铸铁的牌号及用途

球墨铸铁的牌号是由"球铁"两字的汉语拼音的第一个字母"QT"及后面的两组数字组成，两组数字分别表示其最低抗拉强度和最小伸长率。如 QT450-10 表示球墨铸铁，其最低抗拉强度为 400MPa，最小伸长率为 10%。球墨铸铁的牌号、力学性能、组织见表 6-2。

表 6-2 球墨铸铁的牌号、力学性能、组织

牌号	力学性能 R_m/MPa	$R_{p0.2}$/MPa	A/%	硬度/HBW	主要金相组织
	不小于				
QT400-18	400	250	18	130～180	铁素体
QT400-15	400	250	15	130～180	铁素体
QT450-10	450	310	10	160～210	
QT500-7	500	320	7	170～230	铁素体＋珠光体
QT600-3	600	370	3	190～270	珠光体＋铁素体
QT700-2	700	420	2	225～305	珠光体
QT800-2	800	480	2	245～335	珠光体或回火组织
QT900-2	900	600	2	280～360	贝氏体或回火马氏体

由于球墨铸铁具有良好的力学性能和工艺性能，并能通过热处理改善其力学性能。因此，球墨铸铁可以代替碳素铸钢、可锻铸铁，制造一些受力复杂，强度、硬度、韧性和耐磨性要求较高的零件，如内燃机曲轴、凸轮轴、连杆等。

3. 球墨铸铁的热处理

由于球状石墨对基体的割裂作用小，所以通过热处理改变球墨铸铁的基体组织，对提高其力学性能有重要作用。常用的热处理工艺有以下几种。

(1) 退火　退火的主要目的是得到铁素体基体的球墨铸铁，以提高球墨铸铁的塑性和韧性，改善切削加工性能，消除内应力。

(2) 正火　正火的目的是得到珠光体基体的球墨铸铁，从而提高其强度和耐磨性。

(3) 调质　调质的目的是得到回火索氏体基体的球墨铸铁，从而获得良好的综合力学性能。

(4) 等温淬火　等温淬火是为了获得下贝氏体基体的球墨铸铁，从而获得高强度、高硬

度、高韧性的综合力学性能。对于一些要求综合力学性能好、形状复杂、热处理易变形开裂的重要零件，常采用等温淬火。

三、可锻铸铁

可锻铸铁是将白口铸铁通过石墨化或氧化脱碳退火处理，改变其金相组织或成分而获得有较高韧性的铸铁，其石墨形态呈团絮状。

(1) 可锻铸铁的生产过程、化学成分及组织　可锻铸铁的生产过程是：首先浇注成白口铸铁件，然后再经石墨化退火，使渗碳体分解为团絮状石墨，即可制成可锻铸铁。

可锻铸铁的化学成分一般为：C为2.2%～2.8%，Si为1.0%～1.8%，Mn为0.4%～0.6%，S小于0.25%，P小于0.1%。为了保证得到白口组织，保证退火时渗碳体分解迅速，必须严格控制铁水中的化学成分，尤其是碳和硅的含量。

根据白口铸铁退火的工艺不同，可形成铁素体可锻铸铁和珠光体基体的可锻铸铁。铁素体基体的可锻铸铁，因其断口心部呈灰黑色，表层呈灰白色，故又称黑心可锻铸铁。珠光体基体的可锻铸铁称为白心可锻铸铁。

(2) 可锻铸铁的性能、牌号和用途　由于石墨形状的改变，减轻了石墨对基体的割裂作用。与灰铸铁相比，可锻铸铁的强度高，塑性和韧性好，但并没有到达可以锻造的地步，注意可锻铸铁不可以锻造。与球墨铸铁相比，可锻铸铁具有质量稳定、铁液处理简单、易于组织流水线生产等优点。

可锻铸铁的牌号是由三个字母及两组数字组成。前面两个字母是"KT"是"可铁"两字的汉语拼音的第一个字母，第三个字母代表可锻铸铁的类别。后面两组数字分别代表最低抗拉强度和最小伸长率的数值。可锻铸铁的牌号、力学性能及用途见表6-3。

表 6-3　可锻铸铁的牌号、力学性能及用途

牌号		试样直径 d/mm	力学性能			硬度 HBW	用途
			R_m	$R_{p0.2}$	A/%		
			MPa				
A	B		不小于				
KTH300-6	—	12 或 15	300		6	不大于 150	适用于管道配件、中低压阀门等气密性要求高的零件
	KTH30-08		330		8		适用于扳手、车轮壳、钢丝绳接头承受中等动载和静载的零件
KTH350-10	—		350	220	10		适用于汽车轮壳、差速器壳、制动器等承受较高冲击、振动及扭转负荷的零件
	KTH370-12		370		12		
KTZ450-06	—		450	270	6	150～200	适用于曲轴、凸轮轴、连杆、齿轮、摇臂等承受较高载荷、耐磨损且要求有一定韧性的重要零件
KTZ550-04	—		550	340	4	180～230	
KTZ650-02	—		650	430	2	210～260	
KTZ700-20	—		700	530	2	240～290	

可锻铸铁具有铁水处理简单、质量稳定、容易组织流水生产、低温韧性好等优点，广泛应用于汽车、拖拉机制造行业，常用来制造形状复杂、承受冲击载荷的薄壁、中小型零件。

四、蠕墨铸铁

在一定成分的铁液中加入适量的蠕化剂和孕育剂，使石墨的形态呈蠕虫状的铸铁称蠕墨

铸铁。蠕墨铸铁中的碳主要以蠕虫状石墨形态存在。其石墨的形态介于片状石墨和球状石墨之间，形状与片状石墨类似，但片短而厚，端部圆滑。因此，这种铸铁的性能介于优质灰铸铁和球墨铸铁之间。抗拉强度和疲劳强度相当于铁素体球墨铸铁，减振性、导热性、耐磨性、切削加工性和铸造性能近似于灰铸铁。

蠕墨铸铁主要应用于承受循环载荷、要求组织致密、强度要求较高、形状复杂的零件，如汽缸盖、进排气管、钢锭模和阀体等。蠕墨铸铁单铸试样的力学性能见表6-4。

表6-4 蠕墨铸铁单铸试样的力学性能（GB/T 26655—2011）

牌号	抗拉强度 R_m /MPa（不小于）	0.2%屈服强度 $R_{P0.2}$ /MPa（不小于）	伸长率 A /%（不小于）	典型的布氏硬度 范围/HBW	主要基体组织
RuT300	300	210	2.0	140～210	铁素体
RuT350	350	245	1.5	160～220	铁素体＋珠光体
RuT400	400	280	1.0	180～240	珠光体＋铁素体
RuT450	450	315	1.0	200～250	珠光体
RuT500	500	350	0.5	220～260	珠光体

注：布氏硬度（指导值）仅供参考。

单元三 合金铸铁

合金铸铁是指常规元素高于普通铸铁规定含量或含有其他合金元素，具有较高力学性能或某些特殊性能的铸铁，如耐磨铸铁、耐热铸铁、耐蚀铸铁等。

一、耐磨铸铁

提高铸铁耐磨性的方法有许多。普通白口铸铁脆性大，不能承受冲击载荷，因此常采用"激冷"的方法，即在型腔中加入冷铁，使灰铸铁表面白口化，硬度和耐磨性大大提高，而其心部仍保持灰口组织，从而在具有一定的韧性和强度的同时，又具有高耐磨性，使其具有"外硬内韧"的特点，可承受一定的冲击。这种因表面凝固速度快，碳全部或大部分呈化合态而形成一定深度的白口层，中心为灰口组织的铸铁称为冷硬铸铁。

在普通灰铸铁的基础上将含磷量提高到0.5%～0.8%，就可获得高磷耐磨铸铁，具有高硬度和高耐磨性的磷共晶均匀分布在晶界处，使铸铁的耐磨性大为提高。在普通高磷耐磨铸铁的基础上，再加入Cr、Mn、Cu、V、Ti和W等元素，就构成了高磷合金铸铁，这样既细化和强化了基体组织，也进一步提高了铸铁的力学性能和耐磨性。生产上常用其制造机床导轨、汽车发动机缸套等。

我国研制的中锰耐磨球墨铸铁，铸态组织为马氏体、奥氏体、碳化物和球状石墨，这种铸铁具有较高的耐磨性和较好的强度和韧性，不需贵重合金元素，熔炼简单，成本低。这种铸铁可代替高锰钢或锻钢制造承受冲击的一些抗磨零件。

二、耐热铸铁

耐热铸铁具有良好的耐热性，可以代替耐热钢制造加热炉底板、坩埚、废气道、热交换器及压铸模等。

高温工作的许多零件都要求具有良好的耐热性，铸铁的耐热性主要是指它在高温下抗氧化的能力。在铸铁中加入合金元素铝、硅、铬等能提高其耐热性。一方面，合金元素在铸铁表面可生成 Al_2O_3、SiO_2 和 Cr_2O_3 等保护膜，保护膜非常致密，可阻止氧原子穿透而引起铸铁内部的继续氧化；另一方面，铬可形成稳定的碳化物，含铬越多，铸铁热稳定性越好。硅、铝可提高铸铁的临界温度，促使其形成单相铁素体组织，因此在高温使用时，这些铸铁的组织很稳定。

三、耐蚀铸铁

耐蚀铸铁广泛应用于化工部门，制作管道、阀门、泵体等。即在铸铁中加入硅、铝、铬、镍、铜等合金元素，使铸铁的表面形成一层致密的保护性氧化膜，使铸铁组织成为单相基体上分布着数量较少且彼此孤立的球状石墨，提高铸铁基体组织的电极电位，从而提高其耐蚀性。

耐蚀铸铁的种类很多，如高硅、高镍、高铬等耐蚀铸铁，其中应用最广泛的是高硅耐蚀铸铁，碳含量小于1.2%，硅含量为14%～18%。为改善铸铁在碱性介质中的耐蚀性，可向铸铁中加入6.5%～8.5%的Cu；为改善铸铁在盐酸中的耐蚀性，可向铸铁中加入2.5%～4.0%的Mn；为进一步提高耐蚀性，还可向铸铁中加入微量的硼和稀土镁合金进行球化处理。

思考与练习

1. 铸铁分为哪几类？其最基本的区别是什么？
2. 影响铸铁石墨化的因素有哪些？是如何影响的？
3. 在生产中，有些铸件表面棱角和凸缘处常常硬度很高，难以进行机械加工，试问其原因是什么？
4. 在灰铸铁中，为什么含碳量与含硅量越高时，铸铁的抗拉强度和硬度越低？
5. 在铸铁的石墨化过程中，如果第一、第二阶段完全石墨化，第三阶段完全石墨化、部分石墨化或未石墨化时，问它们各获得哪种组织的铸铁？
6. 什么是孕育铸铁？如何进行孕育处理？
7. 为什么说球墨铸铁是"以铁代钢"的好材料？其生产工艺如何？
8. 可锻铸铁是怎样生产的？可锻铸铁可以锻造吗？
9. 为什么可锻铸铁适宜制造壁厚较薄的零件而球墨铸铁却不宜制造壁厚较薄的零件？
10. HT200、KTH300-06、KTZ550-04、QT400-15、QT700-2、QT900-2等铸铁牌号中数字分别表示什么性能？具有什么显微组织？这些性能是铸态性能还是热处理后性能？若是热处理后性能，请指出其热处理方法。
11. 试指出下列铸件应采用的铸铁种类和热处理方法，并说出原因。
(1) 机床床身 (2) 柴油机曲轴 (3) 液压泵壳体 (4) 犁铧 (5) 球磨机衬板
12. 现有铸态下球墨铸铁曲轴一根，按技术要求，其基体应为珠光体组织，轴颈表层硬度为50～55HRC。试确定其热处理方法。
13. 识别下列铸铁牌号：HT150、HT300、KTH300-06、KTZ450-06、KTB380-12、QT400-18、QT600-03、RuT260、MQTMn6。

学习情境七
铸造成形

知识目标
掌握：常用手工造型方法的特点和应用；
理解：铸造生产常见的缺陷及主要原因。
能力目标
能根据零件的结构选择砂型造型方法；
能绘制简单零件的铸造工艺图。

学习导航

铸造是一种液态成形方法。指将熔融的金属浇入铸型的型腔，待其冷却凝固后获得一定形状和性能铸件的成形方法。

和其他机械加工相比，铸造具有独特的优点：
(1) 可铸造各种形状复杂的零件，特别是内腔复杂的零件；
(2) 可铸造各种尺寸的零件（几毫米到几十米）；
(3) 适应绝大多数金属、合金以及各种生产类型。

但铸造也具有一定的缺点：
(1) 铸造过程中会有铸造缺陷产生，如气孔、砂眼等；
(2) 铸件的力学性能低于锻件；
(3) 铸件表面较粗糙，尺寸精度不高；
(4) 工人劳动条件较差，劳动强度大。

铸造的方法很多，通常分为砂型铸造和特种铸造两大类。由于砂型铸造成本较低，适应性较强，因此应用最为广泛。特种铸造是指除砂型铸造外的各种铸造方法。随着现代科学技术的发展，特种铸造的应用越来越广泛，特种铸造不仅具备砂型铸造的优点，而且克服了砂型铸造存在的不足之处。

单元一 合金的铸造性能

合金在铸造过程中所表现出来的工艺性能，称为金属的铸造性能。金属的铸造性能主要是指流动性、收缩性、偏析、吸气、氧化性等。铸造性能对铸件质量影响很大，其中流动性和收缩性对铸件的质量影响最大。

合金的铸造性能

一、合金的流动性

1. 流动性的概念

流动性是指金属液本身的流动能力。它与金属的成分、温度、杂质含量等有关。它对铸件质量有很大的影响。

流动性直接影响到金属液的充型能力。流动性好的金属，充型能力强，能获得轮廓清晰、尺寸精确、薄壁和形状复杂的铸件，还有利于金属液中夹杂物和气体的上浮与排除。相反，金属的流动性差，则铸件易出现冷隔、浇不足、气孔、夹渣等缺陷。

2. 影响流动性的因素

主要有合金成分、浇注条件、铸型和铸件结构等因素。

(1) 合金成分　不同的铸造合金具有不同的流动性。灰铸铁流动性最好，硅黄铜次之，铸钢的流动性最差。同种合金，由于成分不同，具有不同的结晶特点，流动性也不同。如共晶成分的合金是在恒温下进行，结晶过程是从表面开始向中心逐层推进。由于凝固层的内表面比较平滑，对尚未凝固的合金流动阻力小，有利于合金充填型腔，所以流动性好。而其他成分合金的结晶是在一定温度范围内进行，即结晶区域为一个液相和固相并存的两相区。在此区域初生的树枝状枝晶使凝固层内表面参差不齐，阻碍液态合金的流动。合金结晶温度范围愈宽，液相线和固相线距离愈大，凝固层内表面愈参差不齐，这样流动阻力愈大，流动性愈差。

(2) 浇注条件

① 浇注温度。在一定温度范围内，浇注温度越高，合金液的流动性越好。但超过某一界限后，由于合金吸气多，氧化严重，流动性反而降低。因此每种合金均有一定的浇注温度范围。

② 充型压力。液态金属在流动方向所受压力越大，流动性就越好。

③ 浇注系统的结构。浇注系统的结构越复杂，流动的阻力就越大，流动性就越低。故在设计浇注系统时，要合理布置内浇道在铸件上的位置，选择恰当的浇注系统结构。

(3) 铸型　铸型的蓄热系数、温度以及铸型中的气体等均影响合金的流动性。如液态合金在金属型中比在砂型中的流动性差；预热后温度高的铸型比温度低的铸型流动性好；型砂中水分过多其流动性差；等等。

(4) 铸件结构　当铸件壁厚过小、厚薄部分过渡面多、有大的水平面等结构时，都使金属液的流动困难。

二、合金的收缩

1. 收缩

收缩是铸造合金从液态凝固和冷却至室温过程中产生的体积和尺寸的缩减。包括液态收缩、凝固收缩和固态收缩三个阶段：

(1) 液态收缩　液态收缩是指合金从浇注温度冷却到凝固开始温度之间的体积收缩，此时的收缩表现为型腔内液面的降低。合金的过热度越大，则液态收缩也越大。

(2) 凝固收缩　凝固收缩是指合金从凝固开始温度冷却到凝固终止温度之间的体积收缩，在一般情况下，这个阶段仍表现为型腔内液面的降低。

(3) 固态收缩　固态收缩是指合金从凝固终止温度冷却到室温之间的体积收缩，它表现为三个方向线尺寸的缩小，即三个方向的线收缩。

金属的总体收缩为上述三个阶段收缩之和。液态收缩和凝固收缩（这两个过程称为体收缩）是铸件产生缩孔和缩松的主要原因，固态收缩是铸件产生内应力、变形和裂纹等缺陷的主要原因。

2. 影响收缩的因素

主要包括化学成分、浇注温度、铸件结构与铸型材料等。

（1）化学成分　不同种类和不同成分的合金，其收缩率不同。铁碳合金中灰铸铁的收缩率小，铸钢的收缩率大。

（2）浇注温度　浇注温度越高，液态收缩越大，因此浇注温度不宜过高。

（3）铸件结构与铸型材料　型腔形状越复杂，型芯的数量越多，铸型材料的退让性越差，对收缩的阻碍就越大，产生的铸造收缩应力也越大，容易产生裂纹。

3. 缩孔和缩松的形成及防止

铸件凝固结束后常常在某些部位出现孔洞，大而集中的孔洞称为缩孔，细小而分散的孔洞称为缩松。缩孔和缩松可使铸件力学性能、气密性和物理化学性能大大降低，以至成为废品，是极其有害的铸造缺陷之一。

（1）缩孔的形成　缩孔常产生在铸件的厚大部位或上部最后凝固部位，常呈倒锥状，内表面粗糙。缩孔的形成过程如图 7-1 所示。液态合金充满铸型型腔后 [图 7-1（a）]，由于铸型的吸热，液态合金温度下降，靠近型腔表面的金属凝固成一层外壳，此时内浇道已凝固，壳中金属液的收缩因被外壳阻碍，不能得到补缩，故其液面开始下降 [图 7-1（b）]。温度继续下降，外壳加厚，内部剩余的液体由于液态收缩和补充凝固层的收缩，使体积缩减，液面继续下降 [图 7-1（c）]。此过程一直延续到凝固终了，在铸件上部形成了缩孔 [图 7-1（d）]。温度继续下降至室温，因固态收缩使铸件的外轮廓尺寸略有减小 [图 7-1（e）]。纯金属和共晶成分的合金，易形成集中的缩孔。

缩孔1

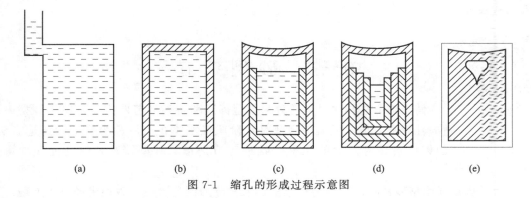

图 7-1　缩孔的形成过程示意图

（2）缩松的形成　结晶温度范围宽的合金易形成缩松，其形成的基本原因与缩孔相同，也是由于铸件最后凝固区域得不到补充而形成的。

缩松分为宏观缩松和显微缩松两种。宏观缩松是用肉眼或放大镜可以看出的分散细小缩孔。显微缩松是分布在晶粒之间的微小缩孔，要用显微镜才能观察到，这种缩松分布面积更为广泛，甚至遍布铸件整个截面。

缩孔2

（3）缩孔和缩松的防止　缩孔和缩松都会使得零件报废。因此，缩孔和缩松都属铸件的重要缺陷，必须根据技术要求、采取适当的工艺措施予以防止。实践证明，只要能使铸件实现"顺序凝固"，尽管合金的收缩较大，也可获得没有缩孔的致密铸件。所谓顺序凝固，就是在铸件上可能出现缩孔的厚大部位通过安放冒口等工艺措施使铸件上远离冒口的部位先凝固，然后是靠近冒口部位凝固，最后才是冒口本身的凝固。如图 7-2 所示，按照这样的凝固顺序，先凝固部位的收缩，由后凝固部位的金属液来补充；后凝固部位的收缩，由冒口中的金属液来补

缩孔3

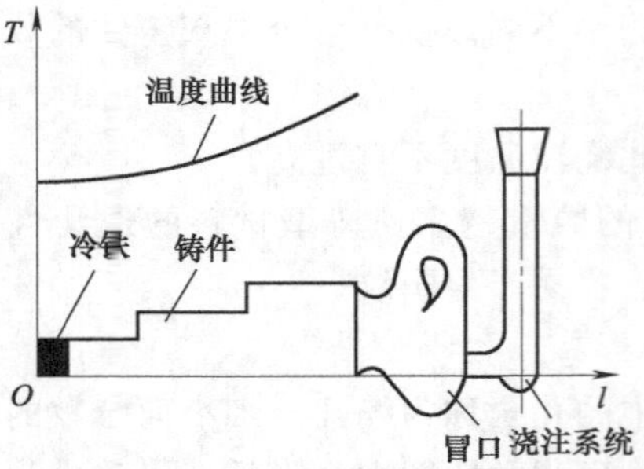

充，从而使铸件各个部位的收缩均能得到补充，而将缩孔转移到冒口之中。冒口为铸件的多余部分，在铸件清理时将其去除。

三、合金的吸气和偏析

1. 吸气

合金的吸气是指合金在熔炼和浇注时吸收气体的能力。合金的吸气可导致铸件内形成气孔，气体主要来源于炉料熔化和燃烧时产生的各种氧化物和水汽、造型材料中的水分、浇注时带入型腔中的空气等。气体在合金中的溶解度随温度和压力的提高而增加。

图 7-2 顺序凝固示意图

为减少合金的吸气，应尽量减低熔炼时间，选用烘干的炉料，控制溶液的温度；在覆盖剂下或在保护性气体介质中或在真空中熔炼；降低铸型和型芯中的含水量；提高铸型和型芯的透气性。

2. 偏析

偏析是指铸件中各部分化学成分、晶相组织不一致的现象。偏析影响铸件的力学性能、加工性能和抗腐蚀性，严重时可造成废品。偏析产生的原因是结晶时晶体成长过程中，结晶速度大于元素的扩散速度。可采用退火或在浇注时充分搅拌和加大合金液体的冷却速度的方法来克服偏析。

砂型铸造

单元二　砂型铸造

铸造的方法很多，通常分为砂型铸造和特种铸造两大类。由于砂型铸造适应性较强，成本低廉，因此是现阶段最基本，应用最为广泛的铸造方法。用砂型铸造生产的铸件占铸件总数的 90%。特种铸造是指除砂型铸造外的其他各种铸造方法。

砂型铸造是指用型砂紧实成形的铸造方法。通常分为湿型铸造（砂型未经烘干处理）和干型铸造（砂型经烘干处理）两种。砂型铸造一般由制造砂型、制造型芯、烘干（用于干型）、合箱、浇注、落砂及清理、铸件检验等工艺过程组成。图 7-3 所示为齿轮的砂型铸造的工艺过程。

一、型砂和芯砂

型（芯）砂是制造砂型的最主要材料，其质量对铸造生产过程及铸件的质量有很大的影响。

1. 型砂的性能

铸型在铸造过程中，要承受金属溶液的冲刷、高温、静压力的作用，并要排除大量的气体，型芯还要承受铸件凝固时的收缩压力，因此，型砂应满足如下的性能要求。

（1）可塑性　型砂在外力的作用下可塑造成形，当外力消除后仍能保持外力作用下的形状，这种性能称为可塑性。可塑性好的型砂，易于成形，能获得型腔清晰的铸型。

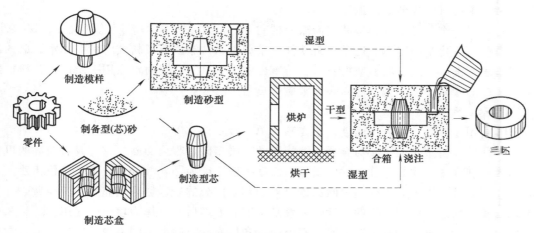

图 7-3　砂型铸造工艺过程

(2) 强度　型砂（芯砂）抵抗外力破坏的能力称为强度。铸型必须有足够的强度，只有这样，在浇注时才能承受金属溶液的冲刷和压力，不致发生变形和损坏，从而防止铸件产生砂眼、夹砂等铸造缺陷。

(3) 耐火性　型（芯）砂在高温金属溶液的作用下，不熔融、烧结黏附在铸件表面上的性能称为耐火性。耐火性差会造成粘砂，增加清理和加工中的难度，严重时造成铸件的报废。

(4) 透气性　砂型在紧实后使气体通过的能力称为透气性。当金属溶液浇入铸型后，在高温的作用下，砂型中会产生大量的气体，金属溶液中也会分离出大量的气体。如果透气性差，部分气体就会留在金属溶液中，铸件中就会产生气孔等缺陷。

(5) 退让性　铸件冷却收缩时，砂型和型芯的体积可以被压缩的性能称为退让性。退让性差时，铸件收缩困难，易产生内应力，造成铸件变形或裂纹等缺陷。

由于型芯在浇注时会被金属溶液冲刷和包围，因此，对芯砂的各种性质的要求更为严格，除满足以上要求之外，还应具备吸湿性小，发气量少，易于落砂清理等要求。

2. 型砂的组成

型砂是由原砂、旧砂、胶黏剂、水和附加材料等混合搅拌而成。

(1) 原砂（新砂）　原砂就是天然砂，由岩石风化并可按颗粒分离的砂，主要成分为石英（SiO_2）。高质量的铸造用砂要求原砂中 SiO_2 的含量高（85%～97%），砂粒呈圆形且大小均匀。对于高熔点合金的铸造用砂则须选用锆砂、镁砂、铬砂。

(2) 旧砂　已经使用过的型砂称为旧砂。旧砂经过磁选及过筛，除去杂物，仍可掺在新砂中使用。通常生产1吨铸件需要几吨型砂，故旧砂重复使用具有很大的经济意义。

(3) 胶黏剂　胶黏剂是指能使砂粒相互黏结的物质。常用的胶黏剂为高岭土和膨润土。高岭土又称普通黏土或白泥，一般用于干型的型砂中。膨润土又叫陶土，常用于湿型的型砂中。当型芯形状复杂或有特殊要求时，可用水玻璃、桐油、树脂等。

(4) 水　水被用来将原砂和黏土混为一体而制成具有一定强度、透气性的型（芯）砂。水分应适当。水分过少，砂型强度低，易破碎，造型起模困难；水分过多，砂型湿度大，透气性下降，造型时易粘模，浇注时会产生大量的气体。

(5) 附加材料　附加材料是指除胶黏剂以外能改善型（芯）砂性能而加入的物质。通常加入的有煤粉、重油、木屑等。加入煤粉和重油可以防止铸件粘砂，并可提高铸件的表面粗糙度,加入木屑可提高砂型的退让性和透气性。

(6) 涂料 涂料是型腔和型芯表面涂附的材料,其用途是提高表层的耐火性、保湿性、表面光滑程度及化学稳定性。通常,铸铁件中干型表面常涂用石墨粉加胶黏剂加水调成的涂料,湿型表面铺撒一层石墨粉或滑石粉;铸钢件的干型(芯)表面常涂用一层用石英粉加黏土加水调成的涂料,而湿型(芯)表面常撒石英粉。

3. 型砂的种类

型砂按用途不同,可分为面砂,填充砂,单一砂及型芯砂。

(1) 面砂 铸型表面直接与金属熔液接触的一层型砂,称为面砂。它应具有较高的可塑性,耐火性和强度,才能保证铸件的质量。面砂一般厚度为20～30mm,通常都是新砂。

(2) 填充砂 用来充填砂箱中除面砂以外的其余部分的砂,称为填充砂,又叫背砂。它只要求有较好的透气性和一定的强度,一般是将旧砂处理后,可作为填充砂使用。

(3) 单一砂 单一砂是指造型时,不分面砂和填充砂,砂型由同一种砂制造而成。它适宜大批量生产,机械化程度较高的小型铸件的造型。

(4) 型芯砂 在铸造过程中型芯处于金属溶液的包围中,工作条件恶劣,因此,型芯砂应具有更高的强度、耐火性、透气性和退让性。

4. 型(芯)砂的制备

铸造合金不同,铸件的大小不同,对型(芯)砂的性能要求均不相同。为保证铸造的要求,型(芯)砂应选用不同的原材料,按不同的比例配制。

二、模样和芯盒

模样和芯盒是由木材、金属或其他材料制成,用来形成铸型型腔和型芯的工艺装备。铸件的大小和生产规模不同,制造模样和芯盒的材料也有所不同。单件小批量生产时,一般用木材制造模样和芯盒。大量生产时,常采用金属(铝合金,铜合金,铸铁)或塑料等制造模样和芯盒。

模样是根据零件图绘制成的铸造工艺图制造的,制造模样时应注意以下几点。

(1) 分型面 分型面是砂箱之间铸型的分界面。合理的分型面可以保证造型方便,取模容易,并可保证铸件的质量。

(2) 收缩和加工余量 铸件在冷凝过程中,体积必然收缩。另外铸件还需要机械加工。因此在制造模样时必须考虑加入收缩和加工余量。不同的金属材料的收缩率是不同的。一般情况下:铸铁为0.5%～1%,铸钢为1.5%～2%,铜合金为1.2%～1.6%,铝合金为1%～1.2%。加工余量的大小根据铸件的铸造精度决定的。一般小型铸件的加工余量为2～6mm。

(3) 起模斜度 为了便于模样从砂型中取出、型芯从芯盒中取出,在模样上沿分型面的垂直侧壁和芯盒的内壁均做出一定的斜角,即起模斜度,一般为0.5°～3°。

(4) 铸造圆角 制造模样时,凡是相邻表面的交角均应做成圆角,这样可以防止粘砂。

(5) 型芯头 型芯头是便于型芯在型腔中的定位。为此,砂型型腔中应做出安置型芯的凹坑,并在模样上做出相对应的凸起部分。

三、造型

1. 手工造型

手工造型方法简便,是目前单件小批量生产铸件的主要方法,手工造型的方法很多,常见的有整模造型、分模造型、挖砂造型、假箱造型、活块造型、多箱造型、刮板造型、地坑造型、组芯造型等（表 7-1）。

表 7-1 常见的手工造型方法

造型方法	简图	主要特征	适用范围
整模造型		模样是一个整体，通常型腔全部放在一个砂箱内，分型面为平面	适用于铸件最大截面在一端，且为平面的铸件
分模造型		模样沿最大截面处分为两半，型腔位于上下两个砂箱	适用于各种生产批量和各种大小的铸件
活块造型		将铸件上妨碍起模的凸台、肋条等部分做成活块。起模时，先取出主体模样，再从侧面取出活块	适用于单件小批量生产
多箱造型		多个分型面，模样从各部分砂型中取出，有些铸件比较高大，造型时为了便于捣砂、修型、开浇口、安放型芯等工作，也必须采用多箱造型	适用于具有两个分型面、单件小批量生产
刮板造型		利用刮板代替实体模样，刮板绕垂直轴旋转造型	适用于批量较小，尺寸较大的回转体零件
组芯造型		若干块砂芯组合成铸型，造型时只需芯盒，不用模样，砂芯装配好后，用夹具夹紧	适用于难以找出合适分型面的复杂铸件的生产
地坑造型		作为铸型的下箱，大铸件需在砂床下面铺以焦炭，埋上出气管。以便浇注时引气。地坑造型仅用或不用上箱即可造型，因而减少了造砂箱的费用和时间，但造型费工、生产率低，对工人技术水平要求高	适用于砂箱不足，或单件批量不大、质量要求不高的中、大型铸件，如砂箱、压铁、炉栅、芯骨等

续表

造型方法	简图	主要特征	适用范围
挖砂造型		模样是整体的,但铸件分型面是曲面,为便于起模,造型时用手工挖去阻碍起模的型砂,其造型费工、生产率低,对工人技术水平要求高	用于分型面不是平面的单件、小批量生产铸件
假箱造型		为克服挖砂造型的挖砂缺点,在造型前预先做个底胎(即假箱),然后在底胎上制下箱,因底胎不参与浇注,故称假箱。比挖砂造型操作简单,分型面整齐	适用于成批生产中需要挖砂的铸件

2. 造芯

(1) 手工造芯 常用的手工造型方法是芯盒造芯。芯盒通常由两半组成。形状复杂的型芯可分块制造,然后再粘在一起。为了降低生产成本,一些旋转体型芯可以利用刮板造芯。手工造芯主要应用在单件小批量生产中。

(2) 机器造芯 机器造芯可使用造芯机一次完成。生产效率高,型芯质量好,适用于大量生产。

型芯成形后一般都要进行烘干,目的是增加强度和透气性,减少型芯的发气量。强度要求较高的型芯还须加入芯骨。

3. 机器造型

机器造型是指用机器全部完成或至少完成紧砂工作的造型工序。和手工造型相比,机械造型可以改善劳动条件,提高劳动效率,提高铸件的精度和表面质量,但因为其设备、模板及专用砂箱的投资较大,故只适用于大量生产。

按紧砂方法不同,机器造型有震压造型、高压造型、抛砂造型、射砂造型等。

4. 合箱

砂型的装配工序简称合箱。合箱前应对砂型和型芯进行检验,若有损坏需要进行修理。合箱时必须保证上下型的准确定位。合箱后两箱必须卡紧并在砂箱上放置压箱铁,以防止抬箱、射箱或跑火等事故。

5. 浇注、落砂和清理

(1) 浇注 将熔融的金属从浇包注入铸型的操作叫浇注。浇注的主要工艺指标包括浇注温度、浇注速度、浇注时间,这三个条件对铸件质量有很大的影响。

(2) 落砂和清理 将已经冷凝的铸件从砂型中取出的过程叫落砂。一般浇注后应尽快把铸件取出。清理是除去铸件的浇口、冒口、表面粘砂和毛刺。铸件上的浇冒口可采用敲击、气割、锯等方法去除。铸件上的粘砂常用清砂滚筒等清理,毛刺常用砂轮、錾子等清除。

6. 铸件的质量检验

铸造缺陷主要分外部缺陷和内部缺陷,外部缺陷主要就是夹砂、裂纹、气孔、砂眼和尺寸不良等,主要靠肉眼和量具分辨,内部缺陷就是指缩孔、缩松,主要靠探伤仪器测量。还有就是铸件的力学性能。常见的铸造缺陷及产生原因见表 7-2。

表 7-2　常见铸造缺陷的特征及产生原因

类别	名称	特征及图例	主要原因分析
孔眼类缺陷	气孔	铸件内部和表面的孔洞。孔洞内壁光滑，多呈圆形或梨形	(1)舂砂太紧或型砂透气性太差 (2)型砂含水过多或起模、修型刷水过多 (3)型芯未烘干或者气孔堵塞 (4)浇注系统不合理，使排气不通或产生涡流，卷入气体
	缩孔	铸件厚大部位出现的形状不规则，内壁粗糙的孔洞	(1)铸件结构设计不合理，壁厚不均匀 (2)内浇道、冒口位置不对 (3)浇注温度过高，合金成分不当
	砂眼	铸件内部和表面出现充塞型砂、形状不规则的孔洞	(1)型芯砂强度不够，被金属液冲坏 (2)型腔或浇注系统内散砂没清净 (3)合型时砂型局部损坏 (4)铸件结构不合理
	渣孔	铸件内部和表面出现充塞熔渣、形状不规则的孔洞	(1)浇注系统设计不合理 (2)浇注温度太低，熔渣不易上浮排除
表面类缺陷	粘砂	铸件表面粗糙，粘有烧结砂粒	(1)浇注温度过高 (2)型砂耐火度低 (3)砂型、型芯表面未涂涂料
	夹砂	铸件表面有一层突起的金属片状物，在金属片与铸件之间夹有一层型砂	(1)砂型含水过多，黏土过多 (2)砂型紧实不均匀 (3)浇注温度过高或速度太慢 (4)浇注位置不当
	冷隔	铸件表面有未完全熔合的缝隙，其交接边缘圆滑	(1)浇注温度过低 (2)浇注速度太慢 (3)内浇道位置不当或尺寸过小 (4)铸件结构不合理，壁厚过小
形状尺寸不合格	偏芯	铸件上的孔出现偏斜或轴线偏移	(1)型芯变形 (2)浇口位置不当，金属液将型芯冲倒 (3)型芯座尺寸不对
	错型	铸件沿分型面有相对位置错移	(1)合型时上下型未对准 (2)定位销或泥号不准 (3)模样尺寸不正确
	浇不足	铸件未浇满	(1)浇注温度过低 (2)浇注速度过慢或金属液不足 (3)内浇道尺寸过小 (4)铸件壁厚太薄

续表

类别	名称	特征及图例	主要原因分析
形状尺寸不合格	裂纹	热裂是铸件开裂,裂纹表面氧化;冷裂是铸件开裂,裂纹表面不氧化或仅有轻微氧化	(1)铸件结构不合理,尺寸相关太大 (2)砂型退让性太差 (3)浇口位置开设不当 (4)合金含硫、磷较多
其他	—	铸件的化学成分、组织和性能不合格	炉料成分质量不符合要求,熔化时配料不准,铸件结构不合理,热处理方法不正确

单元三　铸造成形工艺设计

生产铸件时,首先要根据铸件的结构特点、技术要求、生产批量及生产条件等进行铸造工艺设计,其内容包括确定铸造方案和工艺参数,绘制图样和标注符号,编制工艺卡和工艺规程等。

浇注位置与分型面的选择

一、浇注位置与分型面的选择

浇注位置是指浇注时铸件在铸型内所处的位置。分型面是指上、下砂型的接触表面。浇注位置确定即确定了铸件在浇注时所处的空间位置,分型面的确定则决定了铸件在造型时的位置。

1. 浇注位置的选择原则

铸件的浇注位置要符合铸件的凝固顺序,保证铸件的充型,选择时注意以下几个原则。

(1) 铸件的主要工作面和重要加工面应朝下或位于侧面,如图7-4所示。这是因为铸件上表面易产生气孔、夹渣、砂眼等缺陷,组织不如下表面致密。若铸件有多个加工面,应将较大的面朝下,其他表面加大加工余量来保证铸造质量。

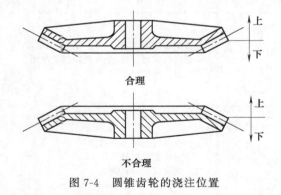

图7-4　圆锥齿轮的浇注位置

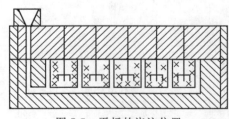

图7-5　平板的浇注位置

(2) 铸件的大平面应朝下或采用倾斜浇注,如图7-5所示,以避免因高温金属液使型腔上表面过热而导致型砂开裂,造成夹砂、结疤等缺陷。

(3) 铸件的薄壁部分应朝下或位于侧面或倾斜浇注,如图7-6所示,以避免产生冷隔或浇不足现象。

(4) 铸件厚大的部分应朝下或位于侧面，如图7-7所示，以便于设置浇冒口进行补缩。

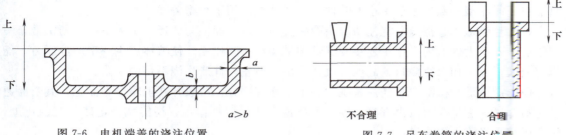

图7-6　电机端盖的浇注位置　　　　　　　图7-7　吊车卷筒的浇注位置

2. 分型面选择原则

(1) 分型面应选择在模型的最大截面处，以便于取模。但要注意不要让模样在一个砂型内过高。如图7-8所示，采用方案（2）可以减小下箱模样的高度。

(2) 成批、大量生产时应避免采用活块造型和三箱造型。

(3) 应使铸件中重要的机加工面朝下或垂直于分型面。因为浇注时，液体金属中的渣子、气泡总是浮在上面，铸件的上表面缺陷较多，铸件下表面和侧面的质量较好，所以使重要的加工面朝下或位于垂直位置，易于保证铸件的质量，如图7-9所示。

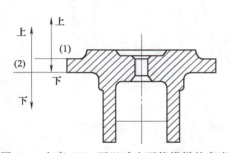 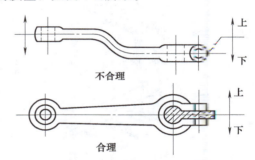

图7-8　方案（2）可以减小下箱模样的高度　　　图7-9　起重臂分型面的选择

(4) 应尽量使铸件的全部或大部分处于同一砂箱，且位于下箱内，或使主要加工面与加工基准面处于同一砂箱中，以防止因错型而影响铸件的精度，同时也便于造型、下芯、合箱等操作。

(5) 分型面的选择应尽量与浇注位置一致，以免合箱后再翻转砂箱。

上述各原则，对于具体铸件而言很难全面满足，有时甚至互相矛盾，因此，必须抓住主要矛盾，全面考虑，选出最优方案。

二、浇注系统

浇注系统是指为填充型腔和冒口而设于铸型中的一系列通道。其作用是：能够平稳、迅速地注入液体金属；挡渣，防止渣子、砂粒等进入型腔；调节铸件各部分温度，起"补缩"作用。正确地设置浇注系统，对保证铸件质量、降低金属的消耗量有重要的意义。浇注系统设置不当，铸件易产生冲砂、砂眼、渣眼、浇不足、气孔和缩孔等缺陷。

1. 浇注系统各部分的作用

典型的浇注系统由外浇口、直浇道、横浇道和内浇道四部分组成，如图7-10所示。对形状简单的小铸件可以省略横浇道。

（1）外浇口　多为漏斗形或盆形，其作用是缓和液体金属浇入的冲力，使之平稳地流入直浇口。漏斗型外浇口用于中小型铸件。盆形外浇口用于大型铸件。

（2）直浇道　直浇道是浇注系统中的垂直通道，断面多为圆形，上大下小，通常带有一定锥度，开在上砂型内，用于连接外浇道和横浇道。其作用是使液体产生一定的静压力，能迅速充满型腔。如果直浇口的高度或直径太小，会使铸件产生浇不足的缺陷。

（3）横浇道　横浇道是浇注系统中的水平通道部分，一般开在上箱分型面上，其断面通常为高梯形。它将金属液由直浇道导入内浇道，并起挡渣作用，还能减缓金属液流的速度，使金属液平稳流入内浇道。

（4）内浇道　内浇道是浇注系统中引导液态金属进入型腔的部分，截面形状有扁梯形、月牙形，也可用三角形。其作用是控制金属液流入型腔的速度和方向，调节铸件各部分的冷却速度。内浇道的形状、位置和数目以及导入液流的方向，是决定铸件质量的关键。开设内浇道应尽可能使金属液快而平稳地充型，但要使金属液顺着型壁流动，避免直接冲击芯和砂型的突出部分。另外，内浇道一般不应开在铸件的重要部位，其截面形状还要考虑清理方便。

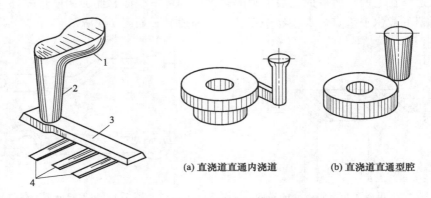

图 7-10　浇注系统
1—外浇口；2—直浇道；3—横浇道；4—内浇道

2. 浇注系统的类型

按金属液注入的方式不同，浇注系统分为顶注式、底注式、阶梯式和中间注入式等（如图 7-11 所示）。

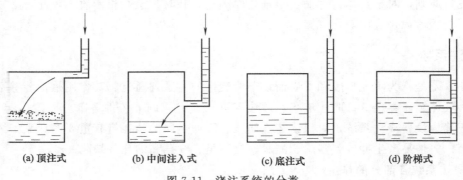

图 7-11　浇注系统的分类

(1) 顶注式 液体金属容易充满薄壁铸件,补缩作用好,金属消耗少,但容易冲坏铸型和产生飞溅,主要用于不太高而形状简单、薄壁及中等壁厚的铸件。

(2) 底注式 液体金属流动平稳,不易冲砂,但是补缩作用较差,对薄壁铸件不易浇满。这种浇注系统主要用于中大型厚壁、形状较复杂、高度较大的铸件和某些易氧化的合金铸件。

(3) 中间注入式 是介于顶注式和底注式之间的一种浇注系统,开设很方便,应用最普遍。多用于一些中型、不太高的水平尺寸较大的铸件。

(4) 阶梯式 主要用于高大的铸件(一般高度大于800mm)。此类浇注系统能使金属液自下而上地进入型腔,兼有顶注式和底注式的优点。

3. 冒口

有些铸件要开设冒口,冒口是在铸型内储存供补缩铸件和金属液的空腔,有时还起排气集渣的作用。冒口应开在型腔的最厚实和最高的部位,以使冒口内金属液最后凝固达到补缩目的。其形状多为圆柱形、方形或腰圆形,其大小、数量和位置视具体情况而定。

(1) 冒口的设置原则是:
① 凝固时间应大于或等于铸件的凝固时间;
② 有足够的金属补充铸件的收缩;
③ 与铸件上被补缩部位之间必须存在补缩通道。

(2) 冒口的形状 冒口的形状直接影响它的补缩效果,生产中应用最多的是球形、圆柱形、腰圆柱形,球顶圆柱形,如图7-12所示。

(3) 冒口的位置 合理地设置冒口的位置,可以有效地消除铸件中的缩松、缩孔缺陷。一般应遵守以下原则:
① 冒口应尽量设置在铸件被补缩部位上部或最后凝固的地方;
② 冒口应尽量设置在铸件最高最厚的位置,以便于利用金属液的自重进行补缩;
③ 冒口应尽可能不阻碍铸件的收缩;
④ 冒口最好设置在铸件需要机械加工的表面上,以减少精加工铸件的工时。

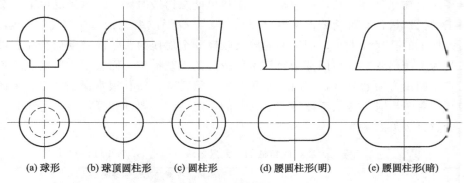

(a) 球形　(b) 球顶圆柱形　(c) 圆柱形　(d) 腰圆柱形(明)　(e) 腰圆柱形(暗)

图 7-12　常用冒口的形状

三、工艺参数的选择

铸造工艺参数通常是指铸型工艺设计时需要确定的某些工艺数据,这些工艺参数一般都与模样和芯盒尺寸有关，即与铸件的精度有关，同时也与造型、制芯、下芯及合箱的工艺过程有联系。铸造工艺参数包括加工余量、最小铸孔的尺寸、收缩余量、起模斜度、型芯头尺寸等。工艺参数选择的合适，不仅使铸件的尺寸、形状精确，而且造型、制芯、下芯、合箱都大为简便，有利于提高生产率，降低成本。

1. 加工余量和铸孔

加工余量是指为保证铸件加工面尺寸和零件精度，在铸件工艺设计时预先增加而在机械加工时切去的金属层厚度。其大小取决于铸件的材料、铸造方法、加工面在浇注时的位置、铸件结构、尺寸、加工质量要求等。与铸钢件相比，灰铸铁表面平整，精度较高，加工余量小；而有色金属铸件加工余量比灰铸铁还小。与手工造型相比，机器造型的精度高，加工余量小。尺寸大、结构复杂、精度不易保证的铸件比尺寸小、形状简单的铸件加工余量要大些。具体的铸件加工余量如表 7-3 所示。

表 7-3　铸件的机械加工余量（摘自 GB/T 6414—2017）

最大尺寸[1]	要求的机械加工余量等级									
	A[2]	B[2]	C	D	E	F	G	H	J	K
≤40	0.1	0.1	0.2	0.3	0.4	0.5	0.5	0.7	1	1.4
>40~63	0.1	0.2	0.3	0.3	0.4	0.5	0.7	1	1.4	2
>63~100	0.2	0.3	0.4	0.5	0.7	1	1.4	2	2.8	4
>100~160	0.3	0.4	0.5	0.8	1.1	1.5	2.2	3	4	6
>160~250	0.3	0.5	00.7	1	1.4	2	2.8	4	5.5	8
>250~400	0.4	0.7	0.9	1.3	1.4	2.5	3.5	5	7	10
>400~630	0.5	0.8	1.1	1.5	2.2	3	4	6	9	12
>630~1000	0.6	0.9	1.2	1.8	2.5	3.5	5	7	10	14
>1000~1600	0.7	1	1.4	2	2.8	4	5.5	8	11	16
>1600~2500	0.8	1.1	1.6	2.2	3.2	4.5	6	9	14	18
>2500~4000	0.9	1.3	1.8	2.5	3.5	5	7	10	15	20
>4000~6300	1	1.4	2	2.8	4	5.5	8	11	16	22
>6300~10000	1.1	1.5	2.2	3	4.5	6	9	12	17	24

[1] 最终机械加工后铸件的最大轮廓尺寸。
[2] 等级 A 和 B 仅用于特殊场合，例如：在供需双方已就夹持面和基准面或基准目标商定模样装备、铸造工艺和机械加工工艺的成批生产的情况下。

机械零件上往往有许多孔，一般来说，应尽可能在铸造时铸出，这样既可节约金属，减少机械加工的工作量，又可使铸件壁厚比较均匀，减少形成缩孔、缩松等铸造缺陷的倾向。但是，当铸件上的孔尺寸太小，而铸件的壁又较厚和金属压力头较高时反而会使铸件产生粘砂。有的孔为了铸出，必须采用复杂而且难度较大的工艺措施，而实现这些措施还不如用机械加工的方法制出方便和经济，有时由于孔距要求很精确，铸孔很难保证质量。因此在确定零件上的孔是否铸出时，必须考虑铸出这些孔的可能性、必要性和经济性。毛坯铸件典型的机械加工余量等级见表 7-4。

表 7-4　毛坯铸件典型的机械加工余量等级（摘自 GB/T 6414—2017）

方法	要求的机械加工余量等级					
	铸件材料					
	铸钢	灰铸铁	球墨铸铁	可锻铸铁	铜合金	轻金属合金
砂型铸造手工造型	G~K	F~H	F~H	F~H	F~H	F~H
砂型铸造机器造型和壳型	E~H	E~G	E~G	E~G	E~G	E~G
金属型（重力或低压铸造）	—	D~F	D~F	D~F	D~F	D~F
压力铸造	—	—	—	—	B~D	B~D
熔模铸造	E	E	E	—	E	E

铸件的最小铸出孔直径、铸件和生产批量、合金种类、铸件大小、孔的长度及孔的直径等有关。表7-5所列出最小铸出孔的直径，仅供参考。

表7-5 铸件的最小铸出孔直径

生产批量	最小铸出孔直径/mm	
	灰铸铁件	铸钢件
大量生产	12～15	—
成批生产	15～30	30～50
单件小批生产	30～50	50

2. 收缩余量

收缩余量是指为了补偿铸件收缩，模样比铸件尺寸增大的数值。收缩余量一般根据线收缩率来确定。

$$\varepsilon=(L_{模}-L_{件})/L_{件}\times100\%$$

式中，$L_{模}$和$L_{件}$分别表示模样和铸件的尺寸。

收缩余量大小与合金的种类有关，同时还受铸件结构、大小、壁厚、铸型种类及收缩时受阻情况等因素的影响。表7-6为砂型铸造时各种合金的铸造收缩率的经验数据。

表7-6 铸造合金的收缩率

铸件种类			收缩率/%	
			阻碍收缩	自由收缩
灰铸铁		中小型铸件	0.8～1.0	0.9～1.1
		大中型铸件	0.7～0.9	0.8～1.0
		特大型铸件	0.6～0.8	0.7～0.9
球墨铸铁		珠光体球墨铸铁件	0.6～0.8	0.9～1.1
		铁素体球墨铸铁件	0.4～0.6	0.8～1.0
蠕墨铸铁		蠕墨铸铁件	0.6～0.8	0.8～1.2
可锻铸铁	墨心可锻铸铁件	壁厚＞25mm	0.5～0.6	0.6～0.8
		壁厚＜25mm	0.6～0.8	0.8～1.0
	白心可锻铸铁件		1.2～1.8	1.5～1.8
铸钢			1.3～1.7	1.6～2.0
			1.5～1.9	1.8～2.2
			1.7～2.0	2.0～2.3

3. 起模斜度（拔模斜度）

起模斜度是指为使模样容易从铸型中取出或型芯自芯盒脱出，平行于起模方向，在模样或芯盒壁上所增加的斜度。起模斜度的大小与模样壁的高度、模样的材料、造型方法等有关，通常为15′～3°。壁愈高，斜度愈小；外壁斜度比内壁小；金属模的斜度比木模小；机器造型的斜度比手工造型的小。

起模斜度的设计方法：对于加工面，当壁厚＜8mm时可采用增加壁厚法；当壁厚为8～12mm时可采用加减壁厚法。对于非加工面，常采用减少壁厚法。

4. 芯头

芯头是指伸出铸件以外不与金属接触的砂芯部分。作用是定位、支撑和排气。为了承受砂芯本身重力及浇注时液体对砂芯的浮力，芯头的尺寸应足够大才不致破损；浇注后砂芯所产生的气体，应能通过芯头排至铸型以外。在设计芯头时，除了要满足上面的要求外，还要考虑到下芯、合箱方便，应留有适当斜度，芯头与芯座之间要留有1～4mm的间隙。

图 7-13 为芯头的类型及芯头与芯座之间间隙。

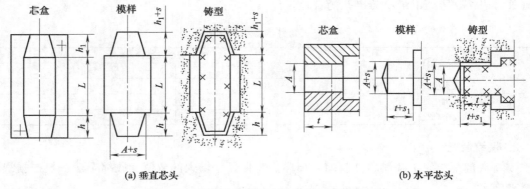

图 7-13 芯头的类型及芯头和芯座之间的间隙

四、铸造工艺图

铸造工艺图是表示分型面、砂芯的结构尺寸、浇冒口系统和各需工艺参数的图形。单件小批量生产时，铸造工艺图是用红蓝色线条按规定的符号和文字画在零件图上，如图 7-14 所示。

（1）标出分型面　分型面的位置，在图上用红色线条加箭头 ↑↓ 上下表示，并注明上箱和下箱。

（2）确定加工余量　加工余量在工艺图中用红色线条标出，剖面用红色全部涂上。

（3）标出起模斜度　在垂直于分型面的模样表面上应绘制起模斜度。起模斜度用红色线条表示。

（4）铸造圆角　为了便于造型和避免产生铸造缺陷，在零件图上两壁相交之处做成的圆角称铸造圆角。在铸造工艺图上用红线表示。

（5）给出型芯头及型芯座　用蓝色线条给出。此时应注意，型芯座应比型芯头稍大，二者之差即为下型芯时所需要的间隙。

（6）不铸出的孔，零件上较小的孔、槽，铸造中不易铸出时，在铸造工艺图上将相应的孔位置用红线打叉。

（7）标注收缩率　用红字标注在零件图的右下方。

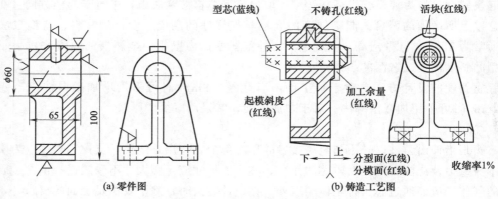

图 7-14 滑动轴承座的铸造工艺图

单元四 铸件的结构工艺性

进行铸件结构设计时，不仅要考虑能否满足使用性能的要求，还必须考虑结构是否符合铸造工艺和铸件质量的要求。合理的铸件结构将简化铸造工艺过程，减少和避免铸造缺陷，提高生产率，降低材料消耗及生产成本。

一、铸件质量对结构的要求

为了避免铸造缺陷的产生，在设计铸件结构时，根据铸造质量的要求，考虑以下因素：

1. 铸件的壁厚应合理

铸件壁厚过薄易产生浇不足、冷隔等缺陷；过厚易在壁中心处形成粗大晶粒，产生缩孔、缩松等缺陷。因此铸件壁厚应在保证使用性能的前提下合理设计。

每一种铸造合金钢，采用某种铸造方法，要求铸件有其合适的壁厚范围。因此每种铸造合金在规定的铸造条件下所浇注铸件的"最小壁厚"均不同（表7-7）；相应地各种铸造合金也有一个最大临界壁厚，超过此壁厚，铸件承载能力不再按比例地随壁厚的增加而增加。通常，最大临界壁厚约为最小壁厚的3倍。为使铸件各部分均匀冷却，一般外壁厚度大于内壁，内壁大于肋，外壁、内壁、肋之比约为1∶0.8∶0.6。

为保证铸件的强度和刚度，又要避免过大的截面，一般可根据载荷的性质，将零件截面设计成T字形、工字形、槽形或箱形等结构，在脆弱处可设置加强肋（图7-15）。

表 7-7　铸造合金在规定的铸造条件下所浇注铸件的"最小壁厚"　　单位：mm

铸型种类	铸件尺寸（长×宽）	铸钢	灰铸铁	球墨铸铁	可锻铸铁	铝合金	铜合金
砂型	<200×200	6～8	5～6	6	4～5	3	3～5
	200×200～500×500	10～12	6～10	12	5～8	4	6～8
	>500×500	18～25	15～20	—	—	5～7	—
金属型	<70×70	5	4	—	2.5～3.5	2～3	3
	70×70～150×150	—	5	—	3.5～4.5	4	4～5
	>150×150	10	6	—	—	5	6～8

注：1. 结构复杂的铸件及高强度灰铸铁件，最小壁厚选取较大值。
2. 最小壁厚是指未加工壁的最小壁厚。

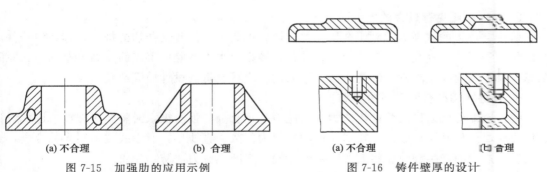

图 7-15　加强肋的应用示例　　　　　图 7-16　铸件壁厚的设计

2. 铸件壁厚力求均匀

铸件各部位壁厚若相差过大，由于各部位冷却速度不同，易形成热应力而使厚壁与薄壁连接处产生裂纹，同时在厚壁处形成热节而产生缩孔、缩松等缺陷。因此应取消不必要的厚大部分，减小、减少热节，如图 7-16 所示。

3. 铸件壁的连接和圆角

铸件的壁厚应力求均匀，如果因结构所需，不能达到厚薄均匀，则铸件各部分不同壁厚的连接应采用逐渐过渡。铸钢件结构对热裂影响见图 7-17。

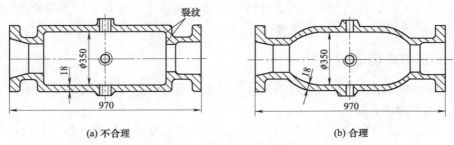

图 7-17　铸钢件结构对热裂影响

4. 防止铸件产生变形

为了防止某些细长易挠曲的铸件产生变形，应将其截面设计成对称结构，利用对称截面的相互抵消作用减小变形。为防止大而薄的平板铸件产生翘曲变形，可设置加强肋以提高其刚度，防止变形，如图 7-18 所示。

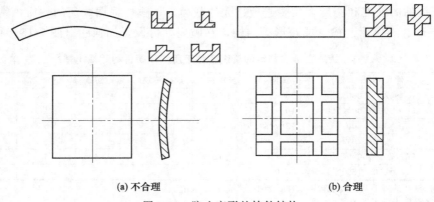

图 7-18　防止变形的铸件结构

5. 铸件应避免有过大的水平面

铸件上过大的水平面不利于金属液的充填，不利于气体和夹杂物的排除，容易使铸件产生冷隔、浇不足、气孔、夹渣等缺陷。并且，铸型内水平型腔的上表面受高温金属液长时间烘烤，易开裂而产生夹砂、结疤等缺陷。因此，应尽量将其设计成倾斜壁。

6. 铸件结构应有利于自由收缩

铸件收缩受到阻碍时将产生应力，当应力超过合金的强度极限时将产生裂纹。因此设计铸件时应尽量使其自由收缩。轮形铸件的轮辐为偶数、直线形，对于线收缩很大的合金，会因为应力过大而产生裂纹。将其改为奇数轮辐，来减小应力，防止裂纹。

二、铸造工艺对结构的要求

在满足使用性能的前提下，铸件结构应尽量简化制模、造型、制芯、合箱和清理等铸造生产工序。设计铸件结构时，应考虑以下因素。

（1）尽量减少分型面的数量并使分型面为平面　分型面的数量少，可相应减少砂箱数量，以避免因错型而造成的尺寸误差，提高铸件精度，如图7-19所示。分型面为平面可省去挖砂等操作，简化造型工序。

（2）尽量取消铸件外表侧凹　铸件侧凹入部分必然妨碍起模，这时需要增加砂芯才能形成凹入部分的形状，如若改进铸件结构，即能避免侧凹部分。

（3）结构斜度　铸件上凡垂直于分型面的非加工表面均应设计出斜度，即结构斜度，如图7-20所示。结构斜度使起模方便，不易损坏型腔表面，延长模具使用寿命；起模时模样松动小，铸件尺寸精度高；有利于采用吊砂或自带型芯；还可以使铸件外形美观。结构斜度的大小与壁的高度、造型方法、模样的材料等很多因素有关。随铸件高度增加，其斜度减小；铸件内侧斜度大于外侧；木模或手工造型的斜度大于金属模或机器造型的斜度。

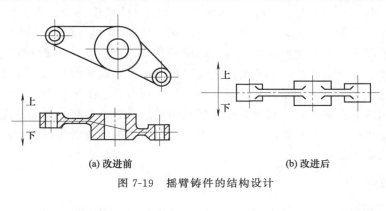

图 7-19　摇臂铸件的结构设计

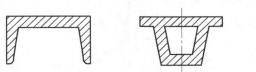

图 7-20　结构斜度

单元五　特 种 铸 造

砂型铸造是目前生产中应用最广泛的一种铸造方法，它可以生产形状非常复杂的零件，特别是大铸件，但铸件尺寸精度低，表面粗糙，力学性能低，工人劳动条件差。随着生产技术的发展，特种铸造的方法已得到了日益广泛的应用。常用的特种铸造方法有熔模铸造、压力铸造、金属型铸造、低压铸造和离心铸造等。

一、熔模铸造

1. 熔模铸造

熔模铸造是指用易熔材料（如蜡料）制成模样，在模样上包覆若干层耐火材料，经过干燥、硬化制成型壳，然后加热型壳，模样熔化流出后，经高温熔烧而成为耐火型壳。将液体金属浇入型壳中，金属冷凝后敲掉型壳获得铸件的方法。由于石蜡-硬脂酸是应用最广泛的易熔材料，故这种方法又叫"石蜡铸造"。

2. 熔模铸造的特点及应用范围

由于熔模铸造采用可熔化的一次模，无需起模，故型壳为一整体而无分型面，而且型壳是由耐火度高的材料制成，因此熔模铸造具有以下优点：

① 铸件尺寸精度高，表面粗糙度低，且可生产出形状复杂、轮廓清晰、薄壁的铸件。目前铸件的最小壁厚为 0.25～0.4mm。

② 可以铸造各种合金铸件，包括铜、铝等有色合金，各种合金钢，镍基、钴基等特种合金（高熔点难切削加工合金）。对于耐热合金的复杂铸件，熔模铸造几乎是唯一的生产方法。

③ 生产批量不受限制，能实现机械化流水作业。但是熔模铸造工序繁多，工艺过程复杂，生产周期较长（4～15 天），铸件不能太长、太大（受蜡模易变形及型壳强度不高的限制，质量多为几十克到几千克，一般不超过 25kg）。某些模料、胶黏剂和耐火材料价格较贵，且质量不够稳定，因而生产成本较高。熔模铸造也常常被称为"精密铸造"，是少切削和无切削加工工艺的重要方法。它主要用于生产汽轮机、涡轮发动机的叶片与叶轮，纺织机械、船舶、机床、电器、风动工具和仪表上的小零件及刀具、工艺品等。

近年来，国内外在熔模铸造技术方面发展很快，新模料、新胶黏剂和制壳的新工艺不断涌现，并已用于生产。目前正在研究与开发熔模铸造与消失模铸造法的综合新工艺，即用发泡模代替蜡模的新工艺。

二、金属型铸造

金属型铸造是指金属液在重力作用下浇入金属铸型中，以获得铸件的方法。金属型常用铸铁、铸钢、或其他合金制成。金属型可以反复使用，所以又有"永久型铸造"之称。

1. 金属型的构造

金属型的结构按分型面的不同分为整体式、垂直分型式、水平分型式和复合分型式。其中垂直分型式金属型（图 7-21）便于开设浇口和取出铸件，易于实现机械化，故应用较多。金属型的材料根据浇注的合金种类而定：浇注低熔点合金（锡合金、锌合金、镁合金等）铸件可用灰铸铁；浇注铝合金、铜合金铸件可用合金铸铁；浇注铸铁和铸钢件需用碳钢及镍铬合金钢等做铸型。铸件的内腔由型芯制成，形状简单的用金属型芯，形状复杂或高熔点合金则用砂芯。

金属型本身没有透气性，为便于排出型腔内的气体，在型腔上部型壁上开排气孔，在分型面上开设通气槽或使用排气塞等措施。在高温下，为便于取出铸件，大多数金属型都设有顶出铸件的机构。

2. 金属型铸造的工艺特点

金属型铸造工艺中最大的特点是金属型导热快且无退让性和透气性。因此，铸件易产生冷隔、浇不足、裂纹等缺陷，灰铸铁件还常常出现白口组织。此外，受到高温金属液的反复冲刷，型腔易损坏而影响铸件表面质量和铸型使用寿命。因此，生产时应采取以下工艺措施：

（1）将金属型预热　使其保持在一定温度下工作，以减缓铸型的冷却速度，从而有利于金属液的充填和铸铁的石墨化，并延长铸型的使用寿命。预热温度与合金种类、铸件形状、壁厚等有关，一般铸件为250～350℃，有色金属为100～250℃。连续工作中铸型受热而温度过高时，则应进行强制冷却（有利于水冷或气冷装置）。

（2）型腔表面需喷涂涂料　涂料层的主要作用是减少高温液体对金属型的"冲击"作用，降低金属型壁的内应力，避免金属液与铸型的直接作用，防止发生熔焊现象，降低铸件冷却速度，控制凝固方向以及易于取出铸件。对于铸铁件还可以防止白口。

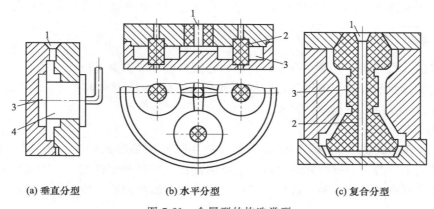

(a) 垂直分型　　　　(b) 水平分型　　　　(c) 复合分型

图7-21　金属型的构造类型

1—浇口；2—砂型；3—型腔；4—金属芯

（3）选择合理的浇注温度　金属型导热能力强，为保证金属液顺利充型，浇注温度应比砂型铸造高出20～35℃。若浇注温度过低，会使铸件产生白口、冷隔、浇不足等缺陷，此外，还可能产生气孔。浇注温度过高时，由于金属液析出气体量增大和收缩增大，会使铸件产生气孔、缩孔，甚至裂纹，同时，也会缩短金属型的寿命。

（4）铸件需控制开型时间　由于金属型无退让性，铸件在铸型中不宜停留过久，否则，阻碍收缩引起的应力会造成铸件的变形、开裂，甚至发生开型困难、抽不出芯的现象；铸件在铸型中也不宜停留过短，不然，因金属在高温下强度较低，也易发生变形和开裂。合适的开型时间取决于铸造材料及铸件形状。一般，黑色金属开型温度高些，如铸铁件的开型温度为780～950℃。

3. 金属型铸造的特点和应用

与砂型铸造相比，金属型铸造主要有以下优点。

（1）金属型可承受多次浇注，实现了"一型多铸"，节约了大量的造型材料、工时、设备和占地面积，显著地提高了生产率，并减少了粉尘对环境的污染。

（2）金属型导热性好，铸件冷却快，因而晶粒细，组织精密，力学性能好。如铝、铜合金铸件的力学性能比砂型铸造提高20％以上。

（3）铸件的精度高，表面质量好。尺寸精度可达IT14～IT12，表面粗糙度Ra达6.3～12.5μm，减少了机械加工余量。

（4）由于金属型铸造工序大为简化，影响铸件质量的工艺因素减少，铸造工艺容易控制，故铸件质量较稳定。与砂型铸造相比，废品率可减少50％左右。

金属型的主要缺点是：

（1）金属型铸造周期长、成本高，不适于小批量生产。

（2）金属型导热性好，降低了金属液的流动性，故不适于形状复杂、大型薄壁铸件的生产。

(3) 金属型无退让性，冷却收缩时产生的内应力将会造成复杂铸件的开裂。

(4) 型腔在高温下易损坏，因而不宜铸造高熔点合金。

由于上述缺点，金属型铸造的应用范围受到限制，通常主要用于大批量生产、形状简单的有色金属及其合金的中、小型铸件，如飞机、汽车、拖拉机、内燃机等的铝活塞、汽缸体、缸盖、油泵壳体、铜合金轴套、轴瓦等。有时也用于生产某些铸铁和铸钢件。

三、压力铸造

压力铸造（简称压铸）是在高压下快速地将液态或半液态金属压入金属型中，并在压力下凝固以获得铸件的方法。常用压铸的压力为 5～70MPa，有时可高达 200 MPa；充型速度为 5～100m/s，充型时间很短，只有 0.1～0.2s。

1. 压力铸造的工艺过程

压铸机是压力铸造生产的主要设备，目前应用较多的是卧式冷压式压铸机（图 7-24），压铸所用铸型由定型和动型两部分组成。定型固定在压铸机的定模板上，动型则固定在压铸机的动模板上并可做水平移动。推杆和芯棒由压铸机上的相应机构控制，可自动抽出芯棒和顶出铸件。

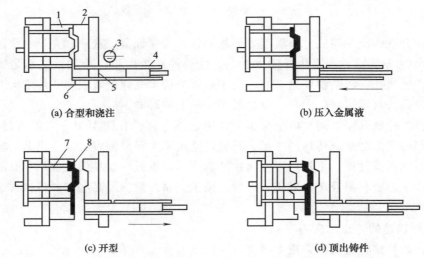

图 7-22 卧式冷压式压铸机的工作过程
1—动型；2—静型；3—金属液；4—活塞；5—压室；6—分型面；7—顶杆；8—铸件

2. 压力铸造的特点和应用

压力铸造的主要特征是铸件在高压、高速下成形，与其他铸造方法相比，压力铸造具有以下优点。

(1) 铸件质量好，尺寸精度高，可达 IT11～IT13 级，有时可达 IT9 级。表面粗糙度 Ra 达 0.8～3.2μm，有时 Ra 达 0.4μm，产品互换性好。

(2) 生产率比其他铸造方法都高，可达 50～500 次/h，操作简便，易于实现自动化。

(3) 可生产形状复杂，轮廓清晰、薄壁深腔的金属零件，可直接铸出细孔、螺纹、齿形、花纹、文字等，也可铸造出镶嵌件。

(4) 压铸件组织致密，具有较高的强度和硬度，抗拉强度比砂型铸件提高 20%～40%。

但是压铸机和压铸模费用高昂，生产周期长，只适用于大批量生产。由于金属液在高压高速下充型，型内气体很难排出，压铸件内常有小气孔存在于表皮下面，故压铸件不允许有较大的加工余量，以防气孔外露，也不宜进行热处理或在高温下工作，以免气体膨胀而使铸件表面突起或变形。

压力铸造是近代金属加工工艺中发展较快的一种高效率、少/无切削的金属成形精密铸造方法。由于压力铸造的上述优点，这种工艺方法已广泛应用在国民经济的各行各业中。压铸件除用于汽车、摩托车、仪表、工业电器外，还广泛应用于家用电器、农机、无线电、通信、机床、运输、造船、照相机、钟表、计算机、纺织器械等行业。其中汽车和摩托车制造业是最主要的应用领域，汽车约占70%，摩托车约占10%。目前生产的一些压铸零件最小的只有几克，最大的铝合金铸件质量达50kg，最大的直径可达2m。

四、离心铸造

离心铸造是将液态金属浇入高速旋转的铸型内，在离心力作用下充型、凝固而获得铸件的方法。铸件的轴线与旋转铸型的轴线重合。铸型可用金属型、砂型、陶瓷型、熔模壳型等。

1. 离心铸造的工艺过程

离心铸造一般多在离心机上进行。离心铸造机按其旋转轴空间位置的不同分为立式、卧式和倾斜式三种。立式离心铸造机的铸型是绕垂直轴旋转，由于金属液的重力作用，铸件的内表面呈抛物线形，故铸件不宜过高，它主要用于铸造高度小于直径的环类、套类及成形铸件。卧式离心铸造机的铸型是绕水平轴旋转，铸件的壁厚较均匀，主要用于长度大于直径的管类、套类铸件。

2. 离心铸造的特点和应用

与其他铸造方法比较，离心铸造有以下优点：

① 金属结晶组织致密，铸件内没有或很少有气孔、缩孔和非金属类夹杂物，因而铸件的力学性能显著提高。

② 铸造圆形中空铸件时，不用型芯和浇注系统，简化了工艺过程，降低了金属消耗。

③ 提高了金属液的充型能力，改善了充型条件，可用于浇注流动性较差的合金及薄壁铸件。

④ 适应各种合金的铸造，便于铸造薄壁件和"双金属"件，如钢套内镶铜轴承等，其结合面牢固、耐磨，又可节约贵重金属材料。

但是离心铸造铸件内孔表面粗糙，孔径通常不准确。立式离心浇注的铸件内孔表面呈抛物面。离心铸造的铸件易产生密度偏析，因而不适合生产易偏析合金（如铅青铜）铸件，尤其不适合铸造杂质、密度大于金属液的合金铸件。

离心铸造通常用于各种套、管、环状零件的铸造，是铸铁管、气缸套、铜套、双金属轴承的主要生产方法，铸件的最大重量可达十几吨。在耐热钢辊筒、特殊钢的无缝管坯、造纸机烘缸等铸件生产中，离心铸造已被采用。

思考与练习

1. 零件、模样、铸件各有什么异同之处？

2. 确定浇注位置和分型面的各自出发点是什么？相互关系如何？
3. 变质铸铁性能上有何特点？常应用在什么地方？
4. 试简述铸造性能对铸铁质量的影响。
5. 为什么要规定最小的铸件壁厚？普通灰口铁壁厚过大或壁厚不均匀各会出现什么问题？
6. 一铸件如图 7-23 所示三种结构，你认为哪种更合理？为什么？

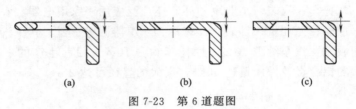

图 7-23　第 6 道题图

7. 有一端盖铸件如图 7-24 所示，试分析三个铸造方案挖砂、假箱、分模＋活块的优缺点，说明该铸件采用哪个方案好（大批量生产）。

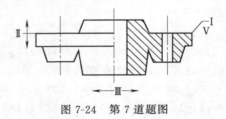

图 7-24　第 7 道题图

8. 形状复杂的零件为什么用铸造毛坯？受力复杂的零件为什么不采用铸造毛坯？
9. 灰铸铁流动性好的主要原因是什么？提高金属流动性的主要工艺措施是什么？
10. 铸件、模样、零件三者在尺寸上有何区别？为什么？

学习情境八
锻压成形

知识目标

掌握：碳钢的锻造温度范围确定原则；自由锻基本工序；镦粗、拔长、冲孔的操作方法；

理解：金属的塑性变形的实质；加热时可能产生的缺陷；锤上模锻、胎模锻与模锻的区别；

了解：塑性变形后金属的组织和性能；热变形加工和冷变形加工的区别。

能力目标

能绘制零件自由锻工艺图；

能根据零件结构确定自由锻工序。

锻压

学习导航

锻压是对坯料施加外力，使其产生塑性变形，改变尺寸、形状及改善性能，用以制造机械零件或毛坯的成形方法。锻压是锻造和冲压的总称。锻压和轧制、挤压、拉拔同属于金属塑性加工（或金属压力加工），轧制、挤压、拉拔主要用于生产型材、板材、线材等。

锻造工艺

锻压成形加工的特点：

① 锻压加工后，可使金属获得较细密的晶粒，可以压合铸造组织内部的气孔等缺陷，并能合理控制金属纤维方向，使纤维方向与应力方向一致，以提高零件的性能。

② 锻压加工后，坯料的形状和尺寸发生改变而其体积基本不变，与切削加工相比可节约金属材料。

③ 除自由锻造外，其他锻压方法如模锻、冲压等都有较高的劳动生产率。

④ 能加工各种形状、重量的零件，使用范围广。

⑤ 由于锻压是在固态下成形，金属流动受到限制，因此锻件形状所能达到的复杂程度不如铸件。

锻压成形加工的应用：

锻压是生产零件或毛坯的主要方法之一，金属锻压成形在机械制造、汽车、仪表、电子、造船、冶金及国防等工业中有着广泛的应用。机械中受力大而复杂的零件，一般都采用锻件作毛坯，如主轴、曲轴、连杆、齿轮、凸轮、叶轮、炮筒等。飞机的锻压件重量占全部零件重量的80%，汽车上70%的零件均是由锻压加工成形的。

单元一　锻压成形工艺基础

一、金属的塑性变形

1. 金属塑性变形原理

金属在外力作用下产生弹性变形和塑性变形，塑性变形是锻压成形的基础，塑性变形引起金属尺寸和形状的改变,对金属组织和性能有很大影响,具有一定塑性变形的金属才可以在热态或冷态下进行锻压成形。

金属塑性变形是金属晶体每个晶粒内部的变形和晶粒间的相对移动、晶粒的转动的综合结果。单晶体的塑性变形主要是通过滑移的形式实现即在切应力的作用下,晶体的一部分相对于另一部分沿着一定的晶面产生滑移,如图8-1所示。

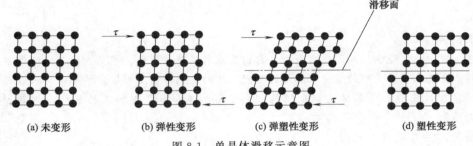

图 8-1 单晶体滑移示意图

常用金属一般都是多晶体,其塑性变形可以看成是由许多单个晶粒产生塑性变形的综合作用。多晶体变形首先从晶格位向有利于滑移的晶粒内开始,然后随切应力增加,再发展到其他位向的晶粒。由于多晶体晶粒的形状、大小和位向各不相同,以及在塑性变形过程中还存在晶粒与晶粒之间的滑动与转动(晶间变形)所以多晶体的塑性变形比单晶体要复杂得多。多晶体塑性变形中,晶内变形是主要的,晶间变形很小。

2. 金属塑性变形后组织和性能的变化

(1)冷塑性变形后的组织变化 金属在常温下经塑性变形,其显微组织出现晶粒伸长、破碎、扭曲等特征,并伴随着内应力的产生。

(2)冷变形强化(加工硬化) 冷变形时,随着变形程度的增加,金属材料的所有强度指标和硬度都有所提高,但塑性有所下降,如图8-2所示,这种现象称为冷变形强化。冷变形强化是由于塑性变形时,滑移面上产生了很多晶格位向混乱的微小碎晶块,滑移面附近晶格也处于强烈的歪扭状态,产生了较大的应力,增加了继续滑移的阻力所造成的。

冷变形强化在生产中很有实用意义,它可以强化金属材料,特别是一些不能用热处理进行强化的金属,如纯金属、奥氏体不锈钢、形变铝合金等,都可以用冷轧、冷挤、冷拔或冷冲压等加工方法来提高其强度和硬度。但是,冷变形强化会给金属进一步变形带来困难,所以常在变形工序之间安排中间退火,以消除冷变形强化,恢复金属塑性。

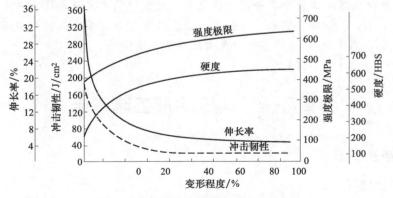

图 8-2 塑性变形对低碳钢性能的影响

(3) **回复与再结晶** 冷变形强化的结果使金属的晶体结构处于不稳定的应力状态，畸变的晶格中处于高位能的原子有恢复到稳定平衡位置上去的倾向。但在室温下原子扩散能力小，这种不稳定状态能保持较长时间而不发生明显变化。只有将它加热到一定温度，使原子运动加剧，才会发生组织和性能变化，使金属恢复到稳定状态。

当加热温度不高时，原子扩散能力较弱，不能引起明显的组织变化，只能使晶格畸变程度减轻，原子回复到平衡位置，残留应力明显下降，但晶粒形状和尺寸未发生变化，强度、硬度略有下降，塑性稍有升高，这一过程称为回复（或称为恢复）。使金属得到回复的温度称为回复温度，用 $T_{回}$ 表示。纯金属 $T_{回}=(0.25\sim0.30)T_{熔}$（$T_{熔}$ 为纯金属的熔点温度）。

生产中常利用回复现象对工件进行去应力退火，以消除应力，稳定组织，并保留冷变形强化性能。如冷拉钢丝卷制成弹簧后为消除应力使其定形，需进行一次去应力退火。

当加热到较高温度时，原子扩散能力增强，因塑性变形而被拉长的晶粒重新形核、结晶，变为等轴晶粒，消除了晶格畸形边、冷变形强化和应力，使金属组织和性能恢复到变形前状态，这个过程称为再结晶。开始产生再结晶现象的最低温度称为再结晶温度，用 $T_{再}$ 表示，纯金属再结晶温度 $T_{再}\approx 0.40T_{熔}$。

图 8-3 所示为冷变形后金属在加热过程中发生回复和再结晶的组织变化示意图。

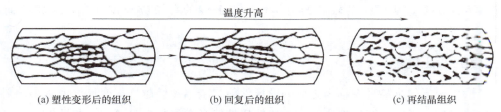

图 8-3　金属回复和再结晶过程中组织变化

再结晶是以一定速度进行的，因此需要一定时间。再结晶速度取决于变形时温度和预先变形程度，变形金属加热温度越高，变形程度越大，再结晶过程所用时间就越短。生产中为加快再结晶过程，再结晶退火温度要比再结晶温度高 100～200℃。

再结晶过程完成后，若继续升高加热温度，或保温时间过长，则会发生晶粒长大现象，使晶粒变粗、力学性能变坏，故应正确掌握再结晶退火的加热温度和保温时间。

3. 冷变形和热变形（亦称冷成形与热成形）

金属在不同温度下变形后的组织和性能是不同的，因此塑性变形分为冷变形和热变形两类。再结晶温度以下的变形称为冷变形。冷变形过程中只有冷变形强化而无回复与再结晶现象。冷变形时变形抗力大，变形量不宜过大，以免产生裂纹。因变形是在低温下进行，无氧化脱碳现象，故可获得较高的尺寸精度和表面质量。再结晶温度以上的变形称为热变形。热变形后的金属具有再结晶组织而不存在冷变形强化现象，因为冷变形强化被同时发生的再结晶过程消除。热变形能以较小的功达到较大的变形，变形抗力通常只有冷变形的 $1/5\sim1/10$，所以金属压力加工多采用热变形，但热变形时因产生氧化脱碳现象，工件表面粗糙，尺寸精度较低。

二、锻造流线与锻造比

热变形使铸锭中的脆性杂质粉碎，并沿着金属主要伸长方向呈碎粒状分布，而塑性杂质则随金属变形,并沿着主要伸长方向呈带状分布,金属中的这种杂质的定向分布通常称为锻造流线。

热变形对金属组织和性能的影响主要取决于热变形的程度,而热变形的大小可用锻造比 γ 来表示。锻造比是金属变形程度的一种表示方法,通常用变形前后的截面比、长度比或高度比来计算。

$$\gamma_{拔长}=A_0/A=L/L_0, \gamma_{镦粗}=h_0/h$$

式中 A_0、A——分别为坯料拔长变形前、后的截面积;

L、L_0——分别为坯料拔长变形前、后的长度;

F_0、h——分别为坯料镦粗变形前、后的高度。

锻造比愈大,热变形程度愈大,则金属的组织、性能改善愈明显,锻造流线也愈明显。锻造流线使金属的性能呈各向异性。当分别沿着流线方向和垂直流线方向拉伸时,前者有较高的抗拉强度。当分别沿着流线方向和垂直方向剪切时,后者有较高的抗剪强度。

锻造流线使锻件在纵向(平行流线方向)上塑性增加,而在横向(垂直流线方向)上塑性和韧性降低。强度在不同方向上差别不大。

设计和制造零件时,应使零件工作时的最大正应力方向与流线方向平行,最大切应力方向与流线方向垂直,从而得到较高的力学性能。流线的分布应与零件外轮廓相符而不被切断。

三、金属的锻压性能

金属锻压变形的难易程度称为金属的锻压性能。金属塑性越好,变形抗力越小,则金属的锻压性能越好。反之,锻压性能差。金属锻压性能是金属材料重要的工艺性能,金属的内在因素和外部条件是影响锻压性能的主要因素。

1. 化学成分

纯金属的锻压性能比其合金好。碳素钢随含碳量增加,锻压性能变差。合金钢中合金元素种类和含量越多,锻压性能越差。特别是加入能提高高温强度的元素,如钨、钼、钒、钛等,锻压性能更差。

2. 组织结构

固溶体(如奥氏体等)锻压性能好,化合物(如渗碳体等)锻压性能很差。单相组织的锻压性能比多相组织好。铸态的柱状组织及粗晶粒组织不如晶粒细小而均匀组织的锻压性能好。

3. 变形温度

在不产生过热的条件下,提高金属变形温度,可使原子动能增加,结合力减弱,塑性增加,变形抗力减小。高温下再结晶过程很迅速,能及时克服冷变形强化现象。因此,适当提高变形温度可改善金属锻压性能。

4. 变形速度

变形速度即单位时间内的相对变形量。随着变形速度的提高,金属的回复和再结晶不能及时克服冷变形强化现象,使塑性下降,变形抗力增加,锻压性能变差。但是,当变形速度超过临界值后,塑性变形的热效应使金属温度升高,加快了再结晶过程,使塑性增加,变形抗力减小。

5. 应力状态

用不同的锻压方法使金属变形时，其内部也可能不同。挤压是三向压应力状态；拉拔是轴向受拉，径向受压；自由锻镦粗时，锻件是三向压应力，而侧表面层，水平方向为压应力转化为拉应力。实践证明，变形区的金属在三个方向上的压应力数目越多，塑性越好，但压应力增加了金属内部摩擦，使变形抗力增大；受拉应力数目越多，塑性越差。这是因为拉应力易使滑移面分离，使缺陷处产生应力集中，加速裂纹的产生和发展，而压应力的作用与拉应力相反。

四、坯料的加热和锻件的冷却

1. 坯料的加热

（1）加热的目的　加热的目的是提高坯料的塑性，降低变形抗力，改善锻压性能。在保证坯料均匀热透的条件下，应尽量缩短加热时间，以减少氧化和脱碳，降低燃料消耗。

（2）加热导致的缺陷

① 氧化和脱碳：氧化时产生的氧化皮硬度很高，加剧了锻模的磨损，降低了模锻件精度和表面质量。脱碳使工件表层变软，强度和耐磨性降低。但脱碳层厚度小于加工余量时，不影响锻件质量。减少氧化和脱碳的方法是严格控制送风量，快速加热，或采用少、无氧化加热等。

② 过热和过烧：过热使金属的锻压性能和力学性能降低，应尽量避免。过热的工件可通过反复锻击把晶粒打碎，或锻后进行热处理，将晶粒细化。过烧破坏了晶体间的连接，使金属完全失去塑性。过烧的坯料无法挽救，只能报废。

③ 裂纹：在加热过程中，热应力和相变应力超过金属本身的抗拉强度时将产生裂纹。

（3）加热规范　规定坯料装炉时的炉温、预热、升温和保温时间，以及锻造温度范围，是提高锻压质量的保证。

① 始锻温度：坯料开始锻造时的温度，称始锻温度。在不出现过热的前提下，应尽量提高始锻温度以使坯料具有最佳的锻压性能，并能减少加热次数，提高生产率。碳钢的始锻温度比固相线低 200℃ 左右，如图 8-4 所示。

② 终锻温度：坯料锻造成形后，停锻时的瞬时温度，称终锻温度。终锻温度应高于再结晶温度，以保证金属有足够的塑性以及锻后能获得再结晶组织。但终锻温度过高，易形成粗大晶粒，降低力学性能；终锻温度过低，锻压性能变差。碳钢的终锻温度为 800℃ 左右，如图 8-4 所示。锻造时的温度可用仪表测量，但生产中一般用观察金属火色来大致判断。常用金属材料的锻造温度见表 8-1。

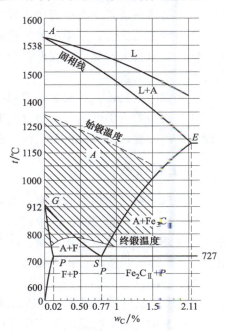

图 8-4　碳钢的锻造温度范围

表 8-1　常用金属材料的锻造温度范围

金属材料	始锻温度/℃	终锻温度/℃	金属材料	始锻温度/℃	终锻温度/℃
碳素结构钢	1200～1250	800～850	高速工具钢	1100～1150	900
碳素工具钢	1050～1150	750～800	弹簧钢	1100～1150	800～850
合金结构钢	1100～1200	800～850	轴承钢	1080	800
合金工具钢	1050～1150	800～850	硬铝	470	380

2. 锻件的冷却

锻件冷却是锻造工艺过程中必不可少的工序。若锻件冷却不当，易产生翘曲，表面硬度增高，甚至产生裂纹。一般地，碳及合金元素含量越高，锻件尺寸越大，形状越复杂，冷却速度应越慢。锻件冷却方式主要有以下三种：

（1）空冷　是指热态锻件在空气中冷却的方法。空冷速度较快，多用于碳钢和低合金钢小型锻件的冷却。

（2）坑冷　是指热态锻件埋在地坑或铁箱中缓慢冷却的方法。常用于碳素工具钢和合金钢锻件的冷却。

（3）炉冷　是指锻后的锻件放入炉中缓慢冷却的方法。常用于合金钢大型锻件、高合金钢重要锻件的冷却。

单元二　自　由　锻

自由锻是利用冲击力或压力使金属在上、下两个抵铁之间产生塑性变形，从而得到所需锻件的锻造方法。自由锻分手工锻造和机器锻造两种。手工锻造只能生产小型锻件，生产率也较低。机器锻造则是自由锻的主要生产方法。

自由锻工艺灵活，所用工具、设备简单，通用性强，成本低，可锻造小至几克大到数百吨的锻件。但自由锻尺寸精度低，加工余量大，生产率低，劳动条件差，劳动强度大，对工人技术水平要求较高。

水轮发电机机轴、涡轮盘、发动机曲轴、轧辊等重型锻件在工作中都承受很大的载荷，要求具有较高的力学性能，而用自由锻方法来制造的毛坯，力学性能都较高，自由锻是唯一可行的生产方法，所以在重型机械制造厂中占有重要的地位。

一、自由锻设备

根据对坯料的作用力的不同，机器锻造设备分为锻锤和水压机两大类。

（1）空气锤　空气锤是锻锤的一种，依靠冲击力实现锻造，主要用于生产中、小型锻件。空气锤结构简单、操作方便、设备投资少、维修容易，但由于受压缩缸和工作缸大小的限制，空气锤吨位较小，锤击能力也小。空气锤规格范围为650～7500N，适用于锻造50kg以下的小型锻件。

（2）水压机　水压机是用静压力使金属变形的锻压设备，与锻锤相比，有以下特点：工作时没有震动，不需沉重的砧座作基础；锻锤的打击能量大部分传到地基和地上，因而水压机效率较高；由于水压机震动小，能量消耗也小，水压机变形速度较慢，有利于金属的再结晶，提高了塑性，降低了变形抗力，并使锻件易锻透。故目前大型和重型锻件，大都用水压机锻造。自由锻造用的水压机有两种，即纯水压式及蒸汽水压式，目前纯水压式水压机应用较多。

水压机的规格用其产生的最大压力来表示，一般为 500～125000kN（约 500～125000tf），主要用于大型锻件和高合金钢锻件的锻造。

二、自由锻工序

自由锻工序分为基本工序、辅助工序和精整工序。基本工序包括镦粗、拔长、冲孔、切割和弯曲等。辅助工序包括压钳口、倒棱、压肩等。精整工序是对已成形的锻件表面进行平整，清除毛刺和飞边等，使其形状、尺寸符合要求的工序。

1. 镦粗

使坯料的整体或一部分高度减小、截面积增大的工序称为镦粗。

(1) 镦粗的种类　分为完全镦粗、局部镦粗和垫环镦粗等，如图 8-5 所示。

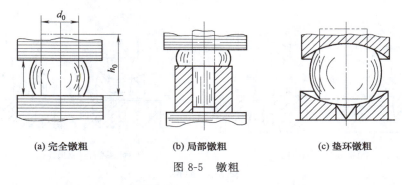

(a) 完全镦粗　　　(b) 局部镦粗　　　(c) 垫环镦粗

图 8-5　镦粗

(2) 镦粗操作要点　坯料高径比 $h_0/d_0 \leqslant 2.5$，以免镦弯；坯料两端面要平整且垂直于轴线；坯料加热要均匀，且锻打时经常绕自身轴线旋转，以使变形均匀。

(3) 镦粗的应用　制造高度小、截面大的盘类工件，如齿轮、圆盘等；作为冲孔前的准备工序，以减小冲孔深度；增加某些轴类工件的拔长锻造比，提高力学性能，减少各向异性。

2. 拔长

减小坯料截面积、增加其长度的工序称为拔长。

(1) 拔长的种类　有平砧铁拔长、芯棒拔长、芯棒扩孔等，如图 8-6 所示。

(2) 拔长的操作要点　坯料在平砧铁上拔长时应反复做 90°翻转，圆轴应逐步成形，最后摔圆；应选用适当的送进量，以提高拔长效率，一般取送进量 $l=(0.4\sim0.8)b$；拔长后的宽高比 $a/h \leqslant 2.5$，以免翻转 90°后再拔长时弯折；芯棒上扩孔时，芯棒要光滑而且直径 $d \geqslant 0.35L$。

(3) 拔长的应用　主要用于制造长轴类的实心或空心工件，如轴、拉杆、曲轴、炮筒、套筒以及大直径的圆环等。

3. 冲孔

在实心坯料上冲出通孔或不通孔的工序称为冲孔。

(1) 冲孔的种类　有冲子冲孔、板料冲孔等，其中实心冲子冲孔有单面冲孔和双面冲孔，如图 8-7 所示。

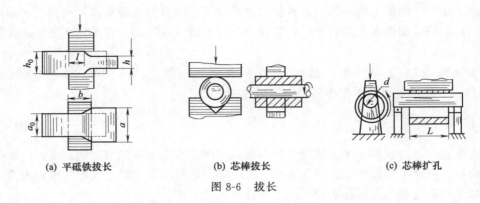

(a) 平砧铁拔长　　　(b) 芯棒拔长　　　(c) 芯棒扩孔

图 8-6　拔长

(2) 冲孔的操作要点　冲孔前应先镦平端面；采用双面冲孔时，正面冲到底部留 $\Delta h = (0.15 \sim 0.2)h$ 时，将坯料翻转后再冲通，如图 8-7（a）所示；直径 $d < 25mm$ 的孔一般不冲出；直径 $d < 450mm$ 的孔用实心冲子冲孔；直径 $d > 450mm$ 的孔用空心冲子冲孔。

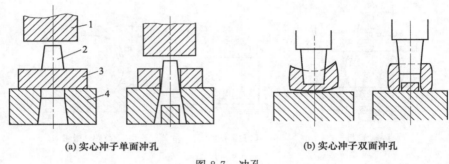

(a) 实心冲子单面冲孔　　　(b) 实心冲子双面冲孔

图 8-7　冲孔

1—上砧；2—冲子；3—坯料；4—漏盘

(3) 冲孔的应用　主要用于制造空心工件，如齿轮坯、圆环、套筒等。有时也用于去除铸锭中心质量较差的部分，以便锻制高质量的大工件。

4. 切割

切割是将坯料分割开或部分割裂的锻造工序。最常用的为单面切割法，如图 8-8（a）所示，利用剁刀 1 锤击切入坯料 3，直至仅存一层很薄连皮时加以翻转，锤击方铁 2 除去连皮。方铁应略宽于连皮，避免产生毛刺。薄坯料亦用直接锤击刀口略有错开的两个方铁 2 的剪性切割法，如图 8-8（b）所示。

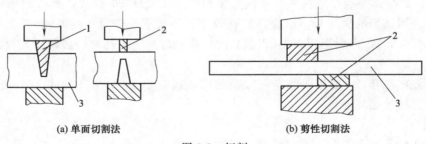

(a) 单面切割法　　　(b) 剪性切割法

图 8-8　切割

1—剁刀；2—方铁；3—坯料

5. 弯曲

弯曲是将坯料弯成所需形状的锻造工序。与其他工序联合使用，可以得到如吊钩、舵杆、角尺、曲栏杆等弯曲形状的锻件。弯曲方法如图8-9所示，可以在砧角上用大锤弯曲，也可用吊车弯曲，近来广泛采用截面相适应的胎模弯曲。

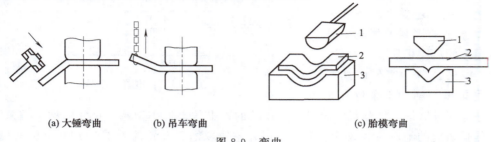

(a) 大锤弯曲　　(b) 吊车弯曲　　(c) 胎模弯曲

图 8-9　弯曲

1—成形压铁；2—坯料；3—胎模

6. 扭转

扭转是将坯料的一部分相对于另一部分绕其轴线旋转一定角度的锻造工序。扭转主要用于锻制曲柄位于不同平面内的曲轴，这时整个坯料首先在一个平面内锻造成形，然后用夹叉或扳手等扭转。由于扭转过程中金属变形剧烈，所受应力复杂，受扭部分应该加热到塑性最好的高温温度范围，并均匀热透，扭转后缓慢冷却，最好进行退火处理。

7. 错移

错移是将坯料一部分相对于另一部分平行错开的锻造工序。错移前先在需错移的部分压痕，并用三角刀切肩。对于小型坯料通过锤击错移，如图8-10（a）所示；对于大型坯料通过水压机加压错移，如图8-10（b）所示。为防止坯料弯曲，可用链式垫块支承。随着错移的进行，逐渐去掉支承垫块。

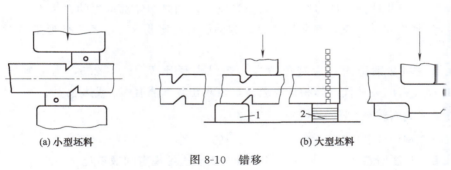

(a) 小型坯料　　　　　(b) 大型坯料

图 8-10　错移

1—下砧；2—链式垫块

三、自由锻工艺规程的制定

自由锻工艺规程是锻造生产的基本技术文件。自由锻工艺规程主要有以下内容。

1. 绘制锻件图

锻件图是锻造加工的依据，它是以零件图为基础并考虑机械切削加工余量、锻件公差、工艺余块等绘制的。绘制锻件图时，锻件形状用粗实线绘制；零件图外线用双点画线或细实线绘制；锻件尺寸和公差标注在尺寸线上面。零件尺寸加括号标注在尺寸线下面，如图8-11所示。

(1) 机械切削加工余量　锻件上凡需切削加工的表面应留加工余量。加工余量大小与零件形状、尺寸、精度、表面粗糙度和生产批量有关，还受生产条件和工人技术水平等因素的影响。具体数值可参阅有关手册。

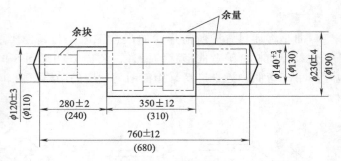

图 8-11　自由锻锻件图

(2) 锻件公差　零件的基本尺寸加上机械切削加工余量，为锻件的基本尺寸。锻件实际尺寸超过基本尺寸的称上偏差，小于基本尺寸的称下偏差，上、下偏差间代数差的绝对值为锻件公差。一般公差值取加工余量的 1/4～1/3，具体数值可根据锻件形状、尺寸、生产批量、精度要求等，从有关手册中查出。

(3) 余块　在锻件的某些难以锻出的部分加填一些大于余量的金属体积，以简化锻件外形及锻件的制造过程，这种加填的体积叫做余块。

2. 计算坯料质量与尺寸

(1) 计算坯料质量　生产大型锻件用钢锭作坯料，中、小型锻件采用钢坯和各种型材，如方钢、圆钢、扁钢等。坯料的质量可按下式计算：

$$m_{坯} = m_{锻} + m_{烧} + m_{芯} + m_{切}$$

式中　$m_{坯}$——坯料质量；

$m_{锻}$——锻件质量；

$m_{烧}$——加热时坯料表面氧化烧损的质量，与坯料性质、加热次数有关；

$m_{芯}$——冲孔时的芯料质量，与冲孔方式、冲孔直径和坯料高度有关；

$m_{切}$——锻造过程中被切掉的多余金属质量，如修切端部产生的料头等。

(2) 确定坯料尺寸　确定坯料尺寸时，应满足锻造比要求，并考虑变形工序对坯料尺寸的限制。

① 采取镦粗法锻造时，为避免镦弯，坯料高径比 $h_0/d_0 \leq 2.5$，为下料方便，应使 $h_0/d_0 \geq 1.25$。将此关系代入体积计算公式，可求出坯料直径 d_0 或边长 l_0。

a. 对于圆截面坯料：$d_0 = (0.8 \sim 1.0)\sqrt[3]{V_0}$。

b. 对于方截面坯料：$l_0 = (0.75 \sim 0.90)\sqrt[3]{V_0}$。

② 采用拔长法锻造时，拔长后的最大截面积应达到规定的锻造比 γ，即

$$A_0 = \gamma_{拔长} \times A_{max}$$

式中　A_0——坯料截面积；

A_{max}——坯料经过拔长后最大截面积；

$\gamma_{拔长}$——取 1.1～1.3。

由此公式求出 A_0，再求出坯料直径 d_0 或边长 l_0。

a. 对于圆截面坯料：$d_0 = 1.13$。

b. 对于方截面坯料：$l_0 = \sqrt{A_0}$。

初步算出直径或边长后，还应按照国家标准加以修正，选用标准值。最后，根据 V_0 和 A_0 算出坯料长度。

3. 选择锻造工序

锻造工序应根据锻件形状、尺寸、技术要求和生产批量等进行选择。其主要内容是：确定锻件成形所必须的工序；选择所用工具；确定工序顺序和工序尺寸；等等。自由锻件的分类及其所用基本工序见表 8-2。

表 8-2　自由锻件分类及锻造用工序

类别	图例	锻造用工序	实例
轴类零件		拔长（镦粗及拔长）、压肩、锻台阶、滚圆	主轴、传动轴
轴杆类零件		拔长（镦粗及拔长）、压肩、锻台阶和冲孔	连杆等
曲轴类零件		拔长（镦粗及拔长）、错移、压肩、滚圆和扭转	曲轴、偏心轴等
盘类、圆环类零件		镦粗（镦粗及拔长）、冲孔、在芯轴上扩孔、定径	圆环、齿圈、端盖、套筒
筒类零件		镦粗（镦粗及拔长）、冲孔、芯棒拔长、滚圆	圆筒、套筒等
弯曲件		拔长、弯曲	吊钩、弯杆、轴瓦盖等

四、自由锻零件的结构工艺性

按照自由锻特点和工艺要求，在满足使用性能要求的条件下，应使自由锻零件形状简单，易于锻造。自由锻零件的结构工艺性见表 8-3。

表 8-3　自由锻零件的结构工艺性

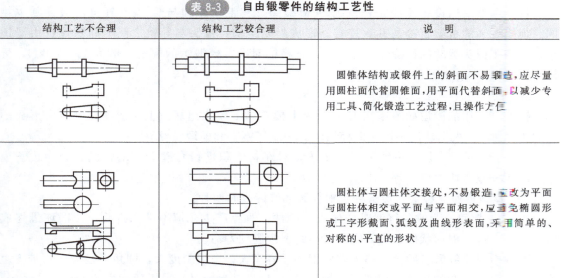

结构工艺不合理	结构工艺较合理	说明
		圆锥体结构或锻件上的斜面不易锻造，应尽量用圆柱面代替圆锥面，用平面代替斜面，以减少专用工具、简化锻造工艺过程，且操作方便
		圆柱体与圆柱体交接处，不易锻造，应改为平面与圆柱体相交或平面与平面相交，应避免椭圆形或工字形截面、弧线及曲线形表面，采用简单的、对称的、平直的形状

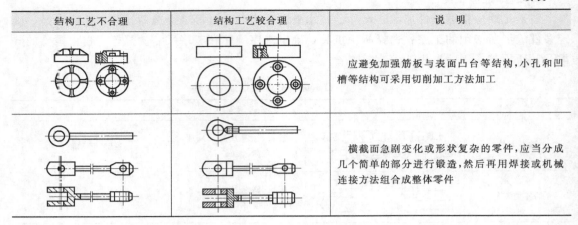

单元三 模 锻

模锻是利用高强度的模具使坯料变形而获得锻件的锻造方法。模锻与自由锻相比,优点是:锻件尺寸精度高,表面粗糙度小,能锻出形状复杂的锻件;余量小,公差仅是自由锻件公差的 1/3~1/4,材料利用率高,节约机加工工时;锻造流线分布更合理,力学性能高;生产率高,操作简单,易于机械化,锻件成本低。但模锻设备投资大,锻模成本高,每种锻模只可加工一种锻件;受模锻设备吨位的限制,模锻件重量一般在 150kg 以下。

模锻适用于中、小型锻件的成批和大量生产,广泛用于汽车、拖拉机、飞机、机床和动力机械等工业中。

一、锤上模锻

1. 模锻锤

锤上模锻所用设备主要是蒸汽-空气模锻锤,其工作原理与蒸汽-空气自由锻锤基本相同。但模锻锤的机架直接与砧座连接,形成封闭结构;锤头与导轨之间的间隙比自由锻锤小,提高了锤头运动的精确性,保证上、下模能对准。模锻锤的规格一般为 10~60kN,可锻造 0.5~150kg 的锻件。

2. 锻模

锤上模锻用的锻模如图 8-12 所示。由上模 2 和下模 4 组成。上、下模接触时所形成的空间为模膛 9。根据功用不同,锻模模膛分为制坯模膛和模锻模膛。

(1) 制坯模膛 是指按锻件变形要求,对坯料体积进行合理分配的模膛,分为拔长模膛、滚压模膛、弯曲模膛等。

(2) 模锻模膛 模锻模膛分为预锻模膛和终锻模膛两种。

① 预锻模膛。为改善终锻时金属流动条件,避免产生充填不满和折叠,使锻坯最终成形前获得接近终锻形状的模膛,它可提高终锻模膛的寿命。

预锻模膛比终锻模膛高度略大,宽度小,容积大,模锻斜度大,圆角半径大,不带飞边槽。对于形状复杂的锻件(如连杆、拨叉等),大批量生产时常采用预锻模膛预锻。

② 终锻模膛。模锻时最后成形用的模膛，和热锻件上相应部分的形状一致，但尺寸需要按锻件放大一个收缩量。沿模膛四周设有飞边槽，在上、下模合拢时能容纳多余的金属，飞边槽靠近模膛处较浅，可增大金属外流阻力，促使金属充满模膛。

（3）锻模类型　根据锻件的复杂程度，锻模又分为单膛锻模和多膛锻模。单膛锻模是在一副锻模上只有终锻模膛。多膛锻模则有两个以上模膛。图8-13所示为弯曲连杆锻件的锻模及弯曲连杆的锻造工序。

3. 模锻件图

根据零件图，考虑模锻工艺特点，绘制模锻件图。它是设计和制造锻模、计算坯料、检验锻件的依据，如图8-14所示。制定模锻件图时应考虑以下几个问题。

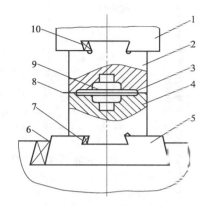

图8-12　锤上模锻所用锻模
1—锤头；2—上模；3—飞边槽；4—下模；5—模垫；
6、7、10—紧固楔铁；8—分模面；9—模膛

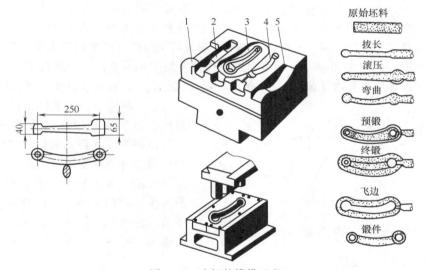

图8-13　连杆的锻模过程
1—拔长模膛；2—滚压模膛；3—终锻模膛；4—预锻模膛；5—弯曲模膛

（1）分模面　分模面即上、下模或凸、凹模的分界面，可以是平面，也可以是曲面。其选择原则是：

① 为便于锻件从模膛中取出，一般分模面选在锻件最大尺寸的截面上，如图8-15所示，a—a处取不出锻件，b—b处模膛深度大，内孔余块多，c—c处不易发现错移，d—d处是合理的分模面；

② 为保证金属易于充满模膛，有利于锻模制造，分模面应选在使模膛具有最大宽度和最浅深度的位置上；

③ 为便于发现上、下模错移现象，分模面应使上、下模膛沿分模面具有相同的轮廓；

④ 分模面最好是平面，并使模膛上下深浅基本一致，以便于锻模制造；

⑤ 分模面应使锻件上所加的余块最少。

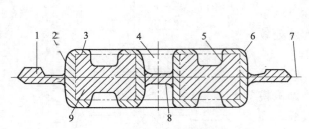
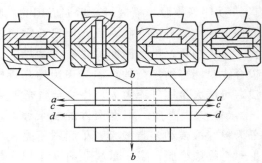

图 8-14 齿轮坯模锻件图

图 8-15 分模面的选择

1—毛边；2—模锻斜度；3—加工余量；4—不通孔；5—凹圆角；6—凸圆角；7—分模面；8—冲孔连皮；9—零件

(2) 加工余量、公差、余块和连皮　模锻件加工余量一般为 1～4mm，偏差为 ±(0.3～3)mm。模锻件均为批量生产，应尽量减少或不加余块，以节约金属。

模锻时，锻件上的透孔不能直接锻出，只能锻成盲孔，中间留有一层较薄的金属，称为连皮，如图 8-16 所示。连皮不宜太薄，以免损坏模锻。连皮厚度 δ 与孔径 d 和孔深 H 有关：当 $d=30\sim80$mm 时，连皮厚度为 4～8mm。当 $d<30$mm 或冲孔深度大于冲头直径的 3 倍时，只在冲孔处压出凹穴，孔不锻出。连皮在锻造后与飞边一同切除。

(3) 模锻斜度　为便于锻件从模膛中取出，锻件与模膛侧壁接触部分需带一定斜度，此斜度成为模锻斜度，如图 8-16 所示。模锻斜度不包括在加工余量之内，一般取 5°、7°、10°、12° 等标准值。模膛深度与宽度比值 (h/b) 越大，斜度值越大。内壁斜度 β 比外壁斜度 α 大。

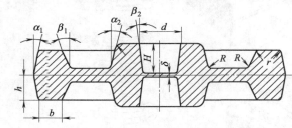

图 8-16 连皮、模锻斜度、圆角半径

(4) 圆角半径　锻件上两个面的相交处均应以圆角过渡，如图 8-16 所示。圆角可以减少坯料流入模槽的摩擦阻力，使坯料易于充满模膛，避免锻件被撕裂或流线被拉断，减少模具凹角处的应力集中，提高模具使用寿命等。圆角半径大小取决于模膛深度。外圆角半径 r 取 1～12mm，内圆角半径 R 为 r 的 3～4 倍。

4. 模锻件的结构设计

对模锻件的结构进行设计时，为便于模锻件生产和降低成本，应根据模锻特点和工艺要求使其结构符合下列原则。

(1) 由于模锻件精度较高，表面粗糙度较低，因此零件的配合表面可留有加工余量。非配合表面一般不需要进行加工，不留加工余量。

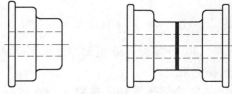

图 8-17 锻-焊结构模锻件

(2) 模锻件要有合理的分模面、模锻斜度和圆角半径。

(3) 应避免有深孔或多孔结构。

(4) 为了使金属容易充满模膛、减少加工工序，零件外形应力求简单、平直和对称，尽量避免零件截面间相差过大或具有薄壁、高筋、凸起等结构。

(5) 为减少余块，简化模锻工艺，在可能的条件下，尽量采用锻-焊组合工艺。如图 8-17 所示。

二、胎模锻

胎模锻是在自由锻设备上使用可移动模具生产模锻件的锻造方法。胎模锻一般用自由锻方法制坯，在胎模中最后成形。胎模固定在锤头或砧座上，需要时放在下砧铁上。

胎模锻与自由锻相比，具有生产率高、操作简便、锻件尺寸精度高、表面粗糙度小、余块少、节省金属、锻件成本低等优点；与模锻相比具有胎模制造简单、不需贵重的模锻设备、成本低、使用方便等优点。但胎模锻件尺寸精度和生产率不如锤上模锻高，劳动强度较大，胎模寿命短。

胎模锻适于中、小批量生产，在缺少模锻设备的中、小型工厂应用广泛。常用的胎模结构有以下三种。

(1) 扣模 扣模由上、下扣组成，如图 8-18（a）所示，或只有下扣，上扣由上砧代替。锻造时锻件不转动，初步成形后锻件翻转 90°在锤砧上平整侧面。扣模常用来生产长杆非回转体锻件的全部或局部扣形，也可用来为合模制坯。

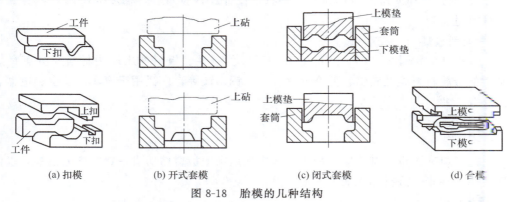

(a) 扣模　　(b) 开式套模　　(c) 闭式套模　　(d) 合模

图 8-18　胎模的几种结构

(2) 套模 开式套模只有下模，上模用上砧代替，如图 8-18（b）。主要用于回转体锻件（如端盖、齿轮等）的最终成形或制坯。当用于最终成形时，锻件的端面必须是平面。闭式套模由套筒、上模垫及下模垫组成，下模垫也可由下砧代替，如图 8-18（c）所示。主要用于端面有凸台或凹坑的回转体类锻件的制坯和最终成形，有时也用于非回转体类锻件。

(3) 合模 合模由上、下模及导柱或导销组成，如图 8-18（d）所示。合模适用于各类锻件的终锻成形，尤其是非回转体类复杂形状的锻件，如连杆、叉形件等。

图 8-19 所示为端盖胎模锻过程。所用胎模为套筒模，它由模筒、模垫和冲头组成。原始坯料加热后，先用自由锻镦粗，然后将模垫和模筒放在下砧铁上，再将镦粗的坯料平放在模筒中，压上冲头后终锻成形，最后将连皮冲掉。

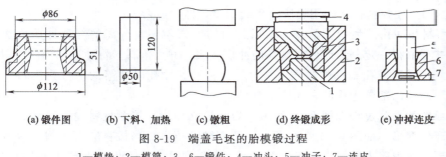

(a) 锻件图　　(b) 下料、加热　　(c) 镦粗　　(d) 终锻成形　　(e) 冲掉连皮

图 8-19　端盖毛坯的胎模锻过程

1—模垫；2—模筒；3，6—锻件；4—冲头；5—冲子；7—连皮

单元四　板料冲压

板料冲压是将板料经分离或成形而得到制件的加工方法。板料冲压一般在室温下进行，故又称冷冲压，简称冲压。当板料厚度超过 8～10mm 时，采用热冲压。板料冲压具有下列特点。

① 冲压件有较高的尺寸精度和表面质量，互换性能好，一般不需切削加工，且质量稳定。

② 操作简单，工艺过程便于实现机械自动化，生产率高，成本低。

③ 可生产各种平板类、空间类和形状复杂的零件，废料较少。零件重量从 1 克至几百千克，尺寸从 1 毫米至几米。

④ 冷变形强化和冲压件的空间几何形状，使冲压件重量轻、强度和刚度好，有利于减轻结构件重量。

⑤ 冲模制造复杂、成本高。

冲压只有在大批量生产时，才能充分显示其优越性。板料冲压所用材料应具有良好塑性，常用的金属材料是低碳钢、低合金钢、铝、铜、镁等，广泛用于汽车、航空、电器、仪表、国防等工业。

一、冲压设备

常用的板料冲压设备有剪床、冲床。剪床是用来把板料剪切成一定宽度的条料，以供冲压工序使用。冲床是进行冲压加工的基本设备。

1. 剪床

剪床的用途是把板料切成一定宽度的条料，为冲压准备毛坯或用于切断工序。

平刃剪床的上、下刀刃互相平行，适于剪切宽度小而厚度较大的板料。上刀刃做成倾斜状的剪床称斜刃剪床，适于剪切宽而薄的板料。剪床的规格用能剪板料的厚度和长度表示。

2. 冲床

冲床规格用公称压力表示。公称压力是指冲床工作时，滑块上所允许的最大作用力。单柱冲床规格一般为 60～3000kN。双柱冲床最大公称压力可达 40MN。

二、板料冲压的基本工序

1. 分离工序

（1）剪切　使板料按不封闭轮廓分离的工序，称为剪切。

（2）落料与冲孔　利用冲模将板料以封闭的轮廓与坯料分离的一种冲压方法，称为冲裁。利用冲裁取得一定外形制件或坯料的冲压方法，称为落料。将冲压坯内的材料以封闭的轮廓分离开，得到带孔制件的冲压方法，称为冲孔。冲孔时冲落的部分为废料，周边是成品；落料时冲落的部分为成品，周边是废料。

金属板料的冲裁过程如图 8-20 所示。当凸模（冲头）接触板料向下运动时，板料受到挤压，先产生变形，如图 8-20（a）所示；凸模继续压入，当板料应力达到屈服点时发生塑性变形，部分板料陷入凹模中。当变形达到一定程度时，位于凸、凹模刃口处材料的冷变形强化和应力集中现象加剧，出现微裂纹，如图 8-20（b）所示；凸模继续压入，上、下微裂纹逐渐扩大，直至上、下裂纹会合，板料被剪断分离，如图 8-20（c）所示。

如图 8-20（d）所示，塌角是由于凸模压入板料时，刃口附近的材料被牵连拉入变形形成的；光亮带是凸模挤压切入材料时，出现微裂纹前形成的光滑表面；剪裂带是微裂纹扩展形成的撕裂面，其表面粗糙并略带斜度，不与板料平面垂直。

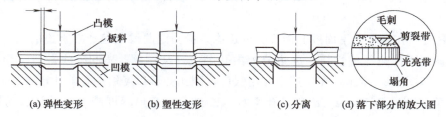

图 8-20　金属板料的冲裁分离过程

塌角、剪裂带和毛刺都使冲裁件质量下降，光亮带质量最好。这四部分在冲裁件上所占的比例与板料性能、厚度、模具结构、凸凹模间隙和刃口锋利程度有关。

冲裁时，凸模与凹模之间应有合理的间隙 Z 和锋利的刃口。断面质量要求较高时，应选较小的间隙；反之，应加大间隙，以提高冲模寿命。一般，低碳钢、铝合金、铜合金，取 $Z=(0.06\sim0.1)\delta$（δ 为板料厚度）；高碳钢 $Z=(0.08\sim0.12)\delta$。

（3）整修工序　冲裁件的尺寸精度一般在 IT10 以下，Ra 值大于 $6.3\mu m$。如工件质量要求较高，可进行整修，如图 8-21 所示。整修是指利用修边模从冲裁件的内外轮廓上修切下一薄层金属，以获得规整的棱边、光洁的剪切面（断面）和较高尺寸精度的工序。整修时单边切除量为 $0.05\sim0.2mm$，整修后尺寸精度可达 IT7～IT6，Ra 值为 $1.6\sim0.8\mu m$。

2. 成形工序

（1）弯曲　弯曲是将板料、型材或管材在弯矩作用下，弯成具有一定曲率和角度制件的成形方法，如图 8-22 所示。弯曲时塑性变形集中在与凸模接触的狭窄区域内。变形区内侧受压缩，外侧受拉伸。当外侧拉应力超过坯料抗拉强度时，会造成裂纹。为防止裂纹，应选用塑性好的材料；限制最小弯曲半径 r_{min}，使 $r_{min} \geqslant (0.1\sim1)\delta$；使弯曲时拉应力方向与坯料流线方向一致；防止坯料表面的划伤，以免产生应力集中。

去掉弯曲外力后，弹性变形消失，使制件的形状和尺寸发生与加载时变形方向相反的变化，从而消去了一部分弯曲变形的效果，此现象称为回弹，如图 8-23 所示。回弹与材料力学性能、r/δ 和制件弯曲角度 α 有关，并随着这些参数的增大而增大，为抵消回弹影响，弯曲模的角度应比被弯曲角度小一个回弹角。回弹角一般为 $0°\sim10°$。

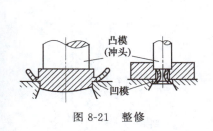
图 8-21　整修

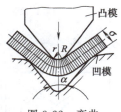
图 8-22　弯曲

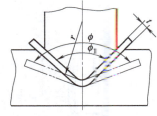
图 8-23　弯曲回弹

（2）拉深（拉延）　变形区在拉、压应力作用下，使坯料成形为深的空心件而厚度基本不变的加工方法，称为拉深，如图 8-24 所示。

拉深时，凸模与凹模边缘均做成圆角，以免将坯料拉裂。圆角半径 $r_凸 \leqslant r_凹$，$r_凹 = (5\sim15)\delta$，模具间隙 $Z=(1.1\sim1.5)\delta$。拉深前要在坯料上涂润滑剂。拉深变形后制件的直径与其坯料直径之比（d/D）称为拉深系数 m，m 越小，变形越大，拉深应力也越大。因此，制定拉深工艺时必须使实际拉深系数大于极限拉深系数 $m_{\min}$（保证危险断面不被拉裂的拉深系数最小值）。$m_{\min}$ 与材料性质、板料相对厚度（δ/D）和拉深次数有关，一般取 $0.55\sim0.8$。

(3) 翻边　在毛坯的平面或曲面部分的边缘，沿一定曲线翻起竖立直边的加工方法，称为翻边。根据零件边缘的性质，翻边分为内孔翻边（又称翻孔）和外缘翻边（简称翻边）。内孔翻边，如图 8-25 所示，在生产中应用很广，翻孔变形程度用翻孔前孔径 d_0 与翻孔后孔径 d 的比值 K 表示，$K=d_0/d$ 称翻孔系数，K 越小，变形程度越大。对于镀锡铁皮 $K\geqslant 0.65\sim0.7$；对于酸洗钢 $K\geqslant 0.68\sim0.72$。

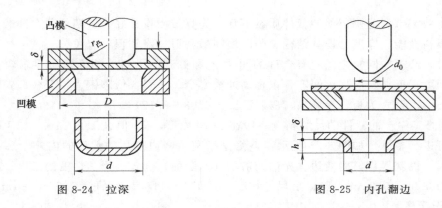

图 8-24　拉深　　　　　图 8-25　内孔翻边

(4) 缩口　将管件或空心件的端部加压，使其径向尺寸缩小的加工方法，称为缩口，如图 8-26 所示。

(5) 压印　模具端面压入板坯，使其局部或全部表面受到压挤，改变板坯厚度而充满模腔，形成沟槽、花纹或字符的加工方法，称为压印。压印包括压筋、压坑（包括压字、压花）。图 8-27 所示为软模压筋。软模是用橡胶等柔性物作凸模或凹模，可压印出复杂的形状，但寿命低。压印后的变形部位，因形状变化和冷变形强化，其强度、刚度提高。

(6) 胀形　板料或空心坯料在双向拉应力作用下产生塑性变形，以此取得所需制件的加工方法称为胀形。如图 8-28 所示是用硬橡胶为凸模的胀形，凹模是可拆卸的。

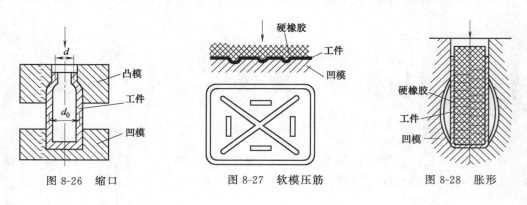

图 8-26　缩口　　　　　图 8-27　软模压筋　　　　　图 8-28　胀形

三、冲模

1. 单工序模

压机一次行程中只完成一道工序的模具，称为单工序模。单工序模结构较简单，容易制造，成本低，维修方便，但生产率低，适用于小批量生产。

2. 级进模（连续模）

压机一次行程中，在模具不同部位上，同时完成数道冲压工序的模具，称为级进模。级进模生产率高，易于实现自动化，但定位精度要求高，结构复杂，难制造，成本较高。适于大批量生产精度要求不高的中、小型零件。

3. 组合模（复合模）

压机一次行程中，在模具的同一位置上，完成两道以上冲压工序的模具称为组合模，组合模具有生产率高、零件加工精度高、平整性好等优点，但制造复杂，成本高，适合于大批量生产。

四、板料冲压件的结构工艺性

为满足冲压件的使用性能、节约材料、延长模具寿命、提高生产率、减低成本且具有良好的工艺性能，冲压件在进行结构设计时应考虑如下因素。

① 冲裁件形状应力求简单、对称，尽量用圆形、矩形等规则形状，并应便于合理排样（冲裁件在板料或带料上的布置方法，称为排样）。落料件的排样分有搭边和无搭边排样两种。

有搭边排样就是在各落料件之间、落料件与坯料边缘之间均留有一定距离，此距离为搭边。这种排样毛刺小、落料件尺寸准确、不易产生扭曲、质量高，但材料利用率低，如图 8-29（a）所示。无搭边排样是用落料件的一个边作为另一个落料件的边缘，如图 8-29（b）所示。这种排样废料少，但落料质量差。在孔距不变的情况下，图 8-29（b）结构比图 8-29（a）节省材料。

矩形件一般容易排样，产生的废料比其他形状的少；大孔圆形零件耗材较大，生产中常将一个零件的废料作为另一个小零件的坯料；冲压件端面的形状最好为平直端面，其次是倒角端面和圆形端面。为使冲模容易制造，延长寿命，冲压件上应避免有长槽与细长悬臂结构，一般圆形沟槽比矩形沟槽在制造上更为经济。

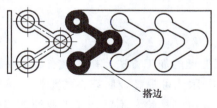
(a) 材料利用率为38%

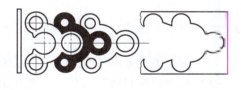
(b) 材料利用率为79%

图 8-29 零件的排样

② 孔间距或孔与零件边缘距离不宜过小，孔径不能过小。冲压件转角处应以圆弧过渡代替尖角，可防止发生裂纹。有关尺寸限制，如图 8-30 所示。

③ 弯曲件形状应尽量对称，弯曲半径不能小于材料许可的最小弯曲半径；弯曲边尺寸 b 不宜过短；为避免弯曲时孔变形，孔的位置与弯曲半径圆心处应相隔一定距离。此外，还应

考虑材料的流线方向，以免弯裂。弯曲件的有关尺寸限制，如图 8-31 所示。

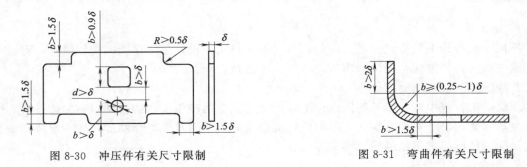

图 8-30　冲压件有关尺寸限制　　　　　　图 8-31　弯曲件有关尺寸限制

④ 拉深件外形应简单、对称，不要过深，以使模具制造简便、寿命长，并能减少拉深次数。零件的圆角半径应按图 8-32 确定，否则会增加拉深次数和整形工作或产生裂纹。

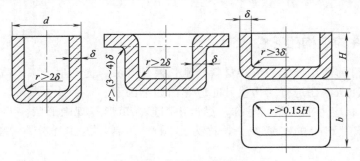

图 8-32　拉深件圆角半径

⑤ 为简化冲压工艺，节省材料，对于形状复杂的冲压件可先分别冲压成若干个简单件，然后再焊接成整体件，即采用冲-焊结构。

⑥ 应尽量采用薄板，以节约材料和减少冲压力。

⑦ 冲压件的精度要求，一般不能超过各冲压工序的经济精度。

单元五　挤压、轧制、拉拔

一、挤压

挤压是使坯料在挤压模中受强大的压力作用而变形的加工方法。挤压具有如下特点。

(1) 挤压时金属坯料在三向压应力作用下变形　因此可提高金属坯料的塑性。挤压材料不仅有铝、铜等塑性较好的有色金属，而且碳钢、合金结构钢、不锈钢及工业纯铁等也可以用挤压工艺成形。在一定的变形量下某些高碳钢甚至高速钢等也可进行挤压。

(2) 可以挤压出各种形状复杂、深孔、薄壁、异型断面的零件。

(3) 零件精度高，表面粗糙度低　一般尺寸精度为 IT6～IT7，表面粗糙度 Ra 为 3.2～0.4，从而可达到少、无屑加工的目的。

(4) 零件的力学性能好　挤压变形后零件内部的纤维组织是连续的，基本沿零件外形分布而不被切断，从而提高了零件的力学性能。

(5) 节约原材料　材料利用率可达 70%，生产率也很高，可比其他锻造方法高几倍。挤压按金属流动方向和凸模运动方向的不同，可分为以下四种。

① 正挤压。金属流动方向与凸模运动方向相同，如图 8-33（a）所示。

② 反挤压。金属流动方向与凸模运动方向相反，如图 8-33（b）所示。

③ 复合挤压。挤压过程中，一部分金属的流动方向与凸模运动方向相同，而另一部分金属流动方向与凸模运动方向相反，如图 8-33（c）所示。

④ 静液挤压方法如图 8-33（d）所示。静液挤压时凸模与坯料不直接接触，而是给液体施加压力（压力可达 3.04×10^8 Pa 以上），再经液体传给坯料，使金属通过凹模而成形。静液挤压由于在坯料侧面无通常挤压时存在的摩擦，所以变形较均匀，可提高一次挤压的变形量。挤压力也较其他挤压方法小 10%～50%。

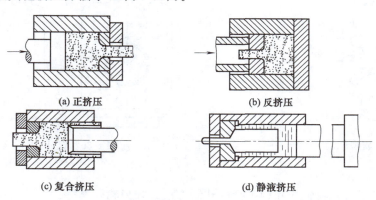

图 8-33　挤压

挤压是在专用挤压机上进行的（有液压式、曲轴式、肘杆式等），也可在经适当改进后的通用曲柄压力机或摩擦压力机上进行。

二、轧制成形

轧制方法除了用于生产型材、板材和管材外，近年来也用它生产各种零件，在机械制造中得到了越来越广泛的应用。零件的轧制具有生产率高、质量好、成本低，并可大量减少金属材料消耗等优点。

根据轧辊轴线与坯料轴线方向的不同，轧制分为纵轧、横轧、斜轧等。

1. 纵轧

纵轧是轧辊轴线与坯料轴线互相垂直的轧制方法。它包括各种型材轧制、辊锻轧制、辗环轧制等。

（1）辊锻轧制　辊锻轧制是把轧制工艺应用到锻造生产中的一种新工艺。辊锻是使坯料通过装有圆弧形模块的一对相对旋转的轧辊时受压而变形的生产方法，如图 8-34 所示。既可作为模锻前的制坯工序，也可直接辊锻锻件。目前，成形辊锻适用于生产以下三种类型的锻件。

① 扁断面的长杆件，如扳手、活动扳手、链环等。

② 带有不变形头部而沿长度方向横截面面积递减的锻件，如叶片等。叶片辊锻工艺和铣削工艺相比，材料利用率可提高近 4 倍，生产率可提高近 2.5 倍，而且还提高了叶片质量。

③ 连杆成形辊锻。国内已有不少工厂采用辊锻方法锻制连杆，生产率高，简化了工艺过程。但锻件还需用其他锻压设备进行精整。

(2) 辗环轧制　辗环轧制是用来扩大环形坯料的外径和内径，从而获得各种环状零件的轧制方法，如图 8-35 所示。图中驱动辊 1 由电动机带动旋转，利用摩擦力使坯料 5 在驱动辊和芯辊 2 之间受压变形。驱动辊还可由油缸推动作上下移动，改变 1、2 两辊间的距离。使坯料厚度逐渐变小、直径增大。导向辊 3 用以保持坯料正确运送。信号辊 4 用来控制环件直径。当环坯直径达到需要值并与辊 4 接触时，信号辊旋转传出信号，使辊 1 停止工作。

这种方法生产的环类件，其横截面可以是各种形状的，如火车轮箍、轴承座圈、齿轮及法兰等。

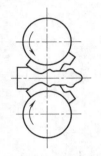
图 8-34　辊锻轧制

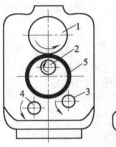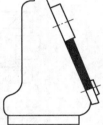
图 8-35　辗环轧制

2. 横轧

横轧是轧辊线与坯料轴线互相平行的轧制方法，如齿轮轧制等。

齿轮轧制是一种无屑或少屑加工齿轮的新工艺。直齿轮和斜齿轮均可用热轧制造。

3. 斜轧

斜轧亦称螺旋斜轧。它是轧辊轴线与坯料轴线相交成一定角度的轧制方法。

螺旋斜轧采用两个带有螺旋型槽的轧辊，互相交叉成一定角度，并做同方向旋转，使坯料在轧辊间既绕自身轴线转动，又向前进。与此同时受压变形获得所需产品。

螺旋斜轧钢球是使棒料在轧辊间螺旋型槽里受到轧制，并被分离成单个球。轧辊每转一周即可轧制出一个钢球。轧制过程是连续的。

螺旋斜轧可以直接热轧出带螺旋线的高速钢滚刀、自行车后闸以及冷轧丝杆等。

三、拉拔

拉拔是将金属坯料拉过拉拔模的模孔，使其变形的塑性加工方法，如图 8-36 所示。

拉拔过程中坯料在拉拔模内产生塑性变形，通过拉拔模后，坯料的截面形状和尺寸与拉拔模模孔出口相同。因此，改变拉拔模模孔的形状和尺寸，即可得到相应的拉拔成形产品。

目前的拉拔形式主要有线材拉拔、棒料拉拔、型材拉拔和管材拉拔。

线材拉拔主要用于各种金属导线（工业用金属线以及电器中常用的漆包线）的拉制成形。此时的拉拔也称为"拉丝"。拉拔生产的最细的金属丝直径可达 0.01mm 以下。线材拉拔一般要经过多次成形，且每次拉拔的变形程度不能过大，必要时要进行中间退火，否则将使线材拉断。

拉拔生产的棒料可有多种截面形状，如圆形、方形、矩形、六角形等。

型材拉拔多用于特殊截面或复杂截面形状的异形型材的生产，如图 8-37 所示。

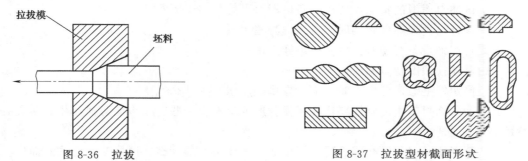

图 8-36 拉拔　　　　　　　　　　　图 8-37 拉拔型材截面形状

异形型材拉拔时，坯料的截面形状与最终型材的截面形状差别不宜过大。差别过大时，会在型材中产生较大的残余应力，导致裂纹以及沿型材长度方向上的形状畸变。管材拉拔以圆管为主，也可拉制椭圆形管、矩形管和其他截面形状的管材。管材拉拔后管壁将增厚。

当不希望管壁厚度变化时，拉拔过程中要加芯棒，当需要管壁厚度变薄时，也必须加芯棒来控制壁管的厚度，如图 8-38 所示。

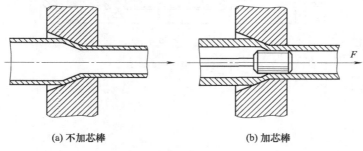

(a) 不加芯棒　　　　　　　(b) 加芯棒

图 8-38 管材拉拔

拉拔模在拉拔过程中会受到强烈的摩擦，生产中常采用耐磨的硬质合金（有时甚至用金刚石）来制作，以确保其精度和使用寿命。

思考与练习

1. 为什么说锻压生产是机械制造中的重要加工方法？它有何特点？
2. 何谓塑性变形？叙述单晶体及多晶体塑性变形的原理。
3. 何谓冷变形强化？它对工件性能及加工过程有何影响？
4. 何谓再结晶？再结晶对金属组织和性能有何影响？在生产中如何应用？
5. 锻造流线是如何形成的？它对材料有何影响？如何利用它？
6. 什么叫热变形？它与金属的熔点有什么关系？与冷变形相比，热变形有何优缺点？
7. 何谓金属锻压性能？如何衡量其好坏？影响锻压性能的因素有哪些？
8. 金属锻造时为什么要先加热？铸铁加热后是否也能锻造？为什么？
9. 锻造比对锻件质量有何影响？锻造比越大，是否锻件质量越好？为什么？
10. 什么是始锻温度和终锻温度？为什么坯料低于终锻温度后不宜继续锻造？
11. 过热和过烧对锻件质量有什么影响？如何防止过热和过烧？

12. 锻件有哪几种冷却方式？对于某些锻件，冷却速度过快时有哪些不良后果？

13. 试述自由锻的特点和应用。自由锻有哪些基本工序？

14. 设计自由锻零件结构时，应考虑哪些因素？

15. 自由锻设备有哪些？生产中怎样选用？

16. 试述模锻的特点和应用？

17. 确定锤上锻模分模面时，应考虑哪些因素？为什么？

18. 为什么模锻用的金属要比充满模膛所要求的多一些？飞边槽有何作用？是否各种模膛都要有飞边槽？

19. 下图所示锻件结构是否适合锻模的工艺要求？为什么？试修改不合适的部位。

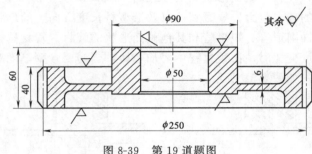

图 8-39　第 19 道题图

学习情境九
焊接成形

知识目标

掌握：碳钢和铸铁的焊接性能，焊接变形的预防与校正；焊条的组成、种类、型号与选用原则；

理解：焊接应力及变形产生的原因，常见的焊接缺陷及产生原因；

了解：焊条电弧焊的实质、特点及应用；埋弧焊、亚弧焊、CO_2 保护焊、氧乙炔焊的原理及应用。

能力目标

掌握焊条电弧焊的基本操作技术；

能根据工件母材的成分、强度和结构选择焊条种类；

能根据焊接条件选择相应的措施控制焊接缺陷和焊接变形；

能根据零部件结构进行焊接结构设计。

学习导航

焊接是机械制造的重要组成部分，是现代工业中用来制造或维修各种金属结构和机械零件的主要方法之一。焊接的实质是使两个分离金属通过原子或分子间的相互扩散与结合而形成一个不可拆卸的整体的过程，为了实现这一过程可用加热、加压或同时加热加压等方法。

焊接在国民经济各个部门得到极为广泛的应用，50%～60%的钢材是经各种形式焊接而后投入使用的，例如，车辆、船舶、飞机、锅炉、高压容器、大型建筑结构等都需要进行焊接。

单元一 焊接工艺基础

一、焊接的种类和特点

1. 焊接的种类

按焊接过程的特点可分为三大类。

(1) 熔化焊 利用局部加热将两焊件的结合处加热成熔化状态，并形成熔池，一般还加填充金属，待凝固后形成牢固的焊接接头的方法。主要有气焊、电弧焊（包括焊条电弧焊、自动埋弧焊、半自动埋弧焊）、电渣焊、等离子弧焊、气体保护焊（包括二氧化碳气体保护焊、氩弧焊）及激光焊等。

(2) 压力焊 利用加压（或同时加热）使两焊件结合面紧密接触并产生一定的塑性变形，形成焊接接头的方法。主要有电阻焊（包括对焊、点焊、缝焊）、摩擦焊、气压焊、超声波焊等。

(3) 钎焊 加热焊接工件和作为填充金属的钎料，焊件金属不熔化，待熔点低的钎料被熔化后渗透到焊件接头之间,与固态的被焊金属相互溶解和扩散,钎料凝固后将两焊件焊接在一起的方法。主要有烙铁钎焊、火焰钎焊、高频钎焊等。

2. 焊接的特点

(1) 优点

① 能减轻结构重量,节省金属,降低成本。

② 节约工时,生产率高。

③ 便于自动化、机械化。

④ 接头致密性好,可通过控制工艺提高焊接质量。

(2) 缺点

① 焊接是局部加热的过程,冶金过程也很复杂,容易产生焊接应力和变形。

② 焊接结构不可拆,维修和更换不方便。

③ 焊接接头组织性能变坏且易产生焊接接头缺陷。

二、焊接冶金原理

1. 焊接电弧

焊接电弧是在电极与焊件间的气体介质中产生的强烈持久的放电现象。电极可以是碳棒、钨极或焊条。焊接电弧具有两个特性,即能放出强烈的光和大量的热。

(1) 焊接电弧引弧方法

① 接触短路引弧法。焊接时,先将焊条与焊件瞬间接触,由于短路产生高热,使接触处金属迅速熔化并产生金属蒸气,同时,将附近的金属强烈加热,当焊条迅速提起 2~4mm 时,焊条与焊件(两极)间充满了高温的、易电离的金属蒸气。由于质点热碰撞及焊接电压的作用,正离子奔向阴极,负离子及电子奔向阳极,并分别碰撞两极,产生高温,使气体介质进一步电离,从而在两极间产生强烈而持久的放电现象,即电弧。接触短路引弧法主要用于手工电弧焊和埋弧自动焊。

② 高频高压引弧法。利用高压(2000~3000V)直接将两电极间的空气间隙击穿电离,引燃电弧。通常高频为 150~260kHz,高频高压引弧法主要用于氩弧焊、等离子电弧焊中。

(2) 焊接电弧结构　直流电弧是由阴极区、阳极区和弧柱三部分组成,如图 9-1 所示。

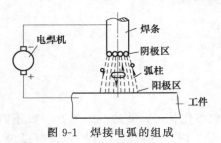

图 9-1　焊接电弧的组成

① 阴极区是放射出大量电子的部分,要消耗一定的能量,产生热量较多,约占电弧总热量的 38%,阴极区温度可达到 2400K。

② 阳极区是电子撞击和吸入电子部分,获得很大的能量,放出热量较高,约占电弧总热量的 42%,阳极区温度可达到 2600K。

③ 弧柱是指两极之间气体空间区,温度可达到 6000~8000K,热量约占电弧总热量的 20%。

(3) 电弧静特性　电弧引燃后为了维持稳定燃烧,需要一定的电弧电压。电弧电压与焊接电流之间的关系称为电弧静特性。电弧静特性曲线如图 9-2 所示。由图可知,当焊接电流小于 30~50A 时,电弧电压随电流增大而急剧降低;当电流大于 30~50A 时,电流变化而电弧电压几乎不变。

(4) 电弧电压与弧长的关系　当电弧弧长增加时,电弧电压相应增加;电弧越短,电压越低。在正常焊接时,弧长为 2～4mm,电压为 16～35V。

(5) 电弧电源

① 电弧电源接法 由于电弧发出的热量在阴极区和阳极区有差异,因此,在用直流电弧焊电源焊接时,就有两种不同的接法,即正接和反接。

a. 正接是焊件接正（＋）极,焊条接负（－）极。正接时,热量大部分集中在焊件上,可加速焊件熔化,有较大熔深,这种应用得最多。

b. 反接是焊件接负（－）极,焊条接正（＋）极。反接常用于薄板钢材、铸铁、有色金属焊件,或用于低氢型焊条焊接的场合。

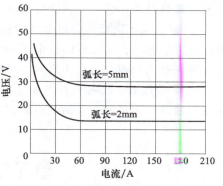

图 9-2 电弧静特性曲线

当进行交流电焊接时,由于电流方向交替变化,两极温度大致相等,不存在正接、反接的问题。

② 空载电压。为了保证引弧和保证焊工的安全,要求有适当的引弧电压,即空载电压。我国有关标准中规定最大空载电压 $U_{空最大}$ 为：弧焊变压器 $U_{空最大}$ ≤80V；弧焊整流器 $U_{空最大}$ ≤90V；弧焊发电机 $U_{空最大}$ ≤100V。

2. 焊接冶金过程

焊接过程中,熔化金属、熔渣和气体间进行着复杂的物理、化学反应,这一高温下的相互作用过程称为焊接冶金过程。

(1) 冶金特点

① 焊接电弧和熔池金属的温度高于一般的冶炼温度,金属烧损严重,产生的有害杂质较多；

② 金属熔池体积小,熔池四周是冷金属,凝固速度快,各种反应为非平衡反应,容易产生化学成分不均、气体和夹渣等缺陷。

针对以上问题,提高焊缝质量的有效措施为：

a. 形成有效的保护,限制空气进入焊接区,焊条药皮、自动焊熔剂和惰性保护气体都起这个作用；

b. 在焊条药皮中（或焊剂）中加入有用合金元素（如铁、锰等）以保证焊缝的化学成分；

c. 在药皮或焊剂中加入锰铁、硅铁等进行脱氧、脱硫和脱磷。

(2) 冶金反应

① 金属氧化。焊接过程中,空气中的 O_2 等气体在电弧高温作用下发生分解,形成原子,与金属和碳发生反应。

a. 氧化 $Fe+O == FeO$
$C+O == CO$
$Mn+O == MnO$
$Si+2O == SiO_2$
$2Cr+3O == Cr_2O_3$

上述反应的结果,使 Fe、C、Mn、Si、Cr 等元素大量烧损,产生的氧化物等熔渣来不及析出而残留在焊缝中，使焊缝金属含氧量大大增加，显著降低焊缝的力学性能。

b. 氮、氢也会影响焊缝金属的机械性能。氮在高温时能溶解于液态金属中，当熔池冷凝时将产生氮气孔而降低焊缝金属的性能，氮还能与铁化合生成 Fe_4N、Fe_2N，增加焊缝脆性。氢在熔池冷凝时未析出而残留在焊缝中，造成气孔，增加焊缝的脆性。

② 焊缝脱氧。要提高焊缝质量，除了要采取一些保护措施外，还要对焊缝进行脱氧、脱硫、脱磷、去氢等。常用的脱氧方法是采用锰铁、硅铁、钛铁、铝铁等脱氧剂脱氧。

单元二　常用焊接方法

一、焊条电弧焊

焊条电弧焊是利用电弧放电时产生的热量来熔化焊条和焊件，从而获得牢固焊接接头的方法。焊条电弧焊是焊接中最基本的方法。

焊条（手工）电弧焊

1. 焊条电弧焊设备和工具

（1）焊条电弧焊设备　焊条电弧焊设备分为直流弧焊机和交流弧焊机两类。直流弧焊机又有直流弧焊发电机和弧焊整流器两种。

① 直流弧焊发电机是由一台异步电动机和一台弧焊发电机组成，为了获得陡降特性，通常利用磁场或电枢反应的相互作用来调节电流。此种直流弧焊机有结构复杂、噪声大、成本高及维修较困难等缺点。常用的有 AX-320、AX_1-500 型直流弧焊机，如图 9-3 所示。

② 弧焊整流器是一种将交流电经变压、整流转换成直流电的弧焊设备，它与直流弧焊发电机相比，具有重量轻、结构简单、噪声小、制造维修方便等优点，有代替部分弧焊发电机的趋势。其外形如图 9-4 所示。

图 9-3　直流弧焊发电机

图 9-4　弧焊整流器

③ 交流弧焊机是一种具有下降外特性的降压变压器，是手工电弧焊的常用设备。焊接空载电压为 60～80V，工作电压为 20～30V，短路时焊接电压会自动降低，趋近于零，使短路电流不致过大，电流调节范围可从十几安到几百安。常用的有 BX-500、BX_1-300 交流弧焊机，其外形如图 9-5 所示。

交流弧焊机的结构简单、制造方便、成本低、使用可靠，同时维修方便，但电弧稳定性较直流弧焊机差。

(2) 焊条电弧焊工具　焊条电弧焊工具有电焊钳、焊接电缆、面罩、焊条保温筒和干燥筒等。

① 焊钳用于夹持焊条和传导电流。具有良好的导电性，不易发热，重量轻，夹持焊条紧，更换方便，常用的有 300A 和 500A 两种规格，如图 9-6 所示。

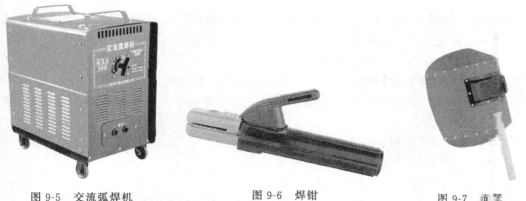

图 9-5　交流弧焊机　　　　　图 9-6　焊钳　　　　　图 9-7　面罩

② 焊接电缆用于连接焊条、焊接件、焊接机，传导焊接电流。外表必须绝缘，导电性能好，规格按使用的电流大小选择。通常焊接电缆的长度不超过 20～30m，中间接头不超过 2 个，接头处要保证绝缘可靠。

③ 面罩用于遮挡飞溅的金属和弧光，保护面部和眼睛，有头戴式和手持式两种。护目玻璃用来减弱弧光强度，吸收大部分红外线和紫外线，保护眼睛。护目玻璃的颜色和深浅按焊接电流大小进行选择。面罩如图 9-7 所示。

④ 焊条保温筒是用于加热存放焊条，以达到防潮的目的。干燥筒是利用干燥剂吸潮，防止使用中的焊条受潮。

⑤ 其他工具还有手锤、钢丝刷等。

2. 焊条

手工电弧焊焊条由焊芯和药皮两部分组成。焊条中被药皮包覆的金属芯称焊芯，起着导电和填充焊缝金属作用。压涂在焊芯表面的涂料层称为药皮，用以保证焊接顺利进行并得到质量良好的焊缝金属。焊条前端药皮有 45°左右的倒角，便于引弧，尾部有一段裸焊芯，占焊条总长的 1/16，便于焊钳夹持，并有利于导电，如图 9-8 所示。

图 9-8　焊条

(1) 焊芯　焊芯（焊丝）的含碳量较低（一般≤0.1%），杂质较少，是经过特殊冶炼而成的。其化学成分应符合国家标准的要求。焊芯直径（即焊条直径）有 1.6、2.0、2.5、3.2、4、5、6 (mm) 等几种，其长度（即焊条长度）一般在 250～450mm 之间。部分碳钢焊条的直径和长度规格见表 9-1。

表 9-1　部分碳钢焊条的直径和长度规格

焊条直径/mm	2.0	2.5	3.2	4.0	5.0	6.0
焊条长度/mm	250～300	250～300	350～400	350～400	400～450	400～450

(2) 药皮　焊条药皮在焊接过程中，起着极为重要的作用，它是决定焊缝金属质量的主要因素之一，药皮的主要作用是：

① 提高燃弧的稳定性（加入稳弧剂）；

② 防止空气对熔融金属的有害作用（加入造气剂、造渣剂）；

③ 保证焊缝金属脱氧，并加入合金元素，使焊缝金属有合乎要求的化学成分和力学性能（加入脱氧剂、合金剂）；

④ 为使药皮牢固地粘在焊芯上，要加胶黏剂。

⑤ 为改善熔渣的性质，还加入稀渣剂等。

(3) 电焊条的分类、型号、牌号及选用

① 电焊条的品种很多，通常按焊条的药皮成分、熔渣的碱度及用途进行分类。

a. 按焊条药皮的主要成分，焊条可以分为氧化钛型、氧化钛钙型、氧化铁型、纤维素型、低氢型、石墨型及盐基型等。其中，石墨型药皮主要用于铸铁焊条；盐基型药皮主要用于铝及合金等有色金属焊条；其余均属于碳钢焊条。

b. 按熔渣的碱度，可将焊条分为酸性焊条和碱性焊条两大类。酸性焊条的药皮中含有较多的氧化硅、氧化钛等酸性氧化物，氧化性较强、焊接过程中合金元素烧损较多，焊缝金属中氧和氢的含量较多，焊缝金属的力学性能特别是韧性较差，但电弧稳定性好，可以交直流两用。氧化钛钙型焊条是典型的酸性焊条。碱性焊条的药皮中含有较多的大理石和萤石，具有脱氧、除硫、除磷和较强的除氢作用，焊缝金属中氧和氢的含量较少，杂质也少，具有较高的塑性和韧性。低氢型焊条是典型的碱性焊条，通常用于焊接重要的结构或钢性较大的结构。

c. 按用途可分为结构钢焊条、耐热性焊条、不锈钢焊条、堆焊焊条、低温焊条、铸铁焊条、镍及镍合金焊条、铝及铝合金焊条及特殊用途焊条等。

② 焊条的型号及牌号

a. 焊条的型号由国家标准规定，是反映焊条主要特性的编号方法。根据 GB/T 5117—2012《非合金钢及细晶粒钢焊》标准的规定，型号编制方法为：字母 E 表示焊条，其后两位数字表示熔敷金属抗拉强度最小值，第 3 位数字表示焊接位置（"0" 及 "1" 表示用于全位置焊接、"2" 表示用于平焊及平角焊、"4" 表示用于立向下焊），第 4 位数字表示焊接电流种类和药皮类型。例如 E4303，E 表示焊条；"43" 表示熔敷金属抗拉强度的最小值 420MPa（43kgf/mm^2）；"0" 表示用于全位置焊接；"3" 表示药皮钛钙型、交直流电源、正反接均可。

b. 焊条牌号是对焊条产品的具体命名，是根据焊条主要用途及性能编制的。一种焊条型号可以有几种焊条牌号。牌号通常以一个汉语拼音字母与 3 位数字表示，拼音字母表示焊条用途大类。例如，J（结）表示结构钢焊条，Z（铸）表示铸铁焊条。其中结构钢焊条牌号中的 3 位数字，第 1、2 位数字表示熔敷金属抗拉强度等级，第 3 位数字表示各类焊条牌号的药皮类型及焊接电源。例如 J422 结构钢焊条，"42" 表示焊缝金属抗拉强度最小值

420MPa（43kgf/mm^2），"2"表示药皮为钛钙型，电源交直流均可。结构钢焊条牌号中数字的含义见表 9-2。

③ 电焊条的选用　焊条种类很多，选用是否恰当直接影响焊接质量、劳动生产率和生产成本。通常应根据焊件的化学成分、力学性能、抗裂性、耐腐蚀性以及性能等要求，选择相应的焊条种类，再考虑焊接结构形状、受力情况、工作条件和焊接设备等方面来选择具体型号与牌号。部分结构钢焊条牌号与型号关系及其用途见表 9-3。

a. 低碳钢和低合金钢焊件，一般要求母材与焊缝金属同等强度，因此可根据母材强度等级选用相应焊条。但应注意，钢材是按屈服强度（σ_s）定等级的，而结构钢焊条的等级是指抗拉强度（σ_b），切不可将钢材的σ_s误认为是σ_b。

表 9-2　结构钢焊条牌号中数字的含义

牌号中第一、第二位数字	焊缝金属抗拉强度最小值/MPa	牌号中第三位数字	药皮类型	焊条电源种类
42	420	0	不属已规定类型	不规定
50	490	1	氧化钛型	直流或交流
55	540	2	氧化钛钙型	直流或交流
60	590	3	钛铁矿型	直流或交流
70	690	4	氧化铁型	直流或交流
75	740	6	低氢钾型	直流或交流
80	780	7	低氢钠型	直流

表 9-3　部分结构钢焊条牌号与型号关系及其用途

牌号	型号	药皮类型	焊接电流	用　途
J421	E4313	氧化钛型	交直流	焊接一般低碳钢薄板结构
J421X	E4313	氧化钛型	交直流	用于碳素钢薄板向下立焊及间断焊
J421Fe13	E4324	铁粉钛型	交直流	焊接一般低碳钢薄板结构
J422	E4303	氧化钛钙型	交直流	焊接较重要的低碳钢结构和同强度等级的低合金钢
J422GM	E4303	氧化钛钙型	交直流	焊接海上平台、船舶、车辆、工程机械等的表面装饰
J422Fe	E4314	铁粉钛型	交直流	焊接较重要的低碳钢结构
J427	E4315	低氢钠型	直流	焊接重要的低碳钢及某些低合金钢结构
J427Ni	E4315	低氢钠型	直流	焊接重要的低碳钢及某些低合金钢结构
J501Fe15	E5024	铁粉钛型	交直流	焊接 Q245 及某些低合金钢结构
J507	E5015	低氢钠型	直流	焊接中碳钢及 Q245 等重要的低合金钢结构
J507R	E5015-G	低氢钠型	直流	用于压力容器的焊接
J507GR	E5015-G	低氢钠型	直流	用于船舶、锅炉、压力容器、海洋工程等重要结构的焊接

b. 对同一等级的酸性焊条或碱性焊条的选用，应考虑钢板厚度、结构形状、负荷性质和钢材的抗裂性能而定。通常对要求塑性好、抗裂能力强、低温性能好的，应选用碱性焊条；对受力不复杂，母材质量较好的，选用酸性焊条。

c. 要求全位置焊接的，应选用钛钙型焊条。力学性能要求不高，焊件清洁有困难的，可选用氧化铁型焊条。

d. 对有特殊性能要求的钢，如耐热钢和不锈钢等，以及铸铁、有色金属，应选用相应的专用焊条，以保证焊缝金属的主要成分与母材相同。

3. 手工电弧焊工艺

（1）接头型式 由于焊件的结构形状、厚度及使用条件不同，常用的接头型式有对接接头、T形接头、角接接头及搭接接头，如图 9-9 所示。

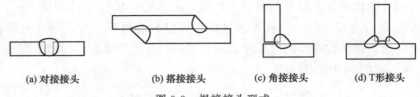

图 9-9 焊接接头型式

（2）坡口型式 为了使焊缝根部能焊透，一般在焊件厚度大于 3～6mm 时应开坡口，坡口型式有Ⅰ形、V形、X形、K形、U形等，常见的坡口型式如图 9-10 所示。开坡口时要留钝边（沿焊件厚度方向未开坡口的端面部分），以防止烧穿，并留一定间隙使根部能焊透。选择坡口、间隙时，主要考虑保证焊透、坡口容易加工、节省焊条及焊后变形量小。

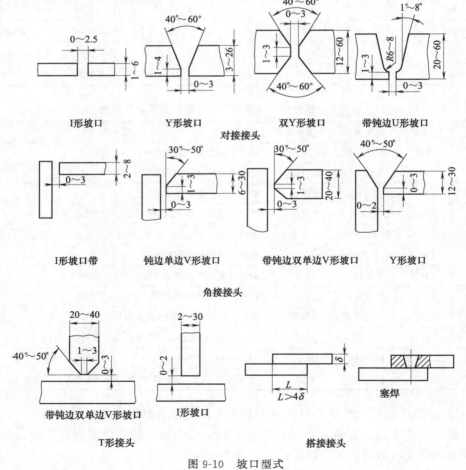

图 9-10 坡口型式

（3）焊接位置 焊接位置可根据焊缝空间位置的不同，分为平焊、横焊、立焊和仰焊。

由于平焊操作容易,劳动强度小,熔滴容易过渡,熔渣覆盖较好,焊缝质量较高,因此应尽量采用平焊。

(4) 焊接工艺参数　包括焊条牌号、焊条直径、弧焊电源、焊接电流、电弧电压、焊接速度和焊接层数等。选择合适的工艺参数,对提高焊接质量和生产效率是十分重要的。

① 焊条直径的大小与焊件的厚度、焊件的位置、焊接层数有关。

a. 厚度较大的焊件应选用直径较大的焊条;反之,薄件应选用小直径的焊条。

b. 焊件平焊时,焊条直径应比其他位置大一些;立焊时焊条直径最大不应超过 5mm;仰焊、横焊时焊条最大直径不应超过 4mm;这样可减少熔化金属的下淌。

c. 焊接层数是多层时,为了防止根部焊不透,应采用多道焊,对第一层焊道,应采用直径较小的焊条进行焊接,以后各层可根据焊件厚度选用较大直径的焊条。在焊接低碳钢及普通低合金钢等中厚钢板的多层焊时,每层厚度最好不大于 4~5mm。一般进行平焊时,焊条直径的选择可根据焊件厚度确定,见表 9-4。

表 9-4　焊条直径的选择

焊件厚度/mm	≤1.5	2	3	4~6	7~12	≥13
焊条直径/mm	1.6	2	2.5~3.2	3.2~4.0	4.0~5.0	4.0~6.0

② 焊接电流是影响接头质量和焊接生产率的主要因素之一,必须选用得当。电流过大,会使焊条芯过热,药皮脱落,会造成焊缝咬边、烧穿、焊瘤等缺陷,同时金属组织也会因过热而发生变化;若电流过小,则容易造成未焊透、夹渣等缺陷。焊接时决定焊接电流的依据很多,如焊条类型、焊条直径、焊件厚度、接头型式、焊缝位置和焊接层数等,但主要取决于焊条直径和焊缝位置。

a. 焊条直径愈大,熔化焊条所需要的电弧热能就愈多,焊接电流应相应增大。焊接电流与焊条直径的关系见表 9-5。

表 9-5　焊接电流的选择

焊条直径/mm	1.6	2.0	2.5	3.2	4.0	5.0	6.0
焊接电流/A	25~40	40~65	50~80	100~130	160~210	260~270	260~300

b. 焊接电流与焊缝位置有关,焊接平焊缝时,由于运条和控制熔池中的熔化金属比较容易,因此可选用较大的电流进行焊接。但其他位置焊接时,为了避免熔化金属从熔池中流出,要使熔池小些,焊接电流相应也要小些,一般小于 10%~20%。

c. 焊接电流大小与焊道层次有关。通常焊接打底焊道时,特别是焊接单面焊双面成形的焊道时,使用的焊接电流要小些,这样才便于操作和保证背面焊道的质量;焊填充焊道时,为提高效率,通常使用较大的焊接电流;而焊盖面焊道时,为防止咬边和获得较美观的焊缝,使用的电流稍小些。

另外,碱性焊条选用的焊接电流比酸性焊条小 10% 左右。不锈钢焊条选用的焊接电流比碳钢焊条小 20% 左右。

③ 电弧电压是根据操作的具体情况灵活掌握的,其原则一是保证焊缝具有合乎要求的尺寸和外形,二是保证焊透。电弧电压主要决定于弧长:电弧长,电弧电压高;电弧短,电弧电压低。在焊接过程中,一般希望弧长始终保持一致,而且尽可能用短弧焊接。

④ 在保证焊缝所要求的尺寸和质量的前提下,焊接速度根据操作技术灵活掌握。速度

过慢，热影响区加宽，晶粒粗大，变形也大；速度过快，易造成未焊透、未熔合、焊缝成形不良等缺陷。

二、气焊与气割

气焊是利用氧气和可燃气体混合燃烧所产生的热量，使焊件和焊丝熔化而进行的焊接方法。

气焊主要是采用氧-乙炔火焰。火焰温度比电弧温度低，生产率低，因此不如电弧焊广泛。但气焊也有它的优点，例如，对焊件输入热量调节方便，熔池温度、形状及焊缝尺寸等容易控制，设备简单，操作灵活方便，特别适合薄件和铸铁焊补等。

1. 氧-乙炔焰

氧-乙炔焰是乙炔和氧混合后燃烧产生的火焰。氧-乙炔焰的温度分布取决于氧和乙炔的体积比，调节比值可获得3种性质不同的火焰，如图9-11所示。

（1）中性焰　中性焰也叫正常焰，氧-乙炔体积比为1.1~1.2。中性焰的温度分布如图9-12所示，火焰由焰心、内焰和外焰组成，内焰温度可达3150℃。中性焰是应用最广泛的一种火焰，常用于低碳钢、中碳钢、不锈钢、紫铜、铝及铝合金等金属的焊接。

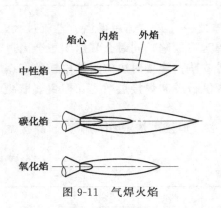

图9-11　气焊火焰

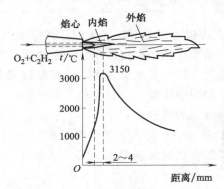

图9-12　中性焰的温度分布

（2）碳化焰　氧-乙炔体积比小于1.1。火焰较长，焰心轮廓不清。乙炔过多时，产生黑烟。碳化焰最高温度为2700~3000℃，常用于铸铁、高碳钢、高速钢、硬质合金等材料的焊接。

（3）氧化焰　氧-乙炔体积比大于1.2。焰心短，内焰区消失，整个火焰长度变短，燃烧有力，火焰温度最高可为3100~3300℃。火焰具有氧化性，影响焊缝质量，应用较少。但焊接黄铜及镀锌薄钢板时，能使熔池表面形成一层氧化薄膜，可防止锌的蒸发。

2. 气焊设备及工具

气焊设备及工具包括氧气瓶、减压瓶、乙炔发生器或乙炔瓶、回火防止器或火焰止回器、胶管及焊炬等，如图9-13所示。

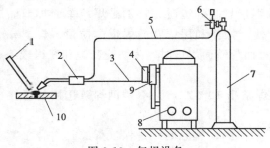

图9-13　气焊设备

1—焊丝；2—焊炬；3—乙炔胶管；4—回火防止器；5—氧气胶管；6—减压器；7—氧气瓶；8—乙炔发生器；9—过滤器；10—焊件

(1) 氧气瓶　氧气瓶是贮存和运输氧气的高压容器，为特制的无缝钢瓶。瓶色为天蓝色并有黑色"氧气"字样。容积一般为 40L，氧气压力为 14.7MPa，贮存量约为 6m³。在使用时应注意不允许沾染油脂、撞击或受热过高，以防爆炸。

(2) 减压器　减压器用来显示氧气瓶内气体的压力，并将瓶内高压气体调节成工作需要的低压气体，同时保持输入气体的压力和流量稳定不变。

(3) 乙炔发生器　乙炔发生器是利用电石和水相互作用而制取乙炔的设备。

(4) 乙炔瓶　乙炔瓶是贮存和运输乙炔的容器。其外形同氧气瓶相似，但构造较复杂。瓶体内装有能吸收丙酮的多孔填料。乙炔特易溶于丙酮。使用时，溶解在丙酮中的乙炔分解出来，而丙酮仍留在瓶内。瓶装乙炔具有气体纯度高、不含杂质、压力高、火焰稳定、设备轻便、比较安全、易于保持场地清洁等优点。因此，瓶装乙炔的应用日趋广泛。乙炔瓶漆成白色，并有红色"乙炔不可近火"字样。容积一般为 30L，工作压力为 1.47MPa，可贮存 4500L 乙炔。乙炔瓶必须注意使用安全，严禁震动、撞击、泄露，必须直立，瓶体温度不得超过 40℃，瓶内气体不得用完，剩余气体压力不低于 0.098MPa。

(5) 回火防止器　气焊气割时，由于某种原因使混合气体的喷射速度小于其燃烧速度，火焰逆流入乙炔管路，这种现象称为回火。燃烧气体回火蔓延到乙炔发生器，就可能发生严重的爆炸事故。回火防止器就是防止乙炔回火导致事故的安全装置。

正常工作时，乙炔发生器产生的乙炔进入止回阀，经水清洗后，从乙炔出口管送往焊炬。回火时，高温高压的燃烧气体经乙炔出口管倒流入回火防止器筒内，将水下压，关闭止回阀，切断乙炔气源。同时推开安全阀，燃烧气体排入大气，防止火焰回烧至乙炔发生器而造成事故。

(6) 焊炬（焊枪）　焊炬使氧气与乙炔均匀地混合，并能调节其混合比例，以形成适合焊接要求稳定燃烧的火焰。焊炬的外形如图 9-14 所示。打开焊炬的氧气与乙炔阀门，两种气体便进入混合室内均匀地混合，从焊嘴喷出，点火燃烧。焊嘴可根据不同焊件而调换，一般焊炬备有 5 种大小不同的焊嘴。

图 9-14　焊炬

(7) 胶管　胶管是用来输送氧气和乙炔的，要求有适当长度（不能短于 5m）和能承受一定的压力。氧气管为红色，允许工作压力为 1.5MPa；乙炔管为黑色或绿色，允许工作压力为 0.5MPa。

3. 气焊工艺

气焊可进行平、立、横及仰焊各种位置的焊接，接头型式以对接为主，角接用于薄钢板焊接，搭接及 T 字接头由于焊件变形较大，应用很少。

火焰的能率主要是根据每小时可燃气体（乙炔）的消耗量（升）来确定的。气体消耗量又取决于焊嘴的大小。焊件愈厚，导热性愈好，熔点愈高，选择的气焊火焰能率就愈大。焊接低碳钢和低合金钢时，可按下列公式计算

$$V = (100 \sim 200)\delta$$

式中　V——火焰能率（或乙炔消耗量），L/h；

δ——钢板厚度，mm。

计算出乙炔消耗量后，选择焊炬和焊嘴号数。相应焊嘴与乙炔消耗量见表 9-6。

表 9-6 焊嘴与乙炔消耗量

焊嘴号码	1	2	3	4	5
乙炔消耗量/(L/h)	170	240	280	330	430

气焊的焊丝直径主要根据焊件的厚度和坡口形式来决定。低碳钢气焊时，一般用直径为 1~6mm 的焊丝。板愈厚，焊丝直径也愈大。

气焊为了去除焊接过程中产生的氧化物，保护焊接熔池，改善熔池金属流动性和焊缝成形质量等，在焊接过程中应添加助熔剂（气焊粉）。除低碳钢不必使用气焊粉外，其他材料气焊时，应采用相应的气焊粉，例如，F101（粉 101）用于不锈钢、耐热钢，F201（粉 201）用于铸铁，F301（粉 301）用于铜及铜合金，F401（粉 401）用于铝合金。

4. 气焊基本操作

(1) 点火　点火前应先用氧气吹除气道中灰尘、杂质，再微开氧气阀门，后打开乙炔阀门，最后点火。这时的火焰是碳化焰。

(2) 调节火焰　点火后，逐渐打开氧气阀门，将碳化焰调整为中性焰，同时，按需要把火焰大小调整到合适状态。

(3) 灭火　灭火时，应先关乙炔阀门，后关氧气阀门。

(4) 回火　焊接中若出现回火现象，首先应迅速关闭乙炔阀门，再关氧气阀门，回火熄灭后，用氧气吹除气道中烟灰，再点火使用。

(5) 施焊　施焊时，左手握焊丝，右手握焊炬，沿焊缝向左或向右进行焊接。正常焊接时，焊嘴与焊件的夹角 α 保持在 30°~50°范围内。

5. 气割

(1) 气割原理及气割条件　气割是用预热火焰把金属表面加热到燃点，然后打开切割氧气，使金属氧化燃烧放出巨热，同时，将燃烧生成的氧化熔渣从切口吹掉，从而实现金属切割的工艺。气割要获得平整优质的割缝，被割金属材料应具备以下几个条件：

① 金属的燃点应低于其熔点，否则形成熔割，使切口凹凸不平；

② 金属氧化物的熔点应低于基本金属的熔点，否则高熔点的氧化物就会阻碍下层金属与氧气接触，而使切割中断；

③ 金属导热性要低。

含碳量 0.4%以下的中、低碳钢完全可以满足上述条件，顺利切割。当碳钢含碳量为 0.4%~0.7%时，要预热后再进行切割。切割高碳钢和强度高的低合金钢时，有淬硬和冷裂倾向，要采取提高预热火焰功率、降低切割速度或将割件预热等措施。

(2) 气割设备及工具　气割设备与气焊设备基本相同，但割炬与焊炬不同。割炬与焊炬相比，多一个切割氧气的开关及通道。割嘴中间部分为氧气通道，其四周呈环状或梅花状孔，并同心布置成预热火焰的喷口，如图 9-15 所示。

(3) 气割应用范围　气割具有设备简单、操作方便、切割厚度范围广等优点，广泛应用于碳钢和低合金钢的切割。除用于钢板下料外，还用于铸钢、锻钢件毛坯的切割。

图 9-15　割炬

三、埋弧自动焊

1. 焊接原理

埋弧自动焊是将焊条电弧焊的操作动作由机械化、自动化来完成，是电弧在焊剂层下燃烧的一种熔焊方法。焊接电源两极分别接在导电嘴和工件上，熔剂由漏斗管流出，覆盖在工件上，焊丝经送丝轮和导电嘴进入焊接电弧区，焊丝末端在焊剂下与工件之间产生电弧，电弧热使焊丝、工件、熔剂熔化，形成熔池，如图9-16 所示。

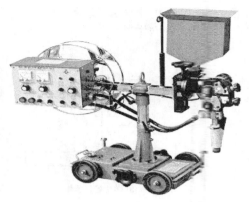

图 9-16　埋弧自动焊

2. 焊接的特点及应用

（1）埋弧自动焊特点　埋弧自动焊具有生产率高、焊接质量高而稳定、节省金属和电能、劳动条件好、无弧光、无烟雾、机械操作等优点，但适应性较差。

（2）埋弧自动焊应用　埋弧自动焊可用于制造船舶、车辆、容器等。

四、二氧化碳气体保护焊

1. 焊接原理

二氧化碳气体保护焊分为自动焊和半自动焊，用二氧化碳气体从喷嘴喷出保护熔池，用电弧热熔化金属，焊丝由送丝轮经导电嘴送进，如图9-17 所示。

2. 二氧化碳气体保护焊特点及应用

（1）二氧化碳气体保护焊特点　二氧化碳气体保护焊具有生产率高、焊接质量好、成本低、操作性能好等优点，但飞溅大，烟雾大，易产生气孔，设备贵。

（2）二氧化碳气体保护焊应用　二氧化碳气体保护焊适用于机车、造船、机械化工等。

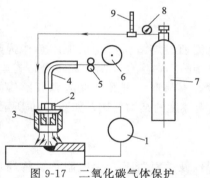

图 9-17　二氧化碳气体保护

1—焊接电源；2—导电嘴；3—焊炬喷嘴；
4—送丝软管；5—送丝机构；6—焊丝盘；
7—CO_2 气瓶；8—减压器；9—流量计

五、氩弧焊

氩弧焊，是使用氩气作为保护气体的一种焊接技术，又称氩气体保护焊，就是在电弧焊的周围通上氩气保护气体，将空气隔离在焊区之外，防止焊区的氧化。由于在高温熔融焊接中不断送上氩气，使焊材不能和空气中的氧气接触，从而防止了焊材的氧化，因此可以焊接不锈钢、高温合金、钛合金、铝合金等材料。

氩弧焊按照电极的不同分为熔化极氩弧焊和非熔化极氩弧焊两种。

1. 熔化极氩弧焊

以连续送进的金属丝做电极并填充焊缝，可采用自动焊或半自动焊，可选较大的焊接电流，适用板材厚度在 25mm 以下的焊件，如图 9-18（a）所示。

2. 非熔化极氩弧焊（钨极氩弧焊）

常用钨棒电极，焊接时钨棒仅有少量损耗。焊接电流不能过大，只能焊 4mm 以下的薄板。焊钢材板采用直流正接法；焊铝、镁合金采用直流反接法或交流电源（交流电将减少钨极损耗，如图 9-18（b）所示。

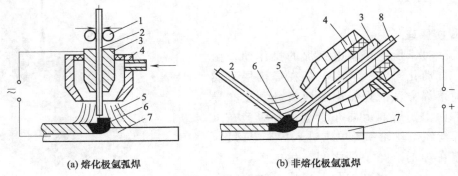

(a) 熔化极氩弧焊　　(b) 非熔化极氩弧焊

图 9-18　氩弧焊

1—送丝轮；2—焊丝；3—导电嘴；4—喷嘴；5—保护气体；6—电弧；7—母材；8—钨极

3. 氩弧焊特点及应用

（1）氩弧焊特点　氩弧焊具有保护作用好、热影响区小、操作性能好等优点。但氩气成本高，设备贵。

（2）氩弧焊应用　氩弧焊适用于铝、铜、镁、钛、不锈钢、耐热钢等焊接。

六、电渣焊

电渣焊是利用电流通过熔渣所产生的电阻热作为热源来熔化金属进行焊接的。它生产率高，成本低，省电、省熔剂，焊缝缺陷少，不易产生气孔、夹渣和裂纹等缺陷，适用于 40mm 以上厚度的结构焊接，如图 9-19 所示。

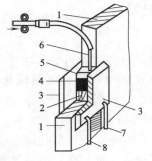

图 9-19　电渣焊

1—焊件；2—焊缝；3—冷却铜滑块；4—熔池；
5—渣池；6—焊丝；7、8—冷却水进、出口

七、电阻焊

利用电流通过焊件及接触处，产生电阻热，将局部加热到塑性或半熔化状态，在压力下形成接头。电阻焊根据接头形式不同可分为点焊、缝焊、对焊。

1. 点焊

点焊是把清理好的薄板放在两电极之间，夹紧通电，接触面产生电阻热，使其熔化，在压力下使焊件焊在一起。电极通水冷却。点焊质量与焊接电流、通电时间、电极电压、工件清洁程度有关。相邻两点要有足够的距离，如图 9-20 所示。

2. 缝焊

缝焊与点焊相似，称为重叠点焊，用旋转盘状电极代替柱状电极，焊接时滚盘压紧工件并转动，继续通电，形成连续焊点，如图 9-21 所示。

3. 对焊

（1）电阻对焊　把工件加压，使焊件压紧，然后通电，产生电阻热，加热至塑性状态，断电加压，使工件焊到一起。电阻对焊操作简便，接头光滑且要清理，适于要求不高的一些工件，如图 9-22 所示。

（2）闪光对焊　工件夹好后通电，点接触，点熔化，在电磁力作用下，液体金属发生爆炸，产生闪光，送进工件全部熔化，断电加压使金属工件焊到一起。闪光对焊的热影响区小，质量好，适于直径小于 20mm 的棒料，如图 9-23 所示。

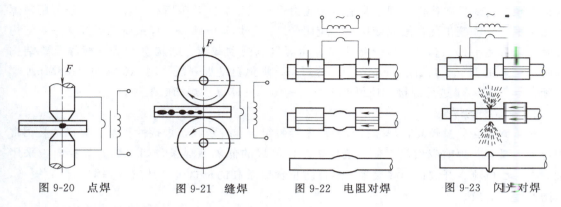

图 9-20 点焊　　图 9-21 缝焊　　图 9-22 电阻对焊　　图 9-23 闪光对焊

4. 电阻焊特点及应用

（1）电阻焊特点　接头质量好，热影响区小；生产率高，易于机械自动化；不需添加金属和焊剂；劳动条件好，焊接过程中无弧光，噪声小，烟尘和有害气体少；电阻焊件结构简单，重量轻，气密性好，易于获得形状复杂的零件。但耗电量大，设备贵。

（2）电阻焊应用

① 点焊主要用于厚度<4mm 的薄板冲压结构、金属网及钢筋等。

② 缝焊主要用于焊缝较规则、板厚<3mm 的密封结构。

③ 对焊主要用于制造封闭形零件。

常用焊接方法的应用见表 9-7。

表 9-7　常用焊接方法的应用

焊接方法	比较项目				
	热源	主要接头形式	焊接位置	常用钢板厚度/mm	焊件材料
气焊	化学热	对接、卷边接	全	0.5～3	碳钢、合金钢、铸铁、铜及其合金
手弧焊	电弧热	对接、搭接、T形接	全	3～20	碳钢、合金钢、铸铁、铜及其合金
埋弧焊			平	6～60	碳钢、合金钢
氩弧焊			全	0.5～25	铝、铜、镁、钛及其合金、耐热钢、不锈钢
CO_2保护焊				0.8～30	碳钢、低合金钢、不锈钢
电渣焊	熔渣电阻热	对接	立	35～400	碳钢、低合金钢、不锈钢、铸铁
对焊	电阻热	对接	平	电阻对焊≤20	碳钢、低合金钢、不锈钢、铝及合金、闪光对焊异种金属
点焊		搭接	全	0.5～3	低碳钢、低合金钢、不锈钢、铝及其合金
缝焊			平	<3	
钎焊	各种热源	搭接、套接		—	碳钢、合金钢、铸铁、铜及其合金

单元三　常用金属材料的焊接

一、碳钢的焊接

1. 低碳钢的焊接

含碳量小于 0.25% 的低碳钢焊接性优良。焊接时，不需采用特殊的工艺措施，就能获得优质的焊接接头。但在低温下焊接刚度较大的构件时，焊前

常用金属材料的焊接

应适当预热。对重要构件，焊后常进行去应力退火或正火。几乎所有的焊接方法都可用来焊接低碳钢，并能获得优良的焊接接头。应用最多的是焊条电弧焊，焊条电弧焊焊接一般结构件时，可选用J421、J422、J423等焊条，而焊接承受动载荷、结构复杂或厚板等重要结构件时，可选用J426、J427、J506、J507等焊条。埋弧自动焊一般采用H08A或H08MnA焊丝配合焊剂HJ431进行焊接。还可以采用电渣焊、气体保护焊和电阻焊。

2. 中碳钢的焊接

中碳钢的含碳量较高，焊接接头易产生淬硬组织和冷裂纹，焊接性较差。焊接这类钢常用焊条电弧焊，焊前应预热工件，选用抗裂性能好的低氢型焊条，如J507。焊接时，采用细焊条、小电流、开坡口、多层焊，尽量防止含碳量高的母材过多地熔入焊缝。焊后缓冷，以防产生冷裂纹。

3. 高碳钢的焊接

高碳钢的含碳量大于0.60%，焊接特点与中碳钢基本相似，但焊接性更差。这类钢一般不用来制作焊接结构，仅用焊接进行修补工作。常采用焊条电弧焊或气焊修补，焊前一般应预热，焊后缓冷。

二、低合金高强度结构钢的焊接

低合金高强度结构钢的含碳量属于低碳钢范围，但由于化学成分不同，其焊接性也不同，如表9-8所示。常用焊条电弧焊和埋弧自动焊进行焊接，一般不需采取特殊工艺措施。但若工件刚度和厚度大，或在低温下焊接时，应适当增大焊接电流，减慢焊接速度。以Q345钢为例，其在不同环境下的预热温度如表9-9所示。焊接时，应调整焊接规范来严格控制热影响区的冷却速度，焊后应及时进行热处理，以消除应力。

表9-8 低合金结构钢焊接材料选用表

强度等级/MPa	钢号	碳当量/%	焊条电弧焊焊条	埋弧焊 焊丝	埋弧焊 焊剂	预热温度/℃
294	Q295	0.36	J422、J427	H08A、H08MnA	HJ431	一般不预热
343	Q345	0.39	J502、J507、J506	H08A(不开坡口) H08MnA(开坡口) H10Mn2(开坡口)	HJ431	一般不预热
392	Q390	0.4	J502、J507、J506、J557	不开坡口对接 H08MnA0	HJ431	厚板100~150
				中板开坡口 H10Mn2 H08Mn2SiA	HJ431	
				厚板深坡口 H08MnMoA	HJ350 HJ250	
443	Q420	0.43	J507 J607	H08MnMoA H08MnVTiA	HJ431 HJ350	≥150
491	14MnMoV 18MnMoNb	0.50 0.55	J607 J707	H08Mn2MoA H08Mn2MoVA	HJ250 HJ350	≥200

表 9-9　不同环境下焊接 Q345 钢的预热温度

板厚/mm	不同气温下的预热温度
16 以下	不低于-10℃不预热，-10℃以下预热到 100~150℃
16~24	不低于-5℃不预热，-5℃以下预热到 100~150℃
25~40	不低于 0℃不预热，0℃以下预热到 100~150℃
40 以上	均预热到 100~150℃

三、不锈钢的焊接

奥氏体不锈钢中应用最广的是 1Cr18Ni9 钢，这类钢焊接性良好。焊接时，一般不需采取特殊工艺措施，常用焊条电弧焊和钨极氩弧焊进行焊接，也可用埋弧自动焊。焊条电弧焊时，选用与母材化学成分相同的焊条；氩弧焊和埋弧自动焊时，选用的焊丝应保证焊缝化学成分与母材相同。

焊接奥氏体不锈钢的主要问题是晶界腐蚀和热裂纹。为防止腐蚀，应合理选择母材和焊接材料，焊接时应采用小电流、快速焊、强制冷却等措施。为防止热裂纹，应严格控制磷、硫等杂质的含量，焊接时应采用小电流、焊条不摆动等工艺措施。

四、铸铁的补焊

铸铁含碳量高、杂质多、塑性低、焊接性差，故只用焊接来修补铸铁件缺陷和修理局部损坏的零件。补焊铸铁的主要问题是易出现白口组织和产生裂纹。目前，生产中补焊铸铁的方法有热焊和冷焊两种。

(1) 热焊　焊前将工件整体或局部预热到 600~700℃，补焊过程中温度不低于 400℃，焊后缓冷。这样，可有效地减少焊接接头的温差以减小应力，还可改善铸铁件的塑性，防止出现白口组织和裂纹。常用的焊接方法是气焊与焊条电弧焊。气焊时用铸铁气焊丝，如 HS401（4—铸铁类型；01—编号）或 HS402，配用焊剂 CJ201 以去除氧化物。气焊预热方便，适于补焊中小型薄壁件。焊条电弧焊时，选用铸铁芯铸铁焊条 Z248 或钢芯铸铁焊条 Z208，此法主要用于补焊厚度较大的铸铁件。

(2) 冷焊　焊前对工件不预热或预热温度较低，常用焊条电弧焊进行铸铁冷焊。根据铸件的工作要求，可选用不同的铸铁焊条，如补焊一般灰铸铁件非加工面选用 Z100 焊条，补焊高强度灰铸铁件及球墨铸铁件选用 Z116 或 Z117 焊条。焊接时，应选用小电流、分段焊、短弧焊等工艺，焊后立即轻轻锤击焊缝，以减少焊接应力，防止产生裂纹。

五、铝及铝合金的焊接

焊接铝及铝合金的主要问题是易氧化和产生气孔。铝极易被氧化，生成难熔（熔点为 2050℃）、致密的氧化铝薄膜，且密度比铝大。焊接时，氧化铝薄膜阻碍金属熔合，并易形成夹杂使铝件脆化。液态铝能大量溶解氢，而固态铝几乎不溶解氢（氢气是水在焊接时发生分解产生的），又因为铝的导热性好，焊缝冷凝较快，故氢气来不及逸出而形成气孔。此外，铝及铝合金由固态加热至液态时无明显的颜色变化，故难以掌握加热温度，易烧穿工件。焊接铝及其合金常用的方法有氩弧焊、电阻焊、钎焊和气焊。氩弧焊时，由于氩气保护效果好，故焊缝质量好，成形美观，焊接变形小，接头耐蚀性好。为保证焊接质量，焊前应严格清洗工件和焊丝，并使其干燥。氩弧焊多用于焊接质量要求高的构件，所用的焊丝成分应与工件成分相同或相近。电阻焊焊接铝及铝合金时，焊前必须清除工件表面的氧化膜，焊接时应采用大电流。对焊接质量要求不高的铝及铝合金构件，可采用气焊。焊前须清除工件表面的氧化膜，焊接时用焊剂 CJ401 去除氧化膜，选用与母材化学成分相同的焊丝。为防止焊剂对工件的腐蚀，焊后应立即将残留焊剂冲洗掉。此法灵活方便，成本低，但焊接变形大，接头耐蚀性差，生产率低。通常用于焊接薄板（厚度为 0.5～2mm）构件和补焊铝铸件。

六、铜及铜合金的焊接

铜和铜合金的焊接性较差，主要的问题是难熔合、易变形、产生热裂纹和气孔。铜和某些铜合金的热导率大（比钢大 7～11 倍），焊接时热量扩散快，使母材与填充金属难以熔合。因此，要采用大功率热源，且焊前和焊接过程中要预热。铜的线膨胀系数和收缩率比较大，而且铜及大多数铜合金导热能力强，使热影响区加宽，导致较大的焊接变形；铜在液态时易氧化，生成的 Cu_2O 与 Cu 形成低熔点脆性共晶体，其共晶温度为 1065℃，低于铜的熔点（1083℃），使焊缝易产生热裂纹；铜液能溶解大量氢气，凝固时溶解度急剧下降，又因铜的导热能力强，熔池冷凝快，若氢气来不及逸出，将在焊缝中形成气孔。

焊接紫铜时，因焊缝含有杂质及合金元素，组织不致密等，所以接头导电性也有所降低。焊接黄铜时，锌易氧化和蒸发（锌的沸点为 907℃），使焊缝的力学性能和耐蚀性能降低，且对人体有害，焊接时应采用加强通风等措施。

焊接铜及铜合金常用的方法有氩弧焊、气焊、焊条电弧焊、埋弧焊和钎焊等。钨极氩弧焊和气焊主要用于焊接薄板（厚度为 1～4mm）。焊接板厚为 5mm 以上的较长焊缝时，宜采用埋弧焊和熔化极氩弧焊。

焊接铜及铜合金时，一般采用与母材成分相同的焊丝。氩弧焊、气焊焊接紫铜时，焊丝为 HS201 和 HS202；气焊黄铜常用焊丝 HS224，氩弧焊黄铜采用 HS211 焊丝。铜和铜合金气焊时，还需采用气焊焊剂 CJ301，以去除氧化物。焊条电弧焊焊接紫铜时，采用紫铜电焊条 T107。焊接黄铜时用 T227 焊条。

七、不锈钢与碳素钢的焊接

不锈钢与碳素钢的焊接特点与不锈钢复合板相似。在碳钢一侧若有合金元素渗入，会使金属硬度增加、塑性降低，易导致裂纹的产生。在不锈钢一侧，则会导致焊缝合金成分稀释而降低焊缝金属的塑性和耐腐蚀性。对于要求不高的不锈钢与碳素钢焊接接头，可用奥 107、奥 122 等焊接。为了使焊缝金属获得双相组织——奥氏体＋铁素体，提高其抗裂性和力学性能，则可采用高铬镍焊条，如奥 302、奥 307、奥 402、奥 407 等焊条进行焊接，也可以采用隔离层焊接，即先在碳钢的坡口边缘堆焊一层高铬镍焊条（如 25-13 型和 25-20 型焊条）的堆敷层，再用一般的不锈钢焊条焊接。

八、铸铁与低碳钢的焊接

1. 气焊

因铸铁的熔点低，为了使铸铁和低碳钢在焊接时能同时熔化，则必须对低碳钢进行焊前预热，焊接时气焊火焰要偏向低碳钢一侧。焊接时选用铸铁焊丝和焊粉，使焊缝能获得灰铸铁组织，火焰应是中性焰或轻微的碳化焰。焊后可继续加热焊缝或用保温方法使之缓慢冷却。

2. 电弧焊

铸铁与低碳钢电弧焊时，可用碳钢焊条或铸铁焊条。用碳钢焊条时，可先在铸铁件坡口上用镍基焊条堆焊 4～5mm 隔离层，冷却后再进行装配点焊。焊接时，每焊 30～40mm 后，锤击焊缝，以消除应力。当焊缝冷却到 70～80℃时再继续焊接。对要求不高的焊件可用结 422 焊条，但易产生热裂纹。若用结 506（结 507）焊接，可以减少焊缝的热裂倾向。用碳钢焊条焊接，可以得到碳钢组织的焊缝金属，只是在堆焊层有白口组织。当用铸铁焊条焊接时，可用钢芯石墨型焊条铸 208、钢芯铸铁焊条铸 100 等。用铸 208 焊条焊接时，焊缝金属为灰铸铁，因此可先在低碳钢上堆焊一层，然后与铸铁点固焊接。用铸 100 焊条焊接时，焊缝金属是碳钢组织，应在铸铁件上先堆焊一层，然后再与碳钢件点固焊接。

3. 钎焊

铸铁与低碳钢钎焊时，用氧乙炔火焰加热，用黄铜丝作钎料。钎焊的优点是焊件本身不熔化；熔合区不会产生白口组织，接头能达到铸铁的强度，并具有良好的切削加工性能。焊接时热应力小，不易产生裂纹。钎焊的缺点是黄铜丝价格高及铜渗入母材晶界处造成脆性。钎焊的钎剂可用硼砂或硼砂加硼酸的混合物。焊前坡口要清理干净，用氧化焰可以提高钎焊强度及减少锌的蒸发。为了减少焊接时造成的应力，焊接长焊缝时宜分段施焊，每段以 80mm 为宜。第一段填满后待温度下降到 300℃以下时，再焊第二段。

九、钢与铜及其合金的焊接

钢和铜在高温时的晶格类型、晶格常数、原子半径都很接近，这当然对焊接有利，但熔点、热导率、膨胀系数等差异较大，给焊接造成一定的困难。

1. 低碳钢与铜及其合金的焊接

紫铜与低碳钢焊接时，可采用紫铜作为填充金属材料，并使焊缝中铁的含量控制在 10%～43% 为佳。为此，手弧焊焊接 T2 紫铜与 Q255 钢时，选用 T2 焊条。钨极氩弧焊时，为加强熔池的脱氧作用，可以采用硅锰青铜 QSi3-1 焊丝。低碳钢与硅青铜和铝青铜焊接时，可采用铝青铜作填充金属材料，如铝锰青铜 QAl9-2 等。低碳钢与铁白铜 BFE5-1 焊接时，可采用 BFE5-1 作为填充材料。纯镍和含铜的镍基合金是焊接低碳钢与铜及其合金较好的填充材料。紫铜预热温度为 600～700℃，铜合金为 430～480℃。焊接时，将电弧移至铜及铜合金一侧。

2. 不锈钢与铜及其合金的焊接

纯镍是焊接奥氏体不锈钢与铜及其合金时最好的填充材料。因为镍在液态或固态下都能与铜无限互溶，从而能极大地排除铜的有害作用，而且还能有效地防止渗透裂纹。

单元四　焊接结构工艺

一、焊接结构材料的选择

焊接结构材料在满足工作性能要求的前提下，应优先考虑选择焊接性较好的。低碳钢和碳当量小于 0.4% 的低合金钢都具有良好的焊接性，设计中应尽量选用；含碳量大于 0.4% 的碳钢、碳当量大于 0.4% 的合金钢，焊接性不好，设计时一般不宜选用，若必须选用，应在设计和生产工艺中采取必要措施。

强度等级较高的低合金结构钢，焊接性能虽然差些，但只要采取合适的焊接材料与工艺，也能获得令人满意的焊接接头。设计强度要求高的重要结构可以选用。

强度等级低的合金结构钢，焊接性与低碳钢基本相同，钢材价格也不贵，而强度却能显著提高。条件允许时应优先选用。

镇静钢脱氧完全，组织致密，质量较高，重要的焊接结构应选用。

沸腾钢含氧量较高，组织成分不均匀，焊接时易产生裂纹。厚板焊接时还可能出现层状撕裂。因此不宜用作承受动载荷或严寒下工作的重要焊接结构件以及盛装易燃、有毒介质的压力容器。

异种金属的焊接，必须特别注意它们的焊接性差异。一般要求接头强度不低于被焊钢材中的强度较低者，并应在设计中对焊接工艺提出要求，对焊接性较差的钢种采取措施，如预热或焊后热处理等。对不能用熔焊方法获得满意接头的异种金属应尽量不选用。

二、焊缝布置

（1）焊缝布置应尽可能分散，避免过分集中和交叉 焊缝密集或交叉会加大热影响区，使组织恶化，性能下降。两焊缝间距一般要求大于 3 倍板厚，如图 9-24 所示。

（2）焊缝应避开最大应力和应力集中部位 焊接接头往往是焊接结构的薄弱环节，存在残余应力和焊接缺陷。因此，焊缝应避开应力较大部位，尤其是应力集中部位。如焊接钢梁时焊缝不应

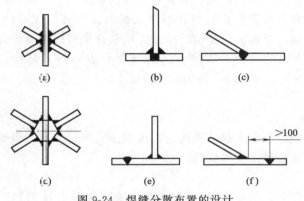

图 9-24 焊缝分散布置的设计
(a)、(b)、(c) 不合理；(d)、(e)、(f) 合理

在梁的中间而应如图 9-25 (d) 所示均分；压力容器一般不用平板封头、无折边封头，而应采用碟形封头（和球形封头）等，如图 9-25 (a)、(b)、(c) 所示。

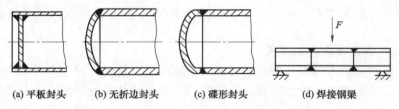

图 9-25 焊缝应避开最大应力和应力集中部位

（3）焊缝布置应尽可能对称 焊缝对称布置可使焊接变形相互抵消。如图 9-26 (a) 中，偏于截面重心一侧，焊后会产生较大的弯曲变形；图 9-26 (b)、(c) 焊缝对称布置，焊后不会产生明显变形。

（4）焊缝布置应便于焊接操作 手工电弧焊时，要考虑焊条能否到达待焊部位。点焊和缝焊时，应考虑电极能否方便进入待焊位置。如图 9-27、9-28 所示。

(5) 尽量减小焊缝数量　减少焊缝数量，可减少焊接加热，减少焊接应力和变形，同时减少焊接材料消耗，降低成本，提高生产率。图 9-29 所示是采用型材和冲压件减少焊缝的设计。

(6) 焊缝应尽量避开机械加工表面　有些焊接结构需要进行机械加工，为保证加工表面精度不受影响，焊缝应避开这些加工表面，如图 9-30 所示。

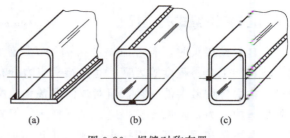

图 9-26　焊缝对称布置

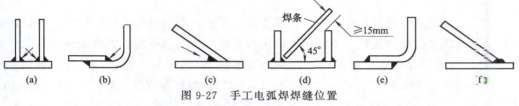

图 9-27　手工电弧焊焊缝位置
(a)、(b)、(c) 不合理；(d)、(e)、(f) 合理

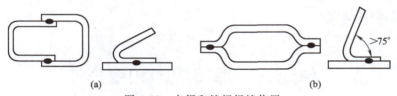

图 9-28　点焊和缝焊焊缝位置
(a) 不合理；(b) 合理

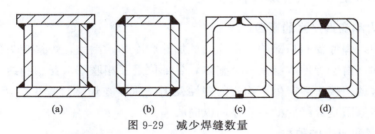

图 9-29　减少焊缝数量
(a)、(b) 用四块钢板焊成；(c) 用两根槽钢焊成；(d) 用两块钢板弯曲后焊成

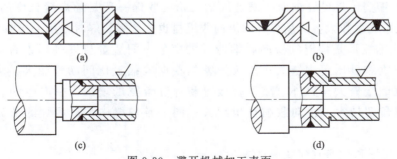

图 9-30　避开机械加工表面
(a)、(c) 不合理；(b)、(d) 合理

三、焊接接头型式的选择

选择焊接接头时，应考虑焊件结构形状、使用要求、焊件厚度、变形大小、焊条消耗量、坡口加工难易程度等因素。对接接头应力分布均匀，接头质量容易保证，节省材料，是焊接结构中应用最多的一种，但对焊前准备和装配要求较高。搭接接头应力分布复杂，易产生附加弯曲应力，降低接头强度，且不经济，但其焊前准备和装配要求比对接接头简单，常用于厂房屋架和桥梁等。当接头构成直角连接时，通常采用角接和 T 形接头。角接接头通常只起连接作用，不能用来传递载荷。T 形接头在船体结构中应用较广。

四、焊接坡口型式的选择

开坡口的目的是保证焊缝根部焊透，便于清除熔渣，获得较好的焊缝形状，坡口还能调节母材金属与填充金属的比例。不同板厚的工件其坡口型式也不同，如焊条电弧焊工件板厚<6mm 时，一般不开坡口，但重要的构件，当厚度为 3mm 时，就需开坡口。板厚在 6~26mm 时，应开 V 形坡口，这种坡口便于加工，但焊后焊件易变形。板厚在 12~60mm 时，可开 X 形坡口。在相同厚度情况下，X 形坡口比 V 形坡口能减小焊着金属量 1/2 左右，工件变形较小。带钝边 U 形坡口焊着金属量更少，工件变形也更小，但加工坡口较困难，一般用于较重要的焊接结构件。

单元五　焊接应力和变形

一、焊接应力和变形产生的原因及种类

1. 焊接应力和变形产生的原因

焊接过程中，焊件受到局部的、不均匀的加热和冷却，因此，焊接接头各部位金属热胀冷缩的程度不同。由于焊件本身是一个整体，各部位是互相联系、互相制约的，不能自由地伸长和缩短，这就使接头内产生不均匀的塑性变形，所以在焊接过程中会产生应力和变形。焊接变形的根本原因是焊缝的横向收缩和纵向收缩。

2. 焊接变形和应力的种类

（1）焊接变形的种类

① 纵向收缩变形是焊缝纵向收缩造成的变形。收缩一般是随焊缝长度的增加而增加。另外，母材线膨胀系数大，焊后焊件的纵向收缩量也大。多层焊时，第一层收缩量最大。

② 横向收缩变形是焊缝的横向收缩造成的变形。缩短量与许多因素有关，例如，对接焊缝的横向收缩量比角焊缝大；连续焊缝的横向收缩量比间断焊缝大；多层焊时，第一层焊缝的收缩量最大。另外，随母材板厚和焊缝熔宽的增加，横向收缩量也增加；同样板厚，坡口角度越大，横向收缩量也越大；同一条焊缝中，最后焊的部分，横向收缩量最大。

纵向收缩变形和横向收缩变形见图 9-31。

③ 角变形是指焊后构件两侧钢板离开原来位置向上跷起一个角度，见图 9-32。角变形

的大小以变形角 A 来进行量度。它是由横向收缩变形在焊缝厚度方向上不均匀引起的。

④ 弯曲变形是在焊接梁、柱、管道等焊件时发生的。焊缝的纵向收缩和横向收缩都将造成弯曲变形，如图 9-33 所示。

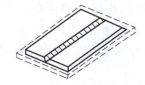

图 9-31　纵向和横向收缩变形

图 9-32　角变形

弯曲变形的大小以挠度 F 的数量来度量，如图 9-34 所示。F 是焊后焊件的中心轴离原焊件的中心轴的最大距离。挠度 F 越大，则弯曲变形越大。

⑤ 波浪变形容易在厚度小于 10mm 的薄板结构中产生。当薄板结构焊缝的纵向缩短使薄板边缘的应力超过一定数值时，在边缘会出现波浪式变形，如图 9-35 所示。

图 9-33　弯曲变形

图 9-34　弯曲变形的度量

图 9-35　波浪变形

⑥ 扭曲变形容易在梁、柱、框架等结构中产生，一旦产生，很难矫正。其原因是装配之后的焊接位置和尺寸不符合图样的要求，强行装配，焊件焊接时位置搁置不当，焊接顺序、焊接方向不当都会引起扭曲变形。工字梁的扭曲变形如图 9-36 所示。

⑦ 构件厚度方向和长度方向不在一个平面上叫错边变形，如图 9-37 所示。其原因在于装配质量不高或焊接本身的问题。

(2) 焊接应力的种类　按引起应力的基本原因分以下几种。

① 温度应力是焊接时温度分布不均匀而引起的应力，也称热应力。

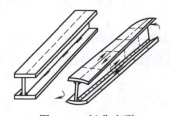

图 9-36　扭曲变形

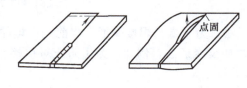

图 9-37　错边变形

② 焊接时由于温度变化引起金属的组织变化，这种组织变化引起金属局部的体积变化所产生的应力称为组织应力。

③ 在焊接时由于金属熔池从液态冷凝成固态，其体积收缩受到限制而产生的应力称为凝缩应力。

二、控制焊接残余变形的工艺措施和矫正方法

1. 控制焊接残余变形常用的工艺措施

(1) 选择合理的焊装顺序　采用合理的焊装顺序，对于控制焊接残余变形尤为重要。可

在结构总装后再进行焊接,以达到控制变形的目的。

(2) 选择合理的焊接顺序　对于不对称焊缝,应先焊焊缝少的一侧,后焊焊缝多的一侧,后焊的变形足以抵消前一侧的变形,使总体变形减小,如图 9-38 (a) 所示。随着结构刚性不断提高,一般先焊的焊缝容易使结构产生变形,这样,即使焊缝对称的结构,焊后也还会出现变形的现象,所以当结构具有对称布置的焊缝时,应尽量采用对称焊接,如图 9-38 (b) 所示。对于重要结构的工字梁,要采用特殊的焊接顺序,如图 9-38 (c) 所示。

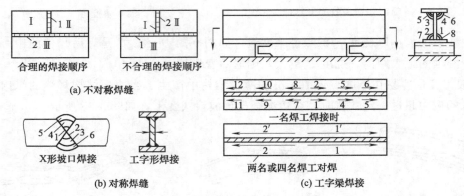

图 9-38　合理的焊接顺序

(3) 选择合理的焊接方法　长焊缝焊接时,直通焊变形最大,从中段向两端施焊变形有所减少,从中段向两端逐步退焊法变形最小,采用逐步跳焊也可以减少变形,如图 9-39 所示。

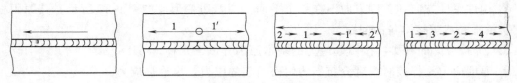

图 9-39　合理的焊接方法

(4) 反变形法　为了抵消焊接变形,焊前先在焊件上与焊接变形相反的方向进行人为的变形,这种方法叫反变形法。例如,为了防止对接接头的角变形,可以预先将焊接处垫高,如图 9-40 所示。

(5) 刚性固定法　焊前对焊件采用外加刚性拘束,强制焊件在焊接时不能自由变形,这种防止变形的方法叫刚性固定法。例如在焊接法兰盘时,将两个法兰盘背对背地固定起来,可以有效地减少角变形,如图 9-41 所示。应当指出,焊接后,去掉外加刚性约束,焊件上仍会残留一些变形,不过要比没有约束时小得多。

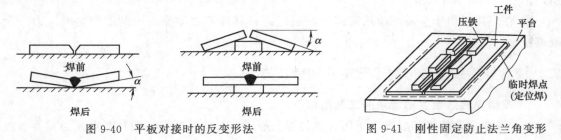

图 9-40　平板对接时的反变形法　　　　图 9-41　刚性固定防止法兰角变形

(6) 选用适当的线能量 焊接不对称的细长杆件时往往可以选用适当的线能量,而不用任何变形或刚性固定来克服弯曲变形。

(7) 散热法 焊接时用强迫冷却的方法将焊接区的热量散走,使受热面积大为减少,从而达到减少变形的目的,这种方法叫散热法。

(8) 自重法 利用焊件的自重来预防弯曲变形。

2. 焊接残余变形的矫正方法

(1) 机械矫正法 利用机械力的作用来矫正变形。对于低碳钢结构,可在焊后直接应用此法矫正;对于一般合金钢的焊接结构,焊后必须先消除应力,然后才能机械矫正。否则不仅矫正困难,而且容易产生断裂。

(2) 火焰加热矫正法 是利用火焰局部加热时产生的塑性变形,使较长的焊件在冷却后收缩,以达到矫正变形的目的。采用氧-乙炔焰或其他可燃气体火焰。这种方法设备简单,但矫正难度很大。正确地把握火焰加热的温度,采用适当的火焰加热方式,能够达到矫正变形的目的。

这种矫正法的关键是掌握火焰局部加热时引起变形的规律,以便确定正确的加热位置,否则会得到相反的效果。同时应控制温度和重复加热的次数。这种方法不仅适用于低碳钢结构,而且还适用于部分普通低合金钢结构的矫正。

对于低碳钢和普通低合金结构钢,加热温度为 600~800℃。正确的加热温度可根据材料在加热过程中表面颜色的变化来识别。

三、减少和消除焊接残余应力的工艺措施和方法

1. 减少焊接残余应力常用的工艺措施

(1) 采用合理的焊接顺序和方向

① 先焊收缩量较大的焊缝,使焊缝能较自由地收缩,以最大限度地减少焊接应力。

② 先焊错开的短焊缝,后焊直通长焊缝。

③ 先焊工作受力较大的焊缝,使内应力合理分布。

(2) 降低局部刚性 焊接封闭焊缝或刚性较大的焊缝时,采取反变形法来降低结构的局部刚性。

(3) 锤击焊缝区 利用锤击焊缝来减小焊接应力。当焊缝金属冷却时,由于焊缝的收缩而产生应力,锤击焊缝区,应力可减少 1/2~1/4。锤击时温度应维持在 100~150℃之间或在 400℃以上,避免在 200~300℃之间进行,因为此时锤击焊缝容易断裂。多层焊时,除第一层和最后一层焊缝外,每层都要锤击,第一层不锤击是为了避免根部裂纹,最后一层不锤击是为了防止由于锤击而引起的冷作硬化。

(4) 预热法 焊接温差越大,残余应力也越大。因为焊前预热可降低温差、减慢冷却速度,所以可减少焊接应力。

(5) 加热减应区法 在焊接或焊补刚性很大的焊件时,选择焊件的适当部位进行加热,使之伸长,然后再进行焊接。这样可大大减小残余应力。这个加热部位叫做"减应区","减应区"原是阻碍焊接区自由收缩的部位,加热了该部位,使它与焊接区近于均匀地冷却和收缩,以减小内应力。

2. 消除焊接残余应力的方法

(1) 整体高温回火(消除应力退火) 这个方法是将整个焊接结构加热到一定温度,然

后保温一段时间，再冷却。同一种材料，回火温度越高，时间越长，应力就消除得越彻底。通过整体调温回火可以将 80%～90% 的残余应力消除掉。但是当焊接结构的体积较大时，需要容积较大的回火炉，增加了设备的投资费用。

(2) 局部高温回火　只对焊缝及其附近的局部区域进行加热以消除应力。消除应力的效果不如整体高温回火，但操作方法和设备简单。常用于比较简单的、拘束度较小的焊接结构。

(3) 机械拉伸法　产生焊接残余应力的根本原因是焊接后产生了压缩残余变形。因此，焊后对焊件进行加载拉伸，产生拉伸塑性变形，它的方向和压缩残余变形相反，结果使得压缩变形减小，因而残余应力也随之减小。

(4) 温差拉伸法（低温消除应力法）　基本原理与机械拉伸法相同。具体方法是在焊缝两侧加热到 150～200℃，然后用水冷却，使焊缝区域受到拉伸塑性变形，从而消除焊缝纵向的残余应力。常用于焊缝比较规则、厚度不大（小于 40mm）的板、壳结构。

(5) 振动法　对焊缝区域施加振动载荷，使振源与结构发生稳定的共振，利用稳定共振产生的变载应力，使焊缝区域产生塑性变形，以达到消除焊接残余应力的目的。振动法消除碳素钢、不锈钢的内应力可取得较好效果。

单元六　常见焊接缺陷

一、焊缝表面尺寸不符合要求

焊缝表面高低不平、焊缝宽窄不齐、尺寸过大或过小、角焊缝单边以及焊脚尺寸不符合要求，均属于焊缝表面尺寸不符合要求，见图 9-42。

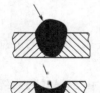

图 9-42　焊缝表面尺寸不符合要求

1. 产生原因

焊件坡口角度不对，装配间隙不均匀，焊接速度不当或运条手法不正确，焊条和角度选择不当或改变，或者埋弧焊焊接工艺选择不正确等，都会造成该种缺陷。

2. 防止方法

选择适当的坡口角度和装配间隙；正确选择焊接工艺参数，特别是焊接电流值；采用恰当的运条手法和角度，以保证焊缝成形均匀一致。

二、焊接裂缝

在焊接应力及其他致脆因素的共同作用下，焊接接头局部地区的金属原子结合力遭到破坏而形成的新界面所产生的缝隙叫焊接裂纹。它具有尖锐的缺口和大的长宽比特征。

1. 热裂纹的产生原因与防止方法

焊接过程中，焊缝和热影响区金属冷却到固相线附近的高温区产生的焊接裂缝叫热裂纹，如图 9-43 所示。

(1) 产生原因　由熔池冷却结晶时受到

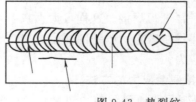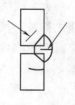

图 9-43　热裂纹

拉应力作用以及凝固时低熔点共晶体形成的液态薄层共同作用所致。增大任何一方面的作用，都能促使热裂纹形成。

(2) 防止方法

① 控制焊缝中的有害杂质的含量（即碳、硫、磷的含量），减少熔池中低熔点共晶体的形成。

② 预热，以降低冷却速度，改善应力状况。

③ 采用碱性焊条，因为碱性焊条的熔渣具有较强脱硫、脱磷的能力。

④ 控制焊缝形状，尽量避免得到深而窄的焊缝。

⑤ 采用收弧板，将弧坑引至焊件外面，即使发生弧坑裂纹，也不影响焊件本身。

2. 冷裂纹的产生原因及防止方法

焊接接头冷却到较低温度（200~300℃）时，产生的焊接裂纹叫冷裂纹。

(1) 产生原因 主要发生在中碳钢、低合金和中合金高强度钢中。原因是焊材本身具有较大的淬硬倾向，焊接熔池中溶解了大量的氢以及焊接接头在焊接过程中产生了较大的约束应力。

(2) 防止方法 从减少上述三个因素的影响和作用着手。

① 焊前按规定要求严格烘干焊条、焊剂，以减少氢的来源。

② 采用低氢型碱性焊条和焊剂。

③ 焊接淬硬性较强的低合金高强度钢时，采用奥氏体不锈钢焊条。

④ 焊前预热。

⑤ 后热（焊后立即将焊件进行加热和保温、缓冷的工艺措施叫后热）使焊接接头中的氢有效地逸出，是防止延迟裂纹的重要措施。但后热加热温度低，不能起到消除应力的作用。

⑥ 当增加焊接电流，减慢焊接速度时，可减慢热影响区冷却速度，防止形成淬硬组织。

3. 再热裂纹的产生原因与防止方法

焊后焊件在一定温度范围内再次加热（消除应力热处理或其他加热过程，如多层焊）而产生的裂纹叫再热裂纹。

再热裂纹一般发生在熔点线附近，被加热至1200~1350℃的区域中，产生的加热温度对低合金高强度钢大致为580~650℃。当钢中含铬、钼、钒等合金元素较多时，产生再热裂纹的倾向增加。防止再热裂纹的措施：第一是控制母材中铬、钼、钒等合金元素的含量；第二是减少结构钢焊接残余应力；第三是在焊接过程中采取减少焊接应力的工艺措施，如使用小直径焊条、小参数焊接等。

4. 层状撕裂的产生原因与防止方法

焊接时焊接构件中沿钢板轧层形成的阶梯状的裂纹叫层状撕裂，如图9-44所示。产生层状撕裂的原因是轧制钢板中存在着硫化物、氧化物和硅酸盐等非金属夹杂物。在垂直于厚度方向的焊接应力作用下（图中箭头），在夹杂物的边缘产生应力集中，当应力超过一定数值时，某些部位的夹杂物首先开裂并扩展，以后这种开裂在各层之间相继发生，连成一体，形成层状撕裂的阶梯形。

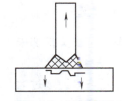

图9-44 层状撕裂

防止层状撕裂的措施是严格控制钢材的含硫量,在与焊缝相连接的钢材表面预先堆焊几层低强度焊缝并采用强度级别较低的焊接材料。

三、气孔

图 9-45 气孔

焊接时,熔池中的气泡在凝固时未能逸出,残存下来形成的空穴叫气孔,如图 9-45 所示。

1. 产生原因

(1) 铁锈和水分　对熔池一方面有氧化作用,另一方面又带来大量的氢。

(2) 焊接方法　埋弧焊时由于焊缝大,焊缝厚度深,气体从熔池中逸出困难,故生成气孔的倾向比手弧焊大得多。

(3) 焊条种类　碱性焊条对铁锈和水分的敏感比酸性焊条大得多,即在同样的铁锈和水分含量下,碱性焊条更容易产生气孔。

(4) 电流种类和极性　当采用未经很好烘干的焊条进行焊接时,使用交流电源,焊缝最易出现气孔;直流正接气孔倾向较小;直流反接气孔倾向最小。采用碱性焊条时,一定要用直流反接,如果使用直流正接,则生成气孔的倾向显著加大。

(5) 焊接工艺参数　焊接速度增加,焊接电流增大,电弧电压升高都会使气孔倾向增加。

2. 防止方法

(1) 在手弧焊焊缝两侧各 10mm,埋弧自动焊焊缝两侧各 20mm 内,仔细清除焊件表面的铁锈等污物。

(2) 焊条、焊剂在焊前按规定严格烘干,并存放于保温桶中,做到随用随取。

(3) 采用合适的焊接工艺参数。用碱性焊条焊接时,一定要选择短弧焊。

四、咬边

由于焊接参数选择不当,或操作工艺不正确,沿焊趾的母材部位产生的沟槽或凹陷叫咬边,如图 9-46 所示。

1. 产生原因

主要是焊接工艺参数选择不当,焊接电流太大、电弧太长,运条速度和焊接角度不适当等。

2. 防止方法

选择正确的焊接电流及焊接速度,电弧不能拉得太长,掌握正确的运条方法和运条角度。

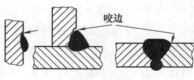

图 9-46 咬边

五、未焊透

焊接时接头根部未完全熔透的现象叫未焊透,如图 9-47 所示。

1. 产生原因

焊缝坡口钝边过大,坡口角度太小,焊根未清理干净,间隙太小;焊条或焊丝角度不正确,电流过小,速度过快,弧长过大;焊

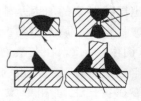

图 9-47 未焊透

接时有磁偏吹现象；电流过大，焊件金属尚未充分加热时，焊条已急剧熔化；层间或母材边缘的铁锈、氧化皮及油污等未清除干净；焊接位置不佳等。

2. 防止方法

正确选用和加工坡口尺寸，保证必需的装配间隙，正确选用焊接电流和焊接速度，认真操作，防止焊偏等。

六、未熔合

熔焊时，焊道与母材之间或焊道与焊道之间，未完全熔化结合的部分叫未熔合，如图 9-48 所示。

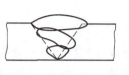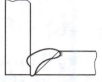

图 9-48　未熔合

1. 产生原因

层间清渣不干净，焊接电流太小，焊条偏心，焊条摆动幅度太窄等。

2. 防止方法

加强层间清渣，正确选择焊接电流，注意焊条摆动等。

七、塌陷

单面熔化焊时，焊接工艺选择不当造成焊缝金属过量透过背面，而使焊缝正面塌陷、背面凸起的现象叫塌陷，如图 9-49 所示。塌陷往往是由装配间隙或焊接电流过大造成。

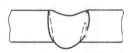

图 9-49　塌陷

八、夹渣

焊后残留在焊缝中的溶渣叫夹渣，如图 9-50 所示。

1. 产生原因

焊接电流太小，以致液态金属和溶渣分不清；焊接速度过快，使溶渣来不及浮起；多层焊时，清渣不干净；焊缝成形系数过小以及手弧焊时焊条角度不正确等。

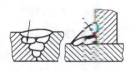

图 9-50　夹渣

2. 防止方法

采用具有良好工艺性能的焊条，正确选用焊接电流和运条角度，焊件坡口角度不宜过小，多层焊时，认真做好清渣工作等。

九、焊瘤

焊接过程中，熔化金属流淌到焊缝之外未熔化的母材上，所形成的金属瘤叫焊瘤，如图 9-51 所示。

1. 产生的原因

操作不熟练和运条角度不当。

图 9-51　焊瘤

2. 防止方法

提高操作的技术水平；正确选择焊接工艺参数，灵活调整焊条角度，装配间隙不宜过大；严格控制熔池温度，使其不过高。

十、凹坑

焊后在焊缝表面或焊缝背面形成的低于母材表面的局部低洼部分叫凹坑，如图 9-52 所示。背面的凹坑通常叫内凹。凹坑是由电弧拉得过长、焊条倾角不当和装配间隙太大等原因所致。凹坑会减少焊缝的工作截面。

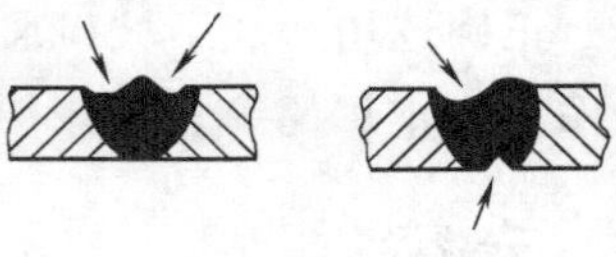

图 9-52 凹坑

十一、烧穿

焊接过程中，对焊件加热过度，熔化金属自坡口背面流出，形成穿孔的缺陷叫烧穿。正确选择焊接电流和焊接速度，严格控制焊件的装配间隙可防止烧穿。另外，还可以采用衬垫、焊剂垫或使用脉冲电流，防止烧穿。

十二、夹钨

钨极惰性气体保护焊时，由钨极进入到焊缝中的钨粒叫夹钨。夹钨的性质相当于夹渣。夹钨产生的原因主要是焊接电流过大使钨极端头熔化、焊接过程中钨极与熔池接触以及采用接触短路法引弧等。降低焊接电流、采用高频引弧可防止夹钨。

单元七 焊接检验

一、焊接接头破坏性检验方法

破坏性检验是从焊件上切取试样，或以焊件的整体破坏为代价做试验，以检查其各种力学性能、抗腐蚀性能等。

1. 力学性能试验

力学性能试验用在对接接头的检验，一般是指对焊接试板进行拉伸、弯曲、冲击、硬度和疲劳等实验。焊接试板的材料、坡口形式、焊接工艺等均同于产品的实际情况。

(1) 拉伸实验 拉伸实验是为了测定焊接接头的抗拉强度、屈服强度、伸长率和断面收缩率等力学性能指标。拉伸实验时，还可以发现试样断口中的某些焊接缺陷。拉伸试样一般有板状试样、圆形试样和整管试样三种。

(2) 弯曲试验 弯曲试验也叫冷弯试验，是测定焊接接头弯曲时塑性的一种试验方法，也是检验表面质量的一个方法，同时还可以反映出焊接接头各区域的塑性差别，考核焊合区的熔合质量和暴露焊接缺陷。弯曲试验分正弯、背弯和侧弯三种，可根据产品技术条件选定。背弯易于发现焊缝根部缺陷，侧弯能检验焊层与焊件之间的结合强度。

(3) 硬度试验 硬度试验是为了测定焊接接头各部分（焊缝金属、焊件及热影响区等）的硬度，间接判断材料的焊接性，了解区域偏析和近缝区的淬硬倾向。

(4) 冲击试验 冲击韧性试验是用来测定焊缝金属或焊件热影响区在受冲击载荷时抵抗折断的能力（韧性），以及脆性转变温度。

(5) 疲劳试验 目的是测定焊接接头或焊缝金属在对称交变载荷作用下的持久强度。试样断裂后，观察其断口有无气孔、裂纹、夹渣或其他缺陷。

（6）压扁试验　目的是测定管子焊接对接接头的塑性。

2. 焊接接头的金相检验

其目的是检验焊缝、热影响区、母材的金相组织，确定内部缺陷。可分为宏观检验和微观检验两种。

（1）宏观检验　是在焊接试板上截取试样，经过刨削、打磨、抛光、浸蚀和吹干，用肉眼或低倍放大镜观察，以检验焊缝的金属结构以及检验未焊透、夹渣、气孔、裂纹、偏析焊接缺陷等。

（2）微观检验　是将试样的金相磨片放在显微镜下观察以检验金属的显微组织和缺陷。必要时可把金相组织通过照相制成金相照片。

3. 焊缝金属的化学分析

目的是检验焊缝金属的化学成分。通常用直径为 6mm 的钻头，从焊缝中或堆焊层上钻取 50～60g。碳钢焊缝分析的元素有碳、锰、硅、硫、磷；合金钢或不锈钢焊缝分析的元素有铬、钼、钒、铁、镍、铝、铜等元素，必要时，还要分析焊缝中的氢、氧或氮的含量。

4. 腐蚀试验

目的是确定在给定条件下，金属抵抗腐蚀的能力，估计其使用寿命，分析引起腐蚀的原因，找出防止或延缓腐蚀的方法。接头的腐蚀试验一般用于不锈钢焊件，包括对焊缝和接头进行晶间腐蚀、应力腐蚀、疲劳腐蚀、大气腐蚀和高温腐蚀试验等。

5. 焊接性试验

评定母材焊接性的试验叫焊接性试验。例如，焊接裂纹、接头力学性能和接头腐蚀试验等。由于焊接裂纹是焊接接头中最危险的缺陷，所以用得最多的是焊接裂纹试验。通过焊接性试验，选择适合作母材的焊接材料，确定合适的焊接工艺参数，包括焊接电流、焊接速度以及预热温度等。

二、焊接接头非破坏性检验方法

非破坏性检验又称无损检验，是指在不破坏被检查焊件的性能和完整性的条件下检测缺陷的方法。

1. 外观检查

外观检查是用肉眼或不超过 30 倍的放大镜对焊件进行检查，用以判断焊接接头外表的质量。它能测定焊缝的外形尺寸和鉴定焊缝有无气孔、咬边、焊瘤、裂纹等表面缺陷，是一种最简单而不可缺少的检查手段。

2. 密封性检验

检查有无漏水、漏气和漏油等现象的试验。

（1）气密性试验　检查时，在容器内部通一定压力的压缩空气（低压），在焊缝外表面涂刷肥皂液，观察是否出现肥皂泡，不出现肥皂泡为合格。要注意，压缩空气压力要远远低于产品工作压力。

（2）煤油渗漏检验　对于低压薄壁容器，可采用煤油渗漏来检验焊缝的密封性。检查时，在焊缝一面涂上白垩粉水溶液，待干燥后，在另一面涂上煤油，在焊缝有穿透性缺陷时，干燥的白垩粉一面会形成明显的油斑或带条。

(3) 耐压检验　将水、油或气等充入容器内，缓慢加压，以检查其泄漏、耐压、破坏等的试验叫耐压检验。通过耐压检验可以检查受压元件中焊接接头穿透性缺陷和结构的强度，也有降低焊接应力的作用。

① 水压试验是用水泵把容器内水压提高到技术文件规定的工作压力的 1.25～1.5 倍，在此压力下持续一段时间（一般为 20min），再把压力降到工作压力，此时，检验人员用质量为 1～1.5kg 的圆头小锤在距焊缝 15～20mm 处沿焊缝方向轻轻敲打，若无渗水现象，就认为产品合格。注意升压前要排尽容器内的空气；试验用的水温，碳钢构件不低于 5℃，其他合金钢构件不低于 15℃。

② 气压试验用于检查贮存气体的压力容器和输送气体的导管，不用于强度试验。同时，气压试验一般都放在水压试验后进行。检查时，将压缩空气通入容器或导管内，然后用肥皂水检查焊缝是否漏气。对于小容器，可将其沉入水中，检查是否漏气。

(4) 渗透探伤　渗透探伤是利用带有荧光染料或红色染料的渗透剂的渗透作用，显示缺陷痕迹的无损检验法。

① 荧光法用于探测某些非铁磁性材料表面和近表面缺陷的一种探伤方法，适用于小型零件。其原理是利用渗透矿物油的氧化镁粉在紫外线的照射下能发出黄绿色荧光的特性，使缺陷显露出来。

② 着色法与荧光法相似，不同的是着色检验是用着色剂取代荧光粉来显示缺陷。适用于大型非铁磁性材料的表面缺陷。灵敏度较荧光检验高。

(5) 磁粉探伤　是将被检验的铁磁工件放在较强的磁场中。磁感线通过工件时，形成封闭的磁感线。由于铁磁性材料的导磁能力很强，如果工件表面或近表面有裂纹、夹渣等缺陷，将阻碍磁感线通过，这时磁感线不但会在工件内部产生弯曲，而且会有一部分磁感线绕过缺陷而暴露在空气中，产生磁漏现象。这个漏磁场能吸引磁铁粉，把磁铁粉集成与缺陷形状和长度相近似的迹象，当磁感线垂直于裂纹时，显示最清楚。

磁粉探伤最适用于薄壁工件、导管。它能很好地发现表面裂纹、一定深度和一定大小的未焊透，但难以发现气孔、夹渣和隐蔽较深的缺陷。

(6) 超声波检验　金属探伤的超声波频率在 20000Hz 以上。超声波传播到两介质的分界面上时，能被反射回来。超声波探伤就利用这一性质来检查焊缝中的缺陷。

超声波在介质中传播速度恒定不变，据此可进行缺陷的定位；同时在金属中可以传播很远（达 10m），故可探测大厚度工件。对检查裂纹等平面型缺陷灵敏度很高。

超声波检验灵活方便，成本低，效率高，对人体无害，但判断缺陷类型和定位的准确性较差。与射线探伤配合使用（先超声波后射线透视核实），检验效果更好。

(7) 射线探伤　X 射线和 γ 射线能不同程度地透过金属材料，对照相胶片产生感光作用。利用这种性能，当射线通过被检查的焊缝时，因焊缝内的缺陷对射线的吸收能力不同，所以射线落在胶片上的强度不一样，即感光程度不一样，这样就能准确、可靠、非破坏性地显示缺陷形状、位置和大小。X 射线透照时间短，速度快，被检查物体厚度小于 30mm 时，显示缺陷的灵敏度高，但设备复杂、费用大、穿透能力比 γ 射线小。γ 射线能透照 300mm 厚的钢板。透照时不需要电源，方便野外工作，对于环缝可一次曝光，但透照时间长，不宜透视厚度小于 50mm 的焊件。

思考与练习

1. 焊芯的作用是什么？焊条药皮有哪些作用？
2. 焊条选择的原则是什么？
3. 焊接接头中力学性能差的薄弱区域在哪里？为什么？
4. 影响焊接接头性能的因素有哪些？如何影响？
5. 如何防止焊接变形？矫正焊接变形的方法有哪几种？并说明理由。
6. 减少焊接应力的工艺措施有哪些？消除焊接残余应力有什么方法？
7. 熔焊时常见的焊接缺陷有哪些？焊接缺陷有何危害？
8. 焊接裂纹有哪些种类？是怎样产生的？如何防止？
9. 低碳钢焊接有何特点？
10. 普通低合金钢焊接的主要问题是什么？焊接时应采取哪些措施？
11. 不锈钢焊接的主要问题是什么？
12. 铝、铜及其合金焊接常用哪些方法？哪种方法最好？为什么？
13. 在实际焊接中，焊条电弧焊接的技术要求包括哪些内容？
14. 气焊的主要设备有哪些？气焊的操作要点是什么？

学习情境十
机械零件材料与成形工艺的选择

知识目标

掌握：选材时依据的使用性能、工艺性能、经济性的原则；掌握选材的步骤和方法；

理解：机械零件毛坯成形工艺选择的原则；

了解：机械零件毛坯成形工艺特点。

能力目标

能依据金属材料的使用性能、工艺性能、经济性的原则选材；

能选择常用机械零件的毛坯成形工艺。

学习导航

在机械制造中，为生产出质量高、成本低的机械或零件，必须从结构设计、材料选择、毛坯制造及切削加工等方面进行全面考虑，才能达到预期的效果。合理选择材料和成形工艺是其中的一个重要因素。

要做到合理选择材料和成形工艺，就必须全面分析零件的工作条件、受力性质和大小以及失效形式，然后综合各种因素，提出能满足零件工作条件的性能要求，再选择合适的材料并进行相应的热处理以满足性能要求。因此，零件材料和毛坯成形工艺的选择是一个复杂而重要的工作，须全面综合考虑。

单元一　机械零件材料及成形工艺的选择原则

一、失效及其形式

零件在工作中丧失或达不到预期功能称为失效。例如，齿轮在工作过程中磨损而不能正常啮合及传递动力、主轴在工作过程中变形而失去精度等，均属失效。

零件的失效，尤其是无明显预兆的失效，往往会带来巨大的危害，甚至造成严重事故。因此，对零件失效进行分析，查出失效原因，提出防止措施是十分重要的。通过失效分析能对改进零件结构设计、修正加工工艺、更换材料等提出可靠依据。常见的零件失效形式主要有以下三种。

（1）**断裂失效**　断裂失效是指零件完全断裂而无法工作的失效。例如，钢丝绳在吊运中的断裂。断裂方式有：塑性断裂、疲劳断裂、蠕变断裂、低应力脆性断裂等。

（2）**过量变形失效**　过量变形失效是指零件变形量超过允许范围而造成的失效。过量变形失效主要有过量弹性变形失效和过量塑性变形失效。例如，螺栓发生松弛，就是过量弹性变形转化为塑性变形而造成的失效。

(3) 表面损伤失效　表面损伤失效是指零件在工作中，因机械和化学作用，使其表面损伤而造成的失效。表面损伤失效主要有表面磨损失效、表面腐蚀失效、表面疲劳失效。例如，齿轮经长期工作轮齿表面被磨损，而使精度降低的现象，即属表面损伤失效。

零件失效的原因很多，涉及机械零件的结构设计、材料选择、加工工艺、安装使用等方面。而合理地选用材料就是从材料应用上去防止或延缓零件失效的发生。

二、选择机械零件材料及成形工艺的原则

进行材料及成形工艺选择时要具体问题具体分析，一般是在满足零件使用性能要求的情况下，同时考虑材料的工艺性和总的经济性，并要充分重视、保障环境不被污染，符合可持续性发展要求。材料和成形工艺选择主要遵循以下原则。

1. 使用性原则

材料使用性是指机械零件或构件在正常工作情况下其材料应具备的性能。满足零件的使用要求是保证零件完成规定功能的必要条件，是材料和成形工艺选择应主要考虑的问题。

零件的使用要求体现在对其形状、尺寸、加工精度、表面粗糙度等外部质量以及对其化学成分、组织结构、力学性能、物理性能、化学性能等内部质量的要求上。在进行材料和成形工艺选择时，主要从三个方面考虑：

(1) 零件的负载和工作情况；

(2) 对零件尺寸和重量的限制；

(3) 零件的重要程度。

零件的使用要求也体现在产品的宜人化程度上，材料和成形工艺选择时要考虑外形美观、符合人们的工作和使用习惯。

由于零件工作条件和失效形式的复杂性，要求我们在选择时必须根据具体情况抓住主要矛盾，找出最关键的力学性能指标，同时兼顾其他性能。

零件的负载情况主要指载荷的大小和应力状态。工作状况指零件所处的环境，如介质、工作温度和摩擦等。若零件主要满足强度要求，且尺寸和重量又有所限制时，则选用强度较高的材料；若零件尺寸主要满足刚度要求，则应选择弹性模量值大的材料；若零件的接触应力较高，如齿轮和滚动轴承，则应选用可进行表面强化的材料；在高温下工作的零件，应选用耐热材料；在腐蚀介质中的零件，应选用耐腐蚀的材料。

需要注意的是：在材料的各种性能指标中，如只有屈服强度或疲劳强度等一个指标作为选择材料的依据，则常常不是很合理。当"减轻重量"也是机械设计的主要要求之一时，则需采用综合性能指标对零件重量进行评定。如，从减轻重量出发，比强度越大越好。对于有加速运动的零件，由于惯性力与材料的密度成反比，它的重量指标是密度的倒数。由于铝合金的重量指标约为钢的2倍，因此，当有加速度时，铝合金、一些非金属材料和复合材料是最合适的材料，所以活塞和高速带轮常用铝合金等来制造。

零件的尺寸和重量还可能影响到材料成形方法的选择。对小零件，从棒料切削加工而言可能是经济的，而大尺寸零件往往采用热加工成形；反过来，对利用各种方法成形的零件一般也有尺寸的限制，如采用熔模铸造和粉末冶金，一般仅限于几千克、十几千克重的零件。

各种材料的力学性能数值，一般可从手册中查到，但具体选用时应注意以下几点。

(1) 同种材料，若采用不同工艺，其性能判据数值不同。例如，同种材料采用锻压成形比用铸造成形强度高；采用调质比用正火的力学性能沿截面分布更均匀。

(2) 由手册查到的性能判据数值都是小尺寸的光滑试样或标准试样在规定载荷下测定的。实践证明，这些数据不能直接代表材料制成零件后的性能。因为实际使用的零件尺寸往往较大。尺寸增大后零件上存在缺陷的可能性增加（如孔洞、夹杂物、表面损伤等）。此外，零件在使用中所承受的载荷一般是复杂的，零件形状、加工面粗糙度值也与标准试样有较大差异，故实际使用的数据一般随零件尺寸增大而减小。

(3) 因各种原因，实际零件材料的化学成分与试样的化学成分会有一定偏差，热处理工艺参数也会有差异。这些均可能导致零件性能判据的波动。

(4) 因测试条件不同，测定的性能判据数值会产生一定的变化。

综合上述具体情况，应对手册数据进行修正。在可能的条件下，尤其是对大量生产的重要零件，可用零件实物进行强度和寿命的模拟试验，为选材提供可靠数据。

2. 工艺性原则

工艺性原则是指所选用的材料要能保证顺利地加工制造成零件。例如，某些材料仅从零件的使用要求来考虑是合适的，但无法加工制造，或加工困难、制造成本高，这些均属于工艺性不好。因此，工艺性好坏，对零件加工难易程度、生产率、生产成本等影响很大。

材料的工艺性能要求与零件制造的加工工艺路线密切相关，具体的工艺性能要求是结合制造方法和工艺路线提出来的。材料工艺性能主要包括以下几个方面。

(1) 铸造性能　常用流动性、收缩等来综合评定。不同材料铸造性能不同，铸造铝合金、铸造铜合金的铸造性能优于铸铁和铸钢，铸铁优于铸钢。铸铁中，灰铸铁的铸造性能最好。同种材料中成分靠近共晶点的合金铸造性能最好。

(2) 锻压性能　常用塑性和变形抗力来综合评定。塑性好，则易成形，加工面质量好，不易产生裂纹；变形抗力小，变形功小，金属易于充满模膛，不易产生缺陷。一般而言，碳钢比合金钢锻压性能好，低碳钢的锻压性能优于高碳钢。

(3) 焊接性能　常用碳当量 w_{CE} 来评定。$w_{CE}<0.4\%$ 的材料，不易产生裂纹、气孔等缺陷，且焊接工艺简便，焊缝质量好。低碳钢和低合金高强度结构钢焊接性能良好。碳与合金元素含量越高，焊接性能越差。

(4) 切削加工性能　常用允许的最高切削速度、切削力大小、加工面 Ra 值大小、断屑难易程度和刀具磨损来综合评定。一般而言，材料硬度值在 170～230HBS 范围内，则切削加工性好。

(5) 热处理工艺性能　常用淬透性、淬硬性、变形开裂倾向、耐回火性和氧化脱碳倾向评定。一般而言，碳钢的淬透性差，强度较低，加热时易过热，淬火时易变形开裂，而合金钢的淬透性优于碳钢。高分子材料成形工艺简便，切削加工性能较好，但导热性差，不耐高温，易老化。

3. 经济性原则

经济性原则是指所选用的材料加工成零件后要能做到价格便宜，成本低廉。在满足前面两条原则的前提下，应尽量降低零件的总成本，以提高经济效益。零件总成本包括材料本身价格、加工费、管理费等，有时还包括运输费和安装费。

碳钢、铸铁价格较低，加工方便，在满足使用性能前提下，应尽量选用。低合金高强度结构钢价格低于合金钢。有色金属、铬镍不锈钢、高速工具钢价格高，应尽量少用。应尽量使用简单设备、减少加工工序数量、采用少切削无切削加工等措施，以降低加工费用。

对于某些重要、精密、加工过程复杂的零件和使用周期长的工模具，选材时不能单纯考虑材料本身价格,而应注意制件质量和使用寿命。此时,采用价格较高的合金钢或优质合金代替碳钢,从长远看,因其使用寿命长、维修保养费用少,总成本反而降低。

此外,所选材料应立足于国内和货源较近的地区,并应尽量减少所用材料的品种规格,以便简化采购、运输、保管与生产管理等工作;所选材料应满足环境保护方面的要求,尽量减少污染。还要考虑到产品报废后,所用材料能否重新回收利用等问题。

三、机械零件材料及成形工艺选择的方法

1. 材料及其成形工艺选择的步骤

① 在分析零件的服役条件、形状尺寸与应力状态后,确定技术条件。

② 通过分析或试验,结合同类零件失效分析的结果,找出零件在实际使用中主要和次要的失效抗力指标,以此作为选材的依据。

③ 根据力学计算,确定零件应具有的主要力学性能指标,正确选择材料。这时要综合考虑所选材料应满足失效抗力指标和工艺性的要求,同时还需考虑所选材料在保证实现先进工艺和现代生产组织方面的可能性。

④ 确定热处理方法(或其他强化方法),并提出所选材料在供应状态下的技术要求。

⑤ 审核所选材料的生产经济性(包括热处理的生产成本等)。

⑥ 试验、投产。

2. 材料及成形工艺选择的具体方法和依据

材料及成形工艺的选择方法应具体问题具体分析,主要依据如下。

(1) 依据零件的结构特征选择　机械零件常分为轴类、盘套类、支架箱体类及模具类等零件。轴类零件几乎都采用锻造成形方法,材料为中碳非合金钢或合金钢,如 45 钢或 40Cr;异型轴也采用球墨铸铁毛坯;特殊要求的轴也可采用特殊性能钢。盘套类零件以齿轮应用为最广泛,以中碳钢锻造及铸造为多。小齿轮可用圆钢为原料,也可采用冲压甚至直接冷挤压成形。箱体类零件以铸件最多,支架类零件少量时可采用焊接获得。

(2) 依据生产批量选择　生产批量对于材料及其成形工艺的选择极为重要。一般的规律是:单件、小批量生产时铸件选用手工砂型铸造成形;锻件采用自由锻或胎模锻成形方法;焊接件则以手工或半自动的焊接方法为主;薄板零件则采用钣金、钳工等。在大批量生产的条件下,则分别采用机器造型、模锻、埋弧自动焊及板料冲压等成形方法。

在一定条件下,生产批量也会影响到成形工艺。机床床身,一般情况下都采用铸造成形,但在单件生产的条件下,经济上往往并不合算;若采用焊接,则可大大降低生产成本,缩短生产周期,当然焊接件的减振、耐磨性不如铸件。

(3) 依据最大经济性选择　为获得最大的经济性,对零件的材料与成形方法的选择要具体分析。如简单形状的螺钉、螺栓等零件,不仅要考虑材料的相对价格,而且要注意加工方法和加工性能。如大批量制造标准螺钉,一般采用冷镦钢,使用冷镦、搓丝方法制造。许多零件都具有两种或两种以上的成形和加工方法的可能性,增加了选择的复杂性。如生产一个小齿轮,可以从棒料切削而成,也可以采用小余量锻造齿坯,还可以用粉末冶金制造。在以上方案中,最终选择应在比较全部成本的基础上得到。

(4) 依据力学性能要求选择　大多数零件是在多种应力作用下工作的,而每个零件的受力情况,又因其工作条件的不同而不同。因此,应根据零件的工作条件,找出其最主要的性能要求,以此作为选材的主要依据。

① 以综合力学性能为主时的选材。承受冲击力和循环载荷的零件，如连杆、锤杆、锻模等，其主要失效形式是过量变形与疲劳断裂。对这类零件的性能要求主要是综合力学性能要好（σ_b、$\delta_{-1}\delta$、A_k 较高），根据零件的受力和尺寸大小，常选用中碳钢或中碳的合金钢，并进行调质或正火。

② 以疲劳强度为主时的选材。疲劳破坏是零件在交变应力作用下最常见的破坏形式，如发动机曲轴、齿轮、弹簧及滚动轴承等零件的失效，大多数是由疲劳破坏引起的。这类零件的选材，应主要考虑疲劳强度。

③ 以磨损为主时的选材。根据零件工作条件不同，可分两种情况：一是磨损较大，受力较小的零件和各种量具，如钻套、顶尖等，可选用高碳钢或高碳的合金钢，并进行淬火和低温回火，获得高硬度回火马氏体和碳化物组织，能满足要求；二是同时受磨损和交变应力作用的零件，为使其耐磨并具有较高的疲劳强度，应选用能进行表面淬火或渗碳、渗氮等的钢材，经热处理后使零件"外硬内韧"，既耐磨又能承受冲击。例如，机床中重要的齿轮和主轴，应选用中碳钢或中碳的合金钢，经正火或调质后再进行表面淬火，获得较好的综合力学性能；对于承受大冲击力和要求耐磨性高的汽车、拖拉机变速齿轮，应选用低碳钢经渗碳后淬火、低温回火，使表面获得高硬度的高碳马氏体和碳化物组织，耐磨性高。心部是低碳马氏体，强度高，塑性和韧性好，能承受冲击。

要求硬度、耐磨性更高以及热处理变形小的精密零件，如高精度磨床主轴及镗床主轴等，常选用氮化用钢进行渗氮处理。

（5）依据生产条件选择　在一般情况下，应充分利用本企业的现有条件完成生产任务。当生产条件不能满足产品要求，可供选择的途径有：第一，在本厂现有的条件下，适当改变毛坯的生产方式或对设备进行适当的技术改造；第二，扩建厂房，更新设备，提高企业的生产能力和技术水平；第三，厂外协作。常用毛坯制造方法及其主要特点的比较见表 10-1。

表 10-1　常用毛坯制造方法及其主要特点的比较

比较内容	铸件	锻件	冲压件	焊接件	轧材
成形特点	液态下成形	固态下塑性变形	同锻件	永久性连接	固态下塑性变形
对原材料工艺性能要求	流动性好，收缩率低	塑性好，变形抗力小	同锻件	强度高，塑性好，液态下化学稳定性好	塑性好，变形抗力小
常用材料	灰铸铁、球墨铸铁、中碳钢及铝合金、铜合金等	中碳钢及合金结构钢	低碳钢及有色金属薄板	低碳钢、低合金钢、不锈钢及铝合金等	低、中碳钢，合金结构钢，铝合金，钢合金等
金属组织特征	晶粒粗大、疏松、杂质无方向性	晶粒细小、致密	拉深加工后沿拉深方向形成新的流线组织，其他工序加工后原组织基本不变	焊缝区为铸造组织，熔合区和过热区有粗大晶粒	晶粒细小，致密
力学性能	灰铸铁件力学性能差，球墨铸铁、可锻铸铁及铸钢件较好	比相同成分的铸钢件好	变形部分的强度、硬度提高，结构刚度好	接头的力学性能可达到或接近母材	比相同成分的铸钢件好
结构特征	形状一般不受限制，可以相当复杂	形状一般较铸件简单	结构轻巧，形状可以较复杂	尺寸、形状一般不受限制，结构较轻	形状简单，横向尺寸变化小

续表

比较内容	铸件	锻件	冲压件	焊接件	型材
零件材料利用率	高	低	较高	较高	较低
生产周期	长	自由锻短,模锻长	长	较短	短
生产成本	较低	较高	批量越大,成本越低	较高	低
主要适用范围	灰铸铁件用于受力不大或以承压为主的零件,或要求有减振、耐磨性能的零件;其他铁碳合金铸件用于承受重载或复杂载荷的零件;机架、箱体等开关复杂的零件	用于对力学性能,尤其是强度和韧性要求较高的传动零件和工件、模具	用于以薄板成形的各种零件	主要用于制造各种金属结构,部分用于制造零件毛坯	形状简单的零件
应用举例	机架、床身、底座、工作台、导轨、变速箱、泵体、阀体、带轮、轴承座、曲轴、齿轮等	机床主轴、传动轴、曲轴、连杆、齿轮、凸轮、螺栓、弹簧、锻模、冲模等	汽车车身覆盖件、电器及仪表壳及零件、油箱、水箱,各种薄金属件	锅炉、压容器、化工容器、管道、吊车构架、桥梁、重型机械的机架、立柱、工作台等	光轴、丝杠、螺栓、螺母、销子等

单元二 典型零件的选材实例分析

一、齿轮类零件的选材

1. 齿轮的工作条件及失效形式

齿轮主要用于传递转矩、换挡或改变运动方向,有的齿轮仅用来传递运动或起分度定位作用。齿轮种类多、用途广、工作条件复杂,但大多数重要齿轮仍有共同的特点。

齿轮类零件的选材

(1) 工作条件 通过齿面接触传递动力,在齿面啮合处既有滚动,又有滑动。接触处承受较大的接触压应力与强烈的摩擦和磨损;齿根承受较大的交变弯曲应力;由于换挡、启动或啮合不良,齿轮会受到冲击力;因加工、安装不当或齿、轴变形等引起的齿面接触不良以及外来灰尘、金属屑末等硬质微粒的侵入,都会产生附加载荷和使工作条件恶化。因此,齿轮的工作条件和受力情况是较复杂的。

(2) 失效形式 齿轮的失效形式是多种多样的,主要有轮齿折断、齿面损伤和过量塑性变形等。

2. 常用齿轮材料

(1) 对齿轮材料性能的要求 根据齿轮工作条件和失效形式,要求齿轮材料具备下列性能:

① 良好的切削加工性能,以保证所要求的精度和表面粗糙度;

② 高的接触疲劳强度、弯曲疲劳强度、表面硬度和耐磨性,适当的心部强度和足够的韧性以及最小的淬火变形;

③ 材质纯净，断面经侵蚀后不得有肉眼可见的孔隙、气泡、裂纹、非金属夹杂物和白点等缺陷，其缩松和夹杂物等级应符合有关材料规定的要求；

④ 价格适宜，材料来源广。

(2) 常用材料及热处理　常用齿轮材料主要有以下几种。

① 锻钢　锻钢应用最广泛，通常有重要用途的齿轮大多采用锻钢制作。对于低、中速和受力不大的中、小型传动齿轮，常采用 Q275 钢、40 钢、40Cr 钢、45 钢、40MnB 钢等。这些钢制成的齿轮，经调质或正火后再进行精加工，然后表面淬火、低温回火。因其表面硬度不是很高，心部韧性又不高，故不能承受大的冲击力；对于高速、耐强烈冲击的重载齿轮，常采用 20 钢、20Cr 钢、20CrMnTi 钢、20MnVB 钢、18Cr2Ni4WA 钢等。这些钢制成的齿轮，经渗碳并淬火、低温回火后，齿面具有很高的硬度和耐磨性，心部有足够的韧性和强度。保证齿面接触疲劳强度高，齿根抗弯强度和心部抗冲击能力均比表面淬火的齿轮高。

② 铸钢　对于一些直径较大、形状复杂的齿轮毛坯，当用锻造方法难以成形时，可采用铸钢制作。常用的铸钢有 ZG270-500、ZG310-570 等。铸钢齿轮在机械加工前应进行正火，以消除铸造应力和硬度不均，改善切削加工性能；机械加工后，一般进行表面淬火。而对于性能要求不高、转速较低的铸钢齿轮通常不需淬火。

③ 铸铁　对于一些轻载、低速、不受冲击、精度和结构紧凑要求不高的不重要齿轮，常采用灰铸铁 HT200、HT250、HT300 等。铸铁齿轮一般在铸造后进行去应力退火、正火或机械加工后表面淬火。灰铸铁齿轮多用于开式传动。近年来在闭式传动中，采用球墨铸铁 QT600-3、QT500-7 代替铸钢制造齿轮的趋势越来越大。

④ 有色金属　在仪器、仪表中以及在某些腐蚀介质中工作的轻载齿轮，常采用耐蚀、耐磨的有色金属，如黄铜、铝青铜、锡青铜和硅青铜等制造。

⑤ 非金属材料　受力不大以及在无润滑条件下工作的小型齿轮（如仪器、仪表齿轮），可用尼龙、ABS、聚甲醛等非金属材料制造。

此外，选材时还应注意：对某些高速、重载或齿面相对滑动速度较大的齿轮，为防止齿面咬合，并且使相啮合的两齿轮磨损均匀，使用寿命相近，大、小齿轮应选用不同的材料。小齿轮材料应比大齿轮好些，硬度比大齿轮高些。表 10-2 是推荐使用的一般齿轮材料和热处理方法，供选用时参考。

表 10-2　常用的一般齿轮材料和热处理方法

工作条件		小齿轮			大齿轮		
速度	载荷	材料	热处理	硬度	材料	热处理	硬度
低速	轻载无冲击不重要的传动	Q255	正火	150～180HBW	HT200	正火	170～230HBW
					HT250		170～240HBW
	轻载冲击小	45	正火	170～200HBW	QT500-5	正火	170～207HBW
					QT600-3		197～269HBW
低速	中载	45	正火	170～200HBW	35	正火	150～180HBW
		ZG310-570	调质	200～250HBW	ZG270-500	调质	190～230HBW
	重载	45	整体淬火	38～48HRC	35,ZG270-500	整体淬火	35～40HRC
中速	中载	45	调质	220～250HBW	35,ZG270-500	调质	190～230HBW
		45	整体淬火	38～48HRC	35	整体淬火	35～40HRC
		40Cr 40MnB 40MnVB	调质	230～280HBW	45,50	调质	220～250HBW
					ZG270-500	正火	180～230HBW
					35,40	调质	190～230HBW

续表

工作条件		小齿轮			大齿轮		
速度	载荷	材料	热处理	硬度	材料	热处理	硬度
中速	重载	45	整体淬火	38~48HRC	35	整体淬火	35~40HRC
			表面淬火	45~50HRC	45	调质	220~250HBW
		40Cr 40MnB 40MnVB	整体淬火	35~42HRC	35,40	整体淬火	35~40HRC
			表面淬火	52~56HRC	45,40	表面淬火	45~50HRC
高速	中载无猛烈冲击	40Cr 40MnB 40MnVB	整体淬火	35~42HRC	35,40	整体淬火	35~40HRC
			表面淬火	52~56HRC	45,50	表面淬火	45~50HRC
	中载有冲击	20Cr 20Mn2B 20MnVB 20CrMnTi	渗碳、淬火	56~62HRC	ZG310-570	正火	160~210HBW
					35	调质	190~230HBW
					20Cr20MnVB	渗碳淬火	56~62HRC

3. 齿轮选材示例

（1）机床齿轮　机床中的齿轮主要用来传递动力和改变速度。一般而言，其受力不大、运动平稳、工作条件较好、对轮齿的耐磨性及抗冲击性要求不高。常选用中碳钢制造，为提高淬透性，也可用中碳的合金钢，经高频淬火，虽然耐磨性和抗冲击性比渗碳钢齿轮差，但能满足要求，且高频淬火变形小，生产率高。

① 金属齿轮。图10-1是卧式车床主轴箱中三联滑动齿轮，该齿轮主要是用来传递动力并改变转速。通过拨动主轴箱外手柄使齿轮在轴上滑移，利用与不同齿数的齿轮啮合，可得到不同转速。该齿轮受力不大，在变速滑移过程中，同与其相啮合的啮轮有碰撞，但冲击力不大，转动过程平稳，故可选用中碳钢制造。但考虑到齿轮较厚，为提高淬透性，用合金调质钢40Cr更好，其加工工艺过程如下：下料—锻造—正火—粗加工—调质—精加工—高频感应淬火及回火—精磨。

正火是锻造齿轮毛坯必要的热处理，它可消除锻件应力，均匀组织，使同批坯料硬度相同，利于切削加工，改善轮齿表面加工质量。一般而言，齿轮正火可作为高频感应淬火前的预备热处理。

调质可使齿轮具有较高的综合力学性能，改善齿轮部强度和韧性，使齿轮能承受较大的弯曲应力和冲击力，并可减小淬火变形。

高频感应淬火及低温回火是决定齿轮表面性能的关键工序。高频感应淬火可提高轮齿表面的硬度和耐磨性，并使轮齿表面具有残留压应力，从而提高抗疲劳的能力。低温回火是为了消除淬火应力，防止产生磨削裂纹和提高抗冲击能力。

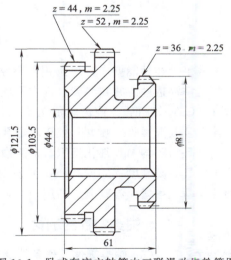

图10-1　卧式车床主轴箱中三联滑动齿轮简图

② 塑料齿轮。某卧式车床进给机构的传动齿轮（模数2、齿数55、压力角20°、齿宽15mm），原采用45钢制造，现改为聚甲醛或单体浇铸尼龙，工作时传动平稳，噪声小，长期使用无损坏，且磨损很小。

某万能磨床油泵中圆柱齿轮（模数 3、齿数 14、压力角 200、齿宽 24mm），受力较大，转速高（440r/min）。原采用 40Cr 钢制造，在油中运转，连续工作时油压约 1.5MPa（15kgf/cm²）。现采用单体浇注尼龙或氯化聚醚，注射成全塑料结构的圆柱齿轮，经长期使用无损耗现象，且噪声小，油泵压力稳定。

（2）汽车、拖拉机齿轮　汽车、拖拉机齿轮主要安装在变速箱和差速器中　在变速箱中齿轮 1 传递转矩和改变传动速比。在差速器中齿轮用来增加转矩并调节左右两车轮的转速，将动力传到驱动轮，推动汽车、拖拉机运行。这类齿轮受力较大，受冲击频繁，工作条件比机床齿轮复杂，因此，对耐磨性、疲劳强度、心部强度和韧性等要求比机床齿轮高。实践证明，选用低碳钢或低碳的合金钢经渗碳、淬火和低温回火后使用最为适宜。

图 10-2 是载重汽车（承载质量 8t）变速箱中的齿轮。该齿轮工作中承受重载和大的冲击力，故要求齿面硬度和耐磨性高；为防止在冲击力作用下轮齿折断，故要求齿的心部强度和韧性高。

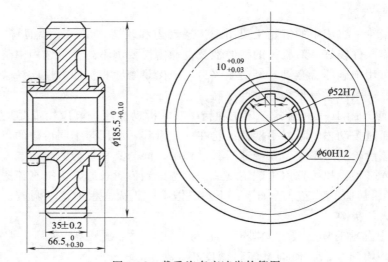

图 10-2　载重汽车变速齿轮简图

为满足上述性能要求，可选用低碳钢经渗碳、淬火和低温回火处理。但从工艺性能考虑，为提高淬透性，并在渗碳过程中不使晶粒粗大，以便于渗碳后直接淬火，应选用合金渗碳钢（20CrMnTi 钢）。该齿轮加工工艺过程如下：下料—锻造—正火—粗、半精加工—渗碳—淬火及低温回火—喷丸—校正花键孔＋精磨轮齿。

正火是为了均匀和细化组织，消除锻造应力，改善切削加工性。渗碳后淬火及低温回火是使齿面具有高硬度（58～62HRC）及耐磨性，心部硬度可达 30～45HRC，并有足够强度和韧性。喷丸可增大渗碳表层的压应力，提高疲劳强度，并可清除氧化皮。

二、轴类零件的选材

1. 轴类零件工作条件及失效形式

轴是机械中重要的零件之一，主要用于支承传动零件（如齿轮、凸轮等）、传递运动和动力。轴类零件工作时主要承受弯曲应力、扭转应力或拉压应力，有相对运动的表面，其摩擦和磨损较大。多数轴类零件还承受一定的冲击力，若刚度不够会产生弯曲变形和扭曲变形。由此可见，轴类零件受力情况相当复杂。

轴类零件的失效形式有疲劳断裂、过量变形和过度磨损等。

2. 常用轴类零件材料

（1）对轴类零件材料性能的要求　根据工作条件和失效形式，轴类零件材料应具备以下性能：

① 足够的强度、刚度、塑性和一定的韧性；

② 高硬度和耐磨性；

③ 高疲劳强度，对应力集中敏感性小；

④ 足够的淬透性，淬火变形小；

⑤ 良好的切削加工性；

⑥ 价格低廉。

特殊环境下工作的轴还应具有特殊性能，如高温下工作的轴，抗蠕变性能要好；在腐蚀性介质中工作的轴，要求耐蚀性好等。

（2）常用轴类材料及热处理　常用轴类材料主要是经锻造或轧制的低、中碳钢或中碳的合金钢。常用牌号是35钢、40钢、45钢、50钢等，其中45钢应用最广。为改善力学性能，这类钢一般均应进行正火、调质或表面淬火。对于受力小或不重要的轴，可采用Q235钢、Q275钢等。

当受力较大并要求限制轴的外形、尺寸和重量，或要求提高轴颈的耐磨性时，可采用20Cr钢、40Cr钢、40CrNi钢、20CrMnTi钢、40MnB钢等，并辅以相应的热处理才能充分发挥其作用。

近年来越来越多地采用球墨铸铁和高强度灰铸铁作为轴的材料，尤其是作曲轴材料。

轴类零件选材原则主要是根据承载性质及大小、转速高低、精度和粗糙度要求以及有无冲击、轴承种类等综合考虑。例如，主要承受弯曲、扭转的轴（如机床主轴、曲轴、变速箱传动轴等），因整个截面受力不均，表面应力大，心部应力小，故不需要选用淬透性很高的材料，常选用45钢、40Cr钢、40MnB钢等；同时承受弯曲、扭转及拉、压应力的轴（如锤杆、船用推进器轴等），因轴整个截面应力分布均匀，心部受力也大，应选用淬透性较高的材料；主要要求刚性好的轴，可选用碳钢或球墨铸铁等材料；要求轴颈处耐磨的轴，常选用中碳钢经表面淬火，将硬度提高到52HRC以上。

3. 轴类零件选材示例

（1）机床主轴　图10-3为C6132卧式车床主轴，该轴工作时受弯曲和扭转应力作用，但承受的应力和冲击力不大，运转较平稳，工作条件较好。锥孔、外圆锥面工作时与顶尖、卡盘有相对摩擦；花键部位与齿轮有相对滑动，故要求这些部位有较高的硬度与耐磨性。该主轴在滚动轴承中运转，轴颈处硬度要求220～250HBS。

根据上述工作条件分析，本主轴选用45钢制造，整体调质，硬度为220～250HBW；锥孔和外圆锥面局部淬火，硬度为45～50HRC；花键部位高频感应淬火，硬度为48～53HRC。该主轴加工工艺过程如下：下料—锻造—正火—粗加工—调质—半精加工（花键除外）—局部淬火、回火（锥孔、外锥面）—粗磨（外圆、外锥面、锥孔）—铣花键—花键处高频感应淬火、回火—精磨（外圆、外锥面、锥孔）。

45钢虽然淬透性不如合金调质钢，但具有锻造性能和切削加工性能好、价廉等特点。而且主轴工作时最大应力处于表层，结构形状较简单，调质、淬火时一般不会出现开裂。

因轴较长，且锥孔与外圆锥面对两轴颈的同轴度要求较高，为减少淬火变形，改锥部淬

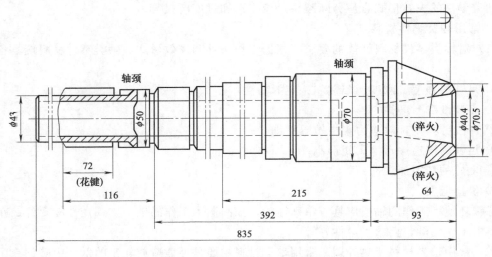

图 10-3　C6132 卧式车床主轴简图

火与花键淬火分开进行。

(2) 内燃机曲轴　曲轴是内燃机中形状复杂而又重要的零件之一，其作用是在工作中将活塞连杆的往复运动变为旋转运动。气缸中气体爆发压力作用在活塞上，使曲轴承受冲击、扭转、剪切、拉压、弯曲等复杂交变应力。因曲轴形状很不规则，故应力分布不均匀；曲轴颈与轴承发生滑动摩擦。曲轴主要失效形式是疲劳断裂和轴颈磨损。

根据曲轴的失效形式，制造曲轴的材料必须具有高强度，一定的韧性，足够的弯曲、扭转疲劳强度和刚度，轴颈表面应有高的硬度和耐磨性。

曲轴分锻钢曲轴和铸造曲轴两种。锻钢曲轴材料主要有中碳钢和中碳的合金钢，如 35 钢、40 钢、45 钢、35Mn2 钢、40Cr 钢、35CrMo 钢等。铸造曲轴材料主要有铸钢（如 ZG230-450）、球墨铸铁（如 QT600-3、QT700-2）、珠光体可锻铸铁（如 KTZ450-06、KTZ550-04）以及合金铸铁等。目前，高速、大功率内燃机曲轴，常用合金调质钢制造，中、小型内燃机曲轴，常用球墨铸铁或 45 钢制造。

图 10-4 为 175A 型农用柴油机曲轴。该柴油机为单缸四冲程，气缸直径为 75mm，转速为 2200～2600r/min，功率为 4.4kW。因功率不大，故曲轴承受的弯曲、扭转应力和冲击力等不大。由于在滑动轴承中工作，故要求轴颈处硬度和耐磨性较高。其性能要求是 $R_\mathrm{m} \geqslant 750\mathrm{MPa}$，整体硬度为 240～260HBW，轴颈表面硬度 $\geqslant 625\mathrm{HV}$，$A \geqslant 2\%$，$A_\mathrm{k} \geqslant 12\mathrm{J}$。

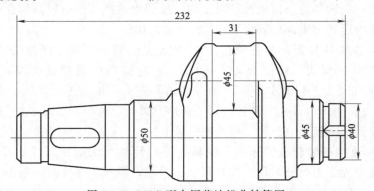

图 10-4　175A 型农用柴油机曲轴简图

根据上述要求，选用 QT600-3 球墨铸铁作为曲轴材料，其加工工艺过程如下：浇注—高温正火—高温回火—切削加工—轴颈气体渗氮。

高温正火（950℃）是为了增加基体组织中珠光体的数量并细化珠光体，提高强度、硬度和耐磨性。高温回火（560℃）是为了消除正火造成的应力。轴颈气体渗氮（570℃）是为保证在不改变组织及加工精度前提下，提高轴颈表面硬度和耐磨性。也可采用对轴颈进行表面淬火来提高其耐磨性。为了提高曲轴的疲劳强度，可对其进行喷丸处理和滚压加工。

三、箱座类零件的选材

箱座类零件是机械中的重要零件之一，其结构一般都较复杂，工作条件相差很大。主轴箱、变速箱、进给箱、阀体等，通常受力不大，要求有较高刚度和密封性；工作台和导轨等，要求有较高的耐磨性；以承压为主的机身、底座等，要求有较好的刚性和减振性。有些机身、支架往往同时承受拉、压和弯曲应力，甚至还承受冲击力，故要求有较好的综合力学性能。

受力较大，要求强度、韧性高。在高压、高温下工作的箱座件，例如汽轮机外壳等，应采用铸钢。铸钢件应进行完全退火或正火，以消除粗晶组织和铸造应力。

受力较大，但形状简单、生产数量少的箱座件，可采用钢板焊接而成。

受力不大，且主要承受静载荷、不受冲击的箱座件，可选用灰铸铁；如在工作中与其他零件有相对运动，且有摩擦、磨损产生，则应选用珠光体基体灰铸铁。铸铁件一般应进行去应力退火。

受力不大，要求自重轻或要求导热性好的箱座件，可选用铸造铝合金。铝合金件应根据成分不同，进行退火或固溶热处理、时效处理等。

受力小，要求自重轻、工作条件好的箱座件，可选用工程塑料。

常用机械零件选材及热处理见表 10-3。

表 10-3　常用机械零件选材及热处理

机械类别	零件名称	功用	性能要求	常用材料及热处理
汽车发动机	缸体	发动机的骨架和外壳。缸体内部安装着发动机的主要零件，如活塞、连杆、曲轴等	缸体不允许产生过量变形，缸体材料应具有足够的刚度和强度，且价格低廉	HT200 或 ZL104
	缸盖	主要用来封闭汽缸，构成燃烧室，缸盖上有进、排气道，冷却液通道等复杂结构	缸盖工作环境为高温、高压及机械载荷联合作用。要求材料不出现变形和裂纹，保持密封性、高的导热性和足够的高温强度及良好的铸造性	ZL104 或 HT250、合金铸铁（高磷铸铁、硼铸铁）
	缸套	镶在气缸内壁的圆筒形零件，与活塞环接触摩擦	承受高温、高压下的强烈摩擦	耐磨合金铸铁，如高磷铸铁、硼铸铁。内壁须进行表面淬火（如感应加热淬火、激光加热淬火）电镀或喷涂耐磨合金
	活塞	与活塞销和活塞环构成活塞组，与气缸套、缸盖配合形成一个容积可变化的密闭空间，以完成内燃机的工作过程	材料应具有高的高温强度和导热性，良好的耐磨性、耐蚀性，低膨胀系数和低密度及良好的铸造性和切削加工性	铸造铝硅合金，如 ZL109 和 ZL111，并经固溶处理和人工时效处理

续表

机械类别	零件名称	功用	性能要求	常用材料及热处理
汽车发动机	活塞销	连接活塞和连杆并传递运动和动力	应具有足够的刚度和强度，较高的疲劳强度和冲击韧性及表面耐磨性	20Cr、20CrMnTi 等，经渗碳或碳氮共渗后进行淬火+低温回火处理
	活塞环	套在活塞上直接跟气缸壁接触摩擦	应具有高的耐磨性、足够的韧性、良好的耐热性、导热性及良好的铸造性和切削加工性	HT200、HT250、合金铸铁。一般要进行表面热处理，如镀多孔性铬、磷化、热喷涂耐磨合金、激光淬火等
	连杆	连接活塞和曲轴，将活塞的往复运动转变为曲轴的旋转运动，并把作用在活塞上的力传输给曲轴	承受交变拉压应力和弯曲应力的作用。要求具有较高的屈服强度、抗拉强度和疲劳强度及足够的刚度和韧性	45 钢、40Cr、40MnB 等调质处理
	曲轴	输出发动机的功率并驱动底盘的传动系统运动	受弯曲、扭转、拉压等交变应力和冲击力、摩擦力的作用。材料应具有较高的抗拉强度和疲劳强度及足够的刚度和韧性	45 钢、40Cr、35CrMo、45Mn2、QT600-3 调质处理、轴颈部位表面淬火
	气门	开启、关闭进气道和排气道	材料应具有较高的高温强度和耐蚀性、耐磨性	进气门：40Cr、35CrMo、38CrSi 调质处理 排气门（高温下工作）：马氏体耐热钢 42Cr9Si2、40Cr10Si2Mo 和奥氏体耐热钢 45Cr14Ni14W2Mo 正火处理
	气门弹簧	开启和关闭发动机气门	应具有较高的屈服强度和疲劳强度、良好的抗氧化和耐腐蚀性	50CrVA 淬火和中温回火，表面喷丸强化
汽车底盘	齿轮	将发动机的动力传递给半轴，推动汽车行驶	齿轮承受较大的交变弯曲应力、冲击力、接触压应力和摩擦力。齿轮材料应具有较高的屈服强度、弯曲疲劳强度、接触疲劳强度和足够的韧性	合金渗碳钢 20Cr、20CrMnTi、20CrMo、20CrMnMo 渗碳或氮碳共渗、淬火+低温回火及喷丸处理
	半轴	直接驱动车轮转动，工作时承受交变扭转力矩和交变弯曲载荷以及一定的冲击载荷	为了防止半轴疲劳断裂和花键齿磨损，半轴材料应具有较高的抗拉强度、抗弯强度、疲劳强度及较好的韧性	40Cr、40MnB、40CrMnMo、40CrNiMo 调质处理后进行喷丸强化或滚压强化处理，花键部位表面淬火
	板簧	缓冲和吸振，减小汽车行驶过程中的冲击和振动	应具有较高的弹性极限、屈服强度和高的疲劳强度	60Si2Mn、60CrMnA 淬火+中温回火，并进行表面喷丸强化
	车架	汽车各部件安装的基础部件	应具有足够高的强度和塑性、韧性及良好的冲压性能	低碳结构钢 08 钢、20 钢、25 钢和低合金高强度结构钢 Q345、Q390 的热轧钢板和冷轧钢
机床	床身和导轨	用于支承、安装机床各部件和运动导向	具有足够的刚度和强度及高耐磨性和良好的工艺性	HT200、HT300 导轨表面淬火
	丝杠、螺母	进给机构中的一对螺旋传动件。完成回转运动与直线运动的转换	应具有高刚度、强度及高硬度和耐磨性	丝杠：T10A、40Cr、65Mn 淬火+低温回火 螺母：锡青铜 ZCuSn5Pb5Zn5、ZCuSn10P1

续表

机械类别	零件名称	功用	性能要求	常用材料及热处理
机床	蜗轮、蜗杆	实现大传动比和空间立体传动	良好的强度、韧性、耐磨性	蜗轮:锡青铜 ZCuSn5Pb5Zn5、ZCuSn10P1 铝青铜 ZCuAl9Mn2 灰铸铁 HT150、HT200、HT250 高速蜗杆:15钢、20钢、15Cr、20Cr 渗碳淬火＋低温回火或 45钢、40Cr 调质＋表面淬火 中速蜗杆:45钢、50钢、40钢调质＋表面淬火
锅炉	锅炉管道	外壁承受高温烘烤,内壁接触高温、高压、腐蚀介质	足够高的蠕变极限和持久的强度、高的抗氧化性和耐蚀性	≤500℃的管道:10A、Q245R ≤500℃的管道:12CrMo、15CrMoR ＞650℃的管道:1Cr18Ni9Ti、1Cr20Ni4Si2
锅炉	锅筒(汽包)	高压蒸汽储藏设备。长期受内压、冲击、疲劳载荷作用及蒸汽的腐蚀	较高的强度,良好的塑性和韧性及抗大气和水蒸气腐蚀,较低的缺口敏感性和良好的焊接性能	低压锅筒:Q345R、Q370R 中压锅筒:15CrMoR、14CrlMoR 高压锅筒:18MnMoNbR
石油化工设备	压力容器	储存、运输高温、高压、腐蚀介质	具有较高的屈服强度和抗拉强度,高塑性和韧性,较低的缺口敏感性,优良的焊接性能,高温压力容器还要求有足够的蠕变和持久强度	温度≤450℃,压力≤5.9MPa 介质无腐蚀:20钢、Q245R 温度≤500℃:Q345R、Q370R、18MnMoNbR 温度＞500℃:15CrMo、12Cr1MoV、06Cr25Ni20、06Cr18Ni11Ti 温度≤－40℃:16MnDR、06Cr19Ni10、12Cr2Ni9、022Cr18Ni10N、09MnNiDR 耐蚀压力容器:06Cr18Ni11Nb、06Cr18Ni11Ti
石油化工设备	塔器、反应器	能够抗高温、高压、腐蚀性介质的容器	具有耐蚀性、抗氧化性和热强度	不锈钢 06Cr13Al、10Cr17、12Cr18Ni9、06Cr18Ni11Ti、06Cr23Ni13
航空航天器	机翼机体	机翼是产生升力以支持航空、航天器的重力机体的骨架	具有足够的强度和刚度、密度小,比强度、比模量高且耐高温和低温	变形铝合金:2A11、2A12、2A14、2A70、7A04、7A09 铸铝合金:ZL101、ZL111、ZL115、ZL201 铝锂合金:8090 镁合金:MB8、ZM1 钛合金:TA7、TC4
航空航天器	航空发动机燃烧室	航空器动力源。发动机中温度最高的区域,温度达 1500～2000℃	具有高的抗氧化、抗燃气腐蚀性、足够的高温持久强度、良好的抗热疲劳性能和组织稳定性,较小的线胀系数及良好的工艺性	铁基高温合金:GH1140 镍基高温合金:GH3030、GH3128、GH3170、TD-Ni、TD-NiCr
航空航天器	航空发动机导向器	将冲击第一组叶片后的燃气气流导向下一级涡轮叶片继续做功	具有足够的高温持久强度、良好的抗热疲劳和抗振性、较高的抗氧化性和抗燃气腐蚀性	精铸高温合金 K14、K403、K406、K417、K418、K23A

续表

机械类别	零件名称	功用	性能要求	常用材料及热处理
航空航天器	航空发动机涡轮叶片	动力转换装置	具有高的抗氧化性和耐蚀性，很高的蠕变极限和持久强度，良好的疲劳和热疲劳抗力及高温组织稳定性和工艺性	镍基高温合金：GH4033、GH4037、GH4049、GH4143 铸造镍基高温合金：K403、K405、K417、K418、DZ422
	航空发动机涡轮轴、转子	发动机功率输出部件	具有超高强度和刚度及韧性	高强度钢：30CrMnSiA、40CrNiMoA、45CrNiMoVA
	航空发动机壳	发动机承力构件和各部件的安装基础	具有足够的强度和刚度，密度小，比强度、比模量高，工艺性好	变形铝合金：2A14、2A50、2A70 钛合金：TC4 高强度钢：40CrNiMoA、45CrNiMoVA

思考与练习

1. 什么是零件的失效？失效形式主要有哪些？
2. 选择零件材料应遵循哪些原则？在选用材料力学性能判据时，应注意哪些问题？
3. 简述零件选材的方法和步骤。

学习情境十一
金属的切削加工

知识目标

掌握：常用金属切削机床的分类和型号编制方法；金属切削运动的分类和切削三要素；普通外圆车刀切削部分的主要角度；

了解：金属切削常用的加工方法。

能力目标

能识别和选择常用的金属切削机床；

能识别和选择常用的金属切削刀具；

能分析金属切削运动与切削要素。

学习导航

金属切削加工是用切削工具（包括刀具、磨具和磨料）从毛坯上去除多余的金属，以获得具有所需的几何参数（尺寸、形状和位置）和表面粗糙度的零件的加工方法。切削加工能获得较高的精度和表面质量，对被加工材料、零件几何形状及生产批量具有广泛的适应性。机器上的零件除极少数采用精密铸造和精密锻造等无切屑加工的方法获得以外，绝大多数零件都是靠切削加工来获得。因此如何进行切削加工，对于保证零件质量、提高劳动生产率和降低成本，有着重要的意义。

金属切削加工虽然有多种不同的形式，但是，它们在很多方面如切削运动、切削工具以及切削过程的物理实质等，都有着共同的现象和规律。掌握金属切削加工过程中的物理、力学现象，就可以在实际工作中正确地选择切削参数、刀具材料及刀具角度，对具体情况进行具体分析，合理地、灵活地应用这些知识来解决问题。

单元一 金属切削机床的类型和结构

金属切削机床是对工程材料进行切削加工的机器。它是制造机器的机器，所以又称为工作母机或工具机，习惯上简称为机床。

金属切削机床

机床是机械制造业的基本加工装备，它的品种、性能、质量和技术水平直接影响到其他机电产品的性能、质量、生产技术和企业的经济效益。机械工业为国民经济各部门提供技术装备的能力和水平，在很大程度上取决于机床的水平，所以机床的水平在某种意义上反映出国民经济的发展水平。

实际生产中需要加工的零件种类繁多，其形状、结构、尺寸、精度、表面质量和数量等各不相同。为了满足不同的加工需要，机床的品种和规格也应多种多样。尽管机床的品种很多，各有特点，但它们在结构、传动、控制及自动化等方面有许多类似之处，也有着共同的原理及规律。

一、机床的类型

1. 机床的分类

机床种类繁多,为了便于设计、制造、使用和管理,需要进行适当的分类。机床可分为非控制机床(传统机床)和数控机床两大类,还可按如下分类方法划分为各种类型。

按加工性质、所用刀具和主要用途分为12大类,即车床、钻床、镗床、磨床、齿轮加工机床、螺纹加工机床、铣床、刨插床、拉床、特种加工机床、锯床和其他机床。

按机床的通用性程度,可分为通用机床(万能机床)、专门化机床和专用机床。通用机床的工艺范围宽,通用性好,能加工一定尺寸范围内的多种类型零件,完成各种工序,如卧式车床、卧式升降台铣床、万能外圆磨床等。通用机床的结构比较复杂,生产率也低,故适用于单件小批量生产。专门化机床只能加工一定尺寸范围内的某一类或几类零件,完成其中的某些特定工序。如曲轴车床、凸轮轴磨床、花键铣床等。专用机床的工艺范围最窄,通常只能完成某一特定零件的特定工序,如车床主轴箱的专用镗床、车床导轨的专用磨床等。组合机床也属于专用机床。

按加工零件大小和机床重量,可分为仪表机床、中小型机床、大型机床(10t~30t)、重型机床(30t~100t)和超重型机床(100t以上)。

按机床的工作精度又可分为P级(普通级,"P"可以省略)、M级(精密级)和G级(高精度级)。

按自动化程度,可分为手动操作机床、半自动机床和自动机床3种。半自动和自动机床在机床型号中分别用汉语拼音字母B和Z表示。

按机床的自动控制方式,可分为仿形机床、数控机床和加工中心等,在机床型号中分别用汉语拼音字母F、K、H表示。

2. 金属切削机床的型号

为了简明地表示出机床的名称、主要规格和特性,以便对机床有一个清晰的概念,需要对每种机床赋予一定的型号。我国机床型号编制按国家标准GB/T 15375—2008《金属切削机床型号编制方法》实施,构成如图11-1所示。机床型号由基本部分和辅助部分组成,中间用"/"隔开。前一部分统一管理,后一部分纳入型号与否由企业自定。

图11-1中,△表示数字;○表示大写汉语拼音或英文字母;括号表示可选项,当无内容时不表示,有内容时则不带括号;●表示大写汉语拼音字母或阿拉伯数字,或两者兼有。

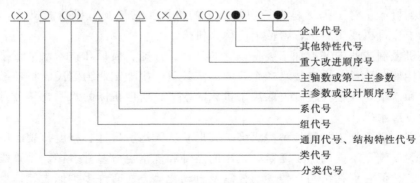

图11-1 金属切削机床的型号

(1) 机床的类代号　我国的机床共分为 12 大类，如有分类则在其类代号前加数字表示，如第二分类磨床在 M 前加"2"，即 2M。机床的类代号和分类代号见表 11-1。

表 11-1　机床类代号和分类代号

类别	代号	类别	代号
车床	C	螺纹加工机床	S
钻床	Z	铣床	X
镗床	T	刨插床	B
磨床	M	拉床	L
	2M	特种加工机床	D
	3M	锯床	G
齿轮加工机床	Y	其他机床	Q

(2) 机床的通用特性代号　当某类型机床除有普通形式外，还具有表 11-2 所列的通用特性时，则在类代号之后，用大写的汉语拼音予以表示。例如，精密车床，在"C"后面加"M"。

表 11-2　机床通用特性代号

通用特性	代号	通用特性	代号
高精度	G	轻型	Q
精密	M	加重型	C
自动	Z	简式或经济型	J
半自动	B	柔性加工单元	R
数控	K	数显	X
加工中心（自动换刀）	H	高速	S
仿形	F		

(3) 机床的组、系代号　每类机床按其用途、性能、结构等分为若干组，如车床分为 10 组，用阿拉伯数字 0～9 表示。每组又可分为若干系（系别），如"落地及卧式车床组"中有 6 个系别，用阿拉伯数字 0～5 表示。在机床型号中，第一位数字代表组别，第二位数字代表系别。

(4) 机床的主参数和第二主参数　型号中的主参数用折算值（一般为机床主参数实际数值的 1/10 或 1/100）表示，位于组、系代号之后。它反映机床的主要技术规格，其单位为 mm。如 C6150 车床，主参数折算值为 50，折算系数为 1/10，即主参数（车床身上零件最大回转直径）为 500mm。

第二主参数在主参数后面，用"×"分开，如 C2150×6 表示最大棒料直径为 500mm 的卧式六轴自动车床。部分机床组型代号及主要参数见表 11-3。

表 11-3　部分机床组型代号及主要参数（摘自 GB/T 15375—2008）

机床类别	组别代号	型别代号	机床名称	主参数	折算系数	第二主参数
车床	1	1	单轴自动车床	最大棒料直径	1/1	
	3	1	转塔车床	最大车削直径	1/10	
	5	2	双柱立式车床	最大车削直径	1/100	最大工件高度
	6	0	落地车床	最大工件回转直径	1/100	最大工件长度
		1	卧式车床	床身上最大工件回转直径	1/10	最大车削长度
钻床	2	1	深孔钻床	最大钻孔深度	1/100	
	3	0	摇臂钻床	最大钻孔直径	1/1	最大跨距
	5	1	立式钻床	最大钻孔直径	1/1	

续表

机床类别	组别代号	型别代号	机床名称	主参数	折算系数	第二主参数
镗床	6	1	卧式镗床	主轴直径	1/10	
	5	1	立式金刚镗床	最大镗孔直径	1/10	
	4	1	坐标镗床	工作台面宽度	1/10	工作台面长度
铣床	1	0	单臂铣床	工作台面宽度	1/100	工作台面长度
	5	0	立式升降台铣床	工作台面宽度	1/10	工作台面长度
	6	1	万能卧式升降台铣床	工作台面宽度	1/10	工作台面长度
	4	3	平面仿形铣床	最大铣削宽度	1/10	最大铣削长度或高度
刨床	2	0	龙门刨床	最大刨削宽度	1/100	最大刨削长度
	6	0	牛头刨床	最大刨削长度	1/10	
磨床	1	3	外圆磨床	最大磨削直径	1/10	最大磨削长度
			矩台平面磨床			
	7	1	无心内圆磨床	工作台面宽度	1/10	工作台面长度
	2	0	螺纹磨床	最大磨削直径	1/1	
			丝杆车床			
螺纹加工机床	7	3	螺纹磨床	最大工件直径	1/10	最大工件或磨削长度
	8	6	丝杆车床	最大工件长度	1/100	最大工件直径

(5) 机床重大改进的序号 当机床的结构、性能有重大改进和提高时，按其设计改进的次序，分别用大写英文字母 A、B、C、D 表示，附在机床型号的末尾，以示区别。如 C6140A 是 C6140 型车床经过第一次重大改进的车床。

目前，工厂中使用较为普遍的几种老型号机床，是按 1959 年前公布的机床型号编制办法编定的。按规定，以前已定的型号现在不改变。例如 C620-1 型卧式车床，型号中的代号及数字含义为：

C——类代号，车床；

6——组代号，卧式车床；

20——主参数代号，机床主轴中心高的 1/10，即主轴中心高为 200mm；

1——重大改进序号，第一次重大改进。

新老型号的主要差别有以下几点：

① 老型号没有组和系的区别，只用一位数字表示组别；

② 老型号的通用代号加在型号的尾部，新型号加在类代号之后；

③ 新老型号的主参数表示方法有所不同，如普通车床的主参数，老型号用中心高表示型号，而新型号则用最大零件回转直径表示；

④ 老型号的重大改进序号用数字 1、2、3 等表示，新型号则用大写英文字母 A、B、C 等表示。

二、机床的构造

各类机床中，车床、钻床、刨床、铣床和磨床是 5 种最基本的机床，图 11-2 至图 11-6 分别为它们构造的示意图。

尽管这些机床的外形、布局和构造各不相同，但归纳起来，它们都是由如下几个主要部分组成的。

(1) 主传动部件 用来实现机床的主运动，例如车床、钻床、铣床的主轴箱，刨床的变速箱和磨床的磨头等。

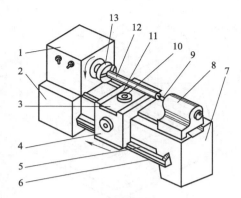
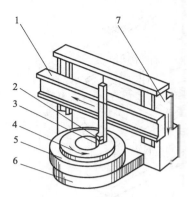

(a) 卧式车床
1—主轴箱；2—进给箱；3—床鞍；4—溜板箱；5—光杠；
6—丝杠；7—床身；8—尾座；9—顶尖；10—车刀；
11—刀架；12—零件；13—卡盘

(b) 立式车床
1—横梁（进给箱）；2—刀架；3—车刀；
4—零件；5—工作台；6—底座（主轴箱）；
7—立柱

图 11-2 车床

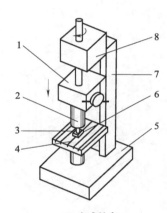
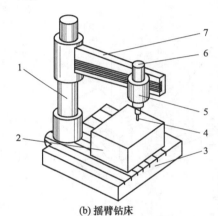

(a) 立式钻床
1—进给箱；2—主轴；3—钻头；4—工作台；
5—底座；6—零件；7—立柱；8—主轴箱

(b) 摇臂钻床
1—立柱；2—零件；3—工作台；4—钻头；
5—主轴箱（进给箱）；6—电动机；7—摇臂

图 11-3 钻床

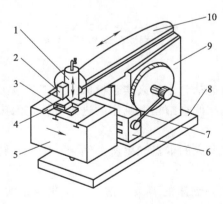
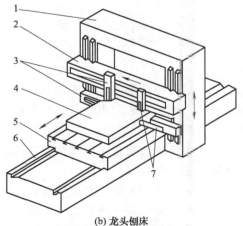

(a) 牛头刨床
1—刀架；2—刨刀；3—零件；4—虎钳；5—工作台；
6—横梁；7—进给机构；8—底座；9—床身（变速箱）；10—滑枕

(b) 龙头刨床
1—立柱；2—横梁（进给机构）；3—刀架；
4—零件；5—工作台；6—床身；7—刨刀

图 11-4 刨床

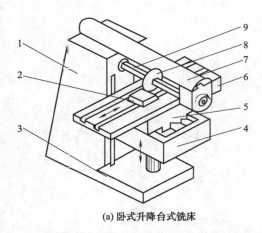

(a) 卧式升降台式铣床

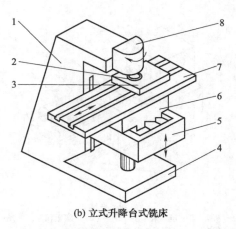

(b) 立式升降台式铣床

1—立柱 主轴箱); 2—零件; 3—底座; 4—升降台(进给箱);
5—床鞍; 6—工作台; 7—横梁; 8—铣刀; 9—刀轴

1—立柱; 2—铣刀; 3—零件; 4—底座; 5—升降台(进给箱);
6—床鞍; 7—工作台; 8—主轴箱

图 11-5 铣床

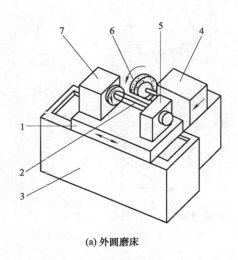

(a) 外圆磨床

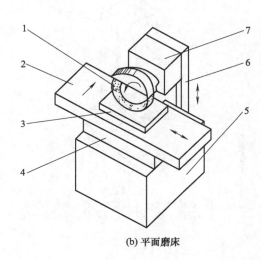

(b) 平面磨床

1—工作台; 2—零件; 3—床身; 4—磨头;
5—尾架; 6—砂轮; 7—头架

1—砂轮; 2—工作台; 3—零件; 4—床鞍;
5—床身; 6—立柱; 7—磨头

图 11-6 磨床

(2) 进给传动部件 主要用来实现机床的进给运动, 也用来实现机床的调整、退刀及快速运动等, 例如车床的进给箱、溜板箱, 钻床、铣床的进给箱, 刨床的进给机构, 磨床的液压传动装置等。

(3) 零件安装装置 用来安装零件, 例如卧式车床的卡盘和尾座, 钻床、刨床、铣床和平面磨床的工作台等。

(4) 刀具安装装置 用来安装刀具, 例如车床、刨床的刀架, 钻床、立式铣床的主轴, 卧式铣床的刀轴, 磨床磨头的砂轮轴等。

(5) 支承件 用来支承和连接机床的各零部件, 是机床的基础构件, 例如各类机床的床身、立柱、底座、横梁等。

(6) 动力源 为机床运动提供动力, 即电动机。

其他类型机床的基本构造与上述机床类似，可以看成是它们的演变和发展。

单元二　切削运动与切削要素

切削运动与切削要素

一、零件表面的形成及切削运动

虽然机器零件的形状千差万别，但分析起来都是由下列几种简单的表面组成的，即外圆面、内圆面（孔）、平面和成形面。因此，只要能对这几种表面进行加工，就基本上能完成所有机器零件表面的加工。

外圆面和内圆面（孔）是以某一直线或曲线为母线，以圆为轨迹，做旋转运动时所形成的表面。

平面是以一直线为母线，以另一直线为轨迹，做平移运动时所形成的表面。

成形面是以曲线为母线，以圆、直线或曲线为轨迹，作旋转或平移运动时所形成的表面。

零件的不同表面，分别由相应的加工方法来获得，而这些加工方法是通过零件与不同的切削刀具之间的相对运动来进行的。我们称这些刀具与零件之间的相对运动为切削运动。以车床加工外圆柱面为例来研究切削的基本运动，如图11-7所示。切削运动可分为主运动和进给运动两种类型。

1. 主运动

使零件与刀具之间产生相对运动以进行切削的最基本运动，称为主运动。主运动的速度最高，所消耗的功率最大。在切削运动中，主运动只有一个。它可由零件完成，也可以由刀具完成；可以是旋转运动，也可以是直线运动。如图11-7中由车床主轴带动零件做的回转运动。

2. 进给运动

不断地把被切削层投入切削，以逐渐切削出整个零件表面的运动，称为进给运动。如图11-7中刀具相对于零件轴线的平行直线运动。进给运动一般速度较低，功率较小，可由一个或多个运动组成。它可以是连续的，也可以是间断的。

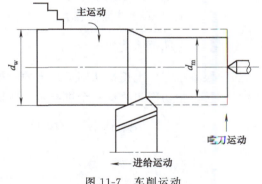

图11-7　车削运动

二、切削要素

在切削过程中，零件上形成了以下3个表面。

已加工表面：零件上切除切屑后留下的表面。

待加工表面：零件上将被切除切削层的表面。

过渡表面：零件上正在切削的表面，即已加工表面和待加工表面之间的表面。

在一般的切削加工中，切削要素（即切削用量）包括切削速度、进给量和背吃刀量3个要素。

1. 切削速度 v_c

切削速度是指在单位时间内，刀具相对于零件沿主运动方向的位移，单位为 m/s。当主运动是回转运动时，其切削速度

$$v_c = \frac{\pi d n}{1000} \tag{11-1}$$

式中　d——零件待加工表面直径 d_w 或刀具直径 d_o，mm；
　　　n——零件或刀具的转速，r/s。

若主运动是往复运动，则其平均速度

$$v_c = \frac{2 L n_r}{1000} \tag{11-2}$$

式中　L——往复运动行程长度，mm；
　　　n_r——主运动每秒的往复次数，str/s。

2. 进给量 f

进给量是指在单位时间内，刀具相对于零件沿进给运动方向的相对位移。例如车削时，零件每转一转，刀具所移动的距离，即为（每转）进给量，单位为 mm/r。又如在牛头刨床上刨平面时，刀具往复一次，零件移动的距离，单位为 mm/str（即毫米/双行程）。铣削时由于铣刀是多齿刀具，还常用每齿进给量表示，单位为 mm/z（即毫米/齿）。

3. 背吃刀量 a_p

待加工表面与已加工表面间的垂直距离，单位为 mm。对于图 11-8 外圆车削来说，背吃刀量可表示为

$$a_p = \frac{d_w - d_m}{2} \tag{11-3}$$

式中　d_w——待加工圆柱面直径；
　　　d_m——已加工圆柱面直径。

三、切削层的几何参数

切削层是指零件上正被切削刃切削的一层金属，即两个相邻加工表面间的那层金属，即零件转一转，主切削刃移动一个进给量，所切除的金属层，如图 11-8 所示。

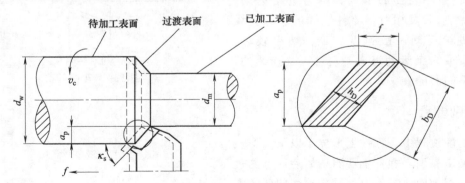

图 11-8　车削要素

切削层参数对切削过程中切削力的大小、刀具的载荷和磨损、零件加工的表面质量和生产率都有决定性的影响。

通常在垂直于切削速度的平面内观察和度量切削层的几何参数，包括切削层公称厚度、切削层公称宽度和切削层公称横截面积。

1. 切削层公称厚度 h_D

切削层公称厚度指相邻两加工表面间的垂直距离，如图 11-8 所示。公称厚度的单位为 mm。车外圆时，若车刀主切削刃为直线，则

$$h_D = f\sin k_r \tag{11-4}$$

从式 (11-4) 可见，切削层厚度和进给量与刀具和零件间的相对角度有关。

2. 切削层公称宽度 b_D

切削层公称宽度指沿主切削刃度量的切削层尺寸，单位为 mm。车外圆时：

$$b_D = \frac{a_p}{\sin k_r} \tag{11-5}$$

3. 切削层公称横截面积 A_D

切削层公称横截面积指切削层在垂直于切削速度截面内的面积，单位为 mm^2。车外圆时：

$$A_D = h_D b_D = f a_p \tag{11-6}$$

单元三　金属切削刀具

无论哪种刀具，一般都是由切削部分和夹持部分组成。夹持部分是用来将刀具夹持在机床上的部分，要求它能保证刀具具有正确的工作位置，传递所需要的运动和动力，并且夹持可靠，装卸方便。切削部分是刀具上直接参与切削工作的部分，刀具的切削性能取决于刀具切削部分的性能和几何形状。

一、刀具材料

1. 刀具材料应具备的性能

刀具材料是指切削部分的材料。它在高温下工作，并要承受较大的压力、摩擦力、冲击力和振动力等。由于刀具工作环境的特殊性，为保证切削的正常进行，刀具材料必须具备以下基本要求。

(1) 高硬度　刀具的硬度必须高于被切削零件材料的硬度，才能切下金属切屑。常温硬度一般在 60HRC 以上。

(2) 足够的强度和韧度　刀具在切削力作用下工作，应具有足够的抗弯强度。刀具有足够的韧度，才能承受切削时的冲击载荷（如断续切削时产生的冲击）和振动。

(3) 高耐磨性　刀具材料应具有高的抵抗磨损的能力，以保持切削刃的锋利。一般来说，材料的硬度愈高，耐磨性愈好。

(4) 高的热硬性（红硬性）　由于切削区温度很高，因此刀具材料应具有在高温下仍能保持高硬度的性能。热硬性用能承受的最高切削温度来表示。高温时硬度高则热硬性高。热硬性是评价刀具材料切削性能的主要指标之一。

(5) 良好的工艺性　为了便于刀具的制造，刀具材料应具有良好的工艺性。工艺性包括锻、轧、焊、切削加工、磨削加工和热处理性能等。

目前已开发使用的刀具材料,各有其特性,但都不能完全满足上述要求。在生产中常根据被加工对象的材料性能及加工要求,选用相应的刀具材料。

2. 常用的刀具材料

(1) 碳素工具钢 是含碳量在 0.7%～1.3% 的优质碳钢,淬火后硬度为 61～65HRC。其热硬性差,在 200～500℃ 时即失去原有硬度,且淬火后易变形和开裂,不宜作复杂刀具。常用作低速、简单的手工工具,如锉刀、锯条等。常用牌号有 T10A 和 T12A。

(2) 合金工具钢 在碳素工具钢中加入少量的铬、钨、锰、硅等合金元素,以提高其热硬性和耐磨性,并能减少热处理变形,耐热温度为 300～400℃,用以制造形状复杂、要求淬火变形小的刀具,如绞刀、丝锥、板牙等。常用牌号有 9SiCr 和 CrWMn。

(3) 高速钢 它是含 W、Cr、V 等合金元素较多的合金工具钢。它的热硬性(500～600℃)和耐磨性虽低于硬质合金,但强度和韧度高于硬质合金,工艺性较硬质合金好,且价格也比硬质合金低。由于高速钢工艺性能较好,所以高速钢除以条状刀坯直接刃磨切削刀具外,还广泛地用于制造形状较为复杂的刀具,如麻花钻、铣刀、拉刀、齿轮刀具和其他成形刀具等。

常用高速钢有普通型高速钢、高性能高速钢和粉末冶金高速钢。

普通型高速钢有钨钢类和钨钼钢类。钨钢类的典型牌号为 W18Cr4V。钨钼钢类如 W6Mo5Cr4V2,其热塑性比钨钢类好,可通过热轧工艺制作刀具,韧度也较钨钢更高。

高性能高速钢是在普通高速钢的基础上增加一些 C 和 V,并加入 Co、Al 等合金元素,提高其热稳定性和耐热性,所以也叫高热稳定性高速钢。其在 630～650℃ 时也能保持 60HRC 的硬度。典型牌号如高碳高速钢 9W18Cr4V,高钒高速钢 W6Mo5Cr4V3,钴高速钢 W6Mo5Cr4V2Co8,超硬高速钢 W2Mo9Cr4VCo8 等。

粉末冶金高速钢是由超细的高速钢粉末,通过粉末冶金的方式制作的刀具材料。其强度、韧度和耐磨性都有较大程度的提高,但价格也较高。

(4) 硬质合金 是以 WC、TiC 等高熔点的金属碳化物粉末为基体,用 Co 或 Ni、Mo 等作胶黏剂,用粉末冶金的方法烧结而成。其硬度高达 87～92HRA(相当于 70～75HRC),热硬性很高,在 850～1000℃ 高温时,尚能保持良好的切削性能。

硬质合金刀具的切削效率是高速钢刀具的 5～10 倍,广泛使用硬质合金刀具是提高切削加工经济性的最有效的途径之一。硬质合金刀具能切削一般钢刀具无法切削的材料,如淬火钢。硬质合金刀具的缺点是性脆、抗弯强度和冲击韧度均比高速钢刀具低,刃口不锋利,工艺性较差,难加工成形,不易做成形状较复杂的整体刀具,因此目前还不能完全代替高速钢刀具。

硬质合金是重要的刀具材料。车刀和端铣刀大多使用硬质合金制作。钻头、深孔钻、绞刀、齿轮滚刀等刀具中,使用硬质合金的也日益增多。

(5) 陶瓷材料 陶瓷是以 Al_2O_3 为主要成分,加少量添加剂,经高压压制烧结而成,它的硬度、耐磨性和热硬性均比硬质合金好,用陶瓷材料制成的刀具,适于加工高硬度的材料。刀具硬度为 93～94HRA,在 1200℃ 的高温下仍能继续切削。陶瓷与金属的亲和力小,用陶瓷刀具切削不易粘刀且不易产生积屑瘤,被切削件加工表面粗糙度小,加工钢件时的刀具寿命是硬质合金的 10～12 倍。但陶瓷刀片性脆,抗弯强度与冲击韧度低,一般用于钢、铸铁以及高硬度材料(如淬火钢)的半精加工和精加工。

为了提高陶瓷刀片的强度和韧度,可在矿物陶瓷中添加高熔点、高硬度的碳化物(如

TiC）和一些其他金属（如镍、钼）以构成复合陶瓷。我国陶瓷刀片（牌号 AT6）就是复合陶瓷，其硬度为 935～945HRA，抗弯强度 $\sigma_b>900$ MPa。

我国的陶瓷刀片牌号有 AM、AMF、AT6、SG3、SG4、LT35、LT55 等。

3. 其他新型刀具材料

（1）涂层刀具　涂层刀具是在韧度较好的硬质合金或高速钢刀具基体上，涂覆一薄层耐磨性高的难熔金属化合物而获得的。

常用的涂层材料有 TiC、TiN、Al_2O_3 等。TiC 的硬度比 TiN 高，抗磨损性能好，对于会产生剧烈磨损的刀具，TiC 涂层较好。TiN 与金属的亲和力小，湿润性能好，在容易产生黏结的条件下，TiN 涂层较好。在高速切削产生大量热量的场合，采用 Al_2O_3 涂层为好，因为 Al_2O_3 在高温下有良好的热稳定性能。

涂层硬质合金刀片的耐用度至少可提高 1～3 倍，涂层高速钢刀具的耐用度则可提高 2～10 倍。加工材料的硬度愈高，则涂层刀具的效果愈好。

（2）人造金刚石　人造金刚石是通过金属催化剂的作用，在高温高压下由石墨转化而成的。人造金刚石具有极高的硬度（显微硬度可达 HV10000）和耐磨性，其摩擦系数小，切削刃可以做得非常锋利。因此，用人造金刚石做刀具可以获得很高的加工表面质量。但人造金刚石的热稳定性差（不得超过 700～800℃），特别是它与铁元素的化学亲和力很强，因此它不宜用来加工钢铁件。人造金刚石主要用于制作磨具和磨料，用作刀具材料时，多用于在高速下精细车削或镗削有色金属及非金属材料。尤其是用它切削加工硬质合金、陶瓷、高硅铝合金及耐磨塑料等高硬度、高耐磨性的材料时，具有很大的优势。

（3）立方氮化硼　立方氮化硼是由六方氮化硼在高压下加入催化剂转变而成的。它是 20 世纪 70 年代才发展起来的一种新型刀具材料，立方氮化硼的硬度很高（可达到 HV800～900），并具有很高的热稳定性（1300～1400℃）。它最大的优点是高温（1200～1300℃）时也不易与铁族金属起反应。因此，它能胜任淬火钢、冷硬铸铁的粗车和精车，同时还能高速切削高温合金、热喷涂材料、硬质合金及其他难加工材料。

二、刀具角度

金属切削刀具的种类很多，其形状、结构各不相同，但是它们的基本功用都是在切削过程中，从零件毛坯上切下多余的金属。因此它们在结构上基本相同，尤其是切削部分。外圆车刀是最基本、最典型的切削刀具，故通常以外圆车刀为代表来说明刀具切削部分的组成，并给出切削部分几何参数的一般性定义。其他的多刃刀具和砂轮在学习情境三中已有介绍。

1. 刀具切削部分的组成

刀具各组成中承担切削工作的部分为刀具的切削部分。图 11-9 所示的外圆车刀切削部分的结构要素及其定义如下。

（1）前刀面　切屑被切下后，从刀具切削部分流出所经过的表面。

（2）主后刀面　在切削过程中，刀具上与零件的过渡表面相对的表面。

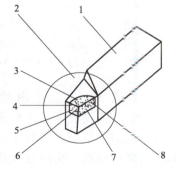

图 11-9　刀具切削部分的组成
1—夹持部分；2—切削部分；3—前刀面；
4—副切削刃；5—副后刀面；6—刀尖；
7—主后刀面；8—主切削刃

(3) 副后刀面　在切削过程中，刀具上与零件的已加工表面相对的表面。

(4) 主切削刃　前刀面与主后刀面的交线，切削时承担主要的切削工作。

(5) 副切削刃　前刀面与副后刀面的交线，也起一定的切削作用，但不明显。

(6) 刀尖　主切削刃与副切削刃相交之处，刀尖并非绝对尖锐，而是一段过渡圆弧或直线。

2. 定义刀具角度的参考系

为了表示出刀具几何角度的大小以及刃磨和测量刀具角度的需要，必须表示出上述刀面和切削刃的空间位置。而要确定它们的空间位置，就应该建立假想的平面参考坐标系，如图 11-10 所示。它是在不考虑进给运动的大小，并假定车刀刀尖与主轴轴线等高、刀杆中心线垂直于进给方向的情况下建立的。它是由 3 个互相垂直的平面组成的。

(1) 基面（P_r）　通过主切削刃上的某一点，与该点的切削速度方向相垂直的平面。

(2) 切削平面（P_s）　通过主切削刃上的某一点，与该点过渡表面相切的平面。该点的切削速度矢量在该平面内。

(3) 主剖面（P_o）　通过主切削刃上的某一点，且与主切削刃在基面上的投影相垂直的平面。

3. 刀具的标注角度

刀具的标注角度是刀具制造和刃磨的依据。车刀的标注角度主要有 5 个，如图 11-11 所示。

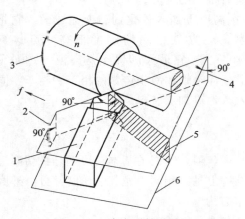
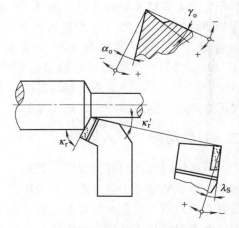

图 11-10　参考系辅助平面
1—车刀；2—基面（P_r）；3—零件；
4—切削平面（P_s）；5—主剖面（P_o）；6—底面

图 11-11　车刀的标注角度

(1) 前角 γ_o　在主剖面内测量的前刀面与基面之间的夹角。根据前刀面和基面相对位置的不同，又分别规定为正前角、零前角、负前角（图 11-11）。适当增大前角，则主切削刃锋利，切屑变形小，切削轻快，减少切削力和切削热。但前角过大，切削刃变弱，散热条件和受力状态变差，将使刀具磨损加快，耐用度降低，甚至崩刃或损坏。生产中应根据零件材料、刀具材料和加工要求合理选择前角的数值。加工塑性材料时，应选较大的前角；加工脆性材料时，选较小的前角；精加工时前角可选大些，粗加工时前角可选小些。通常硬质合金刀具的前角在 $-5°\sim +25°$ 的范围内选取。

(2) 后角 α_o　在主剖面内测量的主后刀面与切削平面之间的夹角。后角用以减少刀具主后刀面与零件过渡表面间的摩擦和主后刀面的磨损，配合前角调整切削刃的锋利程度与强度；直接影响加工表面质量和刀具耐用度。后角大，摩擦小，切削刃锋利。但后角过大，将使切削刃变弱，散热条件变差，加速刀具磨损。因此，后角应在保证加工质量和刀具耐用度的前提下取小值。粗加工和承受冲击载荷的刀具，为了保证切削刃的强度，应取较小的后角，通常为 $4°\sim 7°$。精加工为减少后刀面的磨损，应取较大的后角，一般为 $8°\sim 12°$。

(3) 主偏角 κ_r　在基面内测量的主切削刃在基面上的投影与进给运动方向的夹角。主偏角的大小影响切削断面形状和切削分力的大小。在进给量和背吃刀量相同的情况下，减小主偏角，将得到薄而宽的切屑。由于主切削刃参加切削的长度增加，增大了散热面积，使刀具寿命得到提高。但减小主偏角却使吃刀抗力 F_y 增加。当加工刚性差的零件时，为了避免零件产生变形和振动，常采用较大的主偏角。车刀常用的主偏角有 $45°$、$60°$、$75°$、$90°$ 几种。

(4) 副偏角 κ_r'　在基面内测量的副切削刃在基面上的投影与进给运动反方向的夹角。副偏角的作用是减少副切削刃与零件已加工表面之间的摩擦，防止切削时产生振动。减小副偏角，可减小切削残留面积的高度，降低表面粗糙度 Ra 值。一般车刀的 $\kappa_r'=5°\sim 7°$。粗加工时 κ_r' 取较大值，精加工时取较小值，必要时可磨出一段 $\kappa_r'=0$ 的修光刃，其长度为进给量的 $1.2\sim 1.5$ 倍。断续切削时 $\kappa_r'=4°\sim 6°$，以提高刀尖强度。对于切槽刀，为了保证刀头强度和重磨后主切削刃宽度变化小，$\kappa_r'=1°\sim 2°$。

(5) 刃倾角 λ_s　在切削平面内测量的主切削刃与基面之间的夹角。当主切削刃呈水平时，$\lambda_s=0$；刀尖为主切削刃上最高点时，$\lambda_s>0$；刀尖为主切削刃上最低点时，$\lambda_s<0$。刃倾角主要影响刀头的强度和排屑方向。粗加工和断续切削时，为了增加刀头强度，λ_s 常取负值。精加工时，为了防止切屑划伤已加工表面，λ_s 常取正值或零。

单元四　金属切削过程

金属切削过程不是将金属劈开而去除金属层，而是靠刀具的前刀面与零件间的挤压，使零件表层材料产生以剪切滑移为主的塑性变形成为切屑而去除。从这个意义上讲，切削过程也就是切屑的形成过程。

一、切屑的形成及其类型

1. 切削过程

金属的切削过程，其实质是工件在刀具作用下产生塑性变形的过程。金属塑性变形是金属切削过程中各种物理现象的根源。当切削层金属受到前刀面挤压时，其内部应力和应变逐渐增大，在与作用力大致成 $45°$ 角的方向上，当切应力的数值达到屈服点时，将产生滑移（图 11-12）。随着刀具连续切入，原来处于始滑移面 OA 上的金属向刀具靠近；当滑移过程进入终滑移面 OE 位置时，应力达到最大值；当超过材料的强度极限时，材料被挤裂。超过 OE 面后，切削层脱离工件，由于金属材料的组织性能和切削条

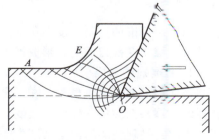

图 11-12　切削变形

件不同，从而形成不同类型的切屑。

2. 切屑类型

切削加工时，由于不同的材料、不同的切削速度和不同的刀具角度，滑移变形的程度差异很大，产生的切屑形态也是多样的。一般来说，可以分为以下 4 种类型，如图 11-13 所示。

（1）带状切屑　如图 11-13（a）所示，带状切屑连续不断，呈带状，内表面是光滑的，外表面是毛茸的。一般在加工塑性金属材料时，当切削厚度较小、切削速度较高、刀具前角较大时，往往得到这类切屑。形成带状切屑时，切削过程较平稳、切削力波动较小，已加工表面的表面粗糙度值较小。

（2）节状切屑（挤裂切屑）　如图 11-13（b）所示，切屑的外表面呈锯齿形，内表面有时有裂纹。这是由于材料在剪切滑移过程中滑移量较大，由滑移变形所产生的加工硬化使剪切应力增大，在局部达到了材料的断裂强度所引起的。这种切屑大多在加工较硬的塑性金属材料且所用的切削速度较低、切削厚度较大、刀具前角较小的情况下产生。切削过程中的切削力波动较大，已加工表面的表面粗糙度值较大。

（3）粒状切屑（单元切屑）　如图 11-13（c）所示，在切削塑性材料时，如果被剪切面上的应力超过零件材料的强度极限时，裂纹扩展到整个面上，则切屑被分成梯形的粒状切屑。加工塑性金属材料时，当切削厚度较大、切削速度较低、刀具前角较小时，易形成粒状切屑。粒状切屑的切削力波动最大，已加工表面粗糙。

（4）崩碎切屑　如图 11-13（d）所示，崩碎切屑的形状不规则，加工表面是凹凸不平的。切屑在破裂前变形很小，它的脆断主要是由于材料所受应力超过了它的抗拉极限。崩碎切屑发生在加工脆性材料（如铸铁）时，零件材料越是硬脆、刀具前角越小、切削厚度越大时，越易产生这类切屑。形成崩碎切屑的切削力波动大，已加工表面粗糙，且切削力集中在切削刃附近，使切削刃容易损坏，故应尽量避免。提高切削速度、减小切削厚度、适当增大前角，可使切屑成针状或片状。

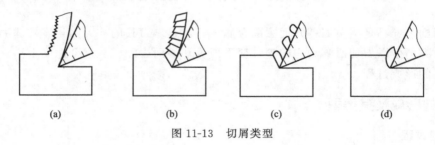

图 11-13　切屑类型

二、积屑瘤

在一定范围的切削速度下切削塑性材料且形成带状切屑时，常有一些来自切屑底层的金属黏接、层积在前刀面上，形成硬度很高的楔块，称为积屑瘤，如图 11-14 所示。

1. 积屑瘤的形成

当切屑沿前刀面流出时，在一定的温度和压力的作用下，切屑与前刀面接触的表层产生强烈的摩擦甚至黏接，使该表层变形层流速减慢；切屑内部靠近表层的各层间流速不同，形成滞流层，导致切屑层内层处产生平行于黏接表面的切应力。当该切应力超过材料的强度极限时，底面金属被剪断而黏接在前刀面上，形成积屑瘤。

2. 积屑瘤对切削过程的影响

积屑瘤由于经过了强烈的塑性变形而强化，因而可代替切削刃进行切削，它有保护切削刃和增大实际工作前角的作用（图 11-14），使切削轻快，可减少切削力和切屑变形，粗加工时产生积屑瘤有一定好处。但是积屑瘤的顶端伸出切削刃之外，它时现时消，时大时小，这就使切削层的公称厚度发生变化，导致切削力的变化，引起振动，降低了加工精度。此外，有一些积屑瘤碎片黏附在零件已加工表面上，使表面变得粗糙。因此在精加工时，应当避免产生积屑瘤。

3. 积屑瘤的控制

影响积屑瘤形成的主要因素有零件材料的力学性能、切削速度和冷却润滑条件等。

在零件材料的力学性能中，影响积屑瘤形成的主要因素是塑性。塑性愈大，愈容易形成积屑瘤，如加工低碳钢、中碳钢、铝合金等材料时容易产生积屑瘤。要避免积屑瘤，可将零件材料进行正火或调质处理，以提高其强度和硬度，降低塑性。

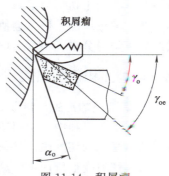

图 11-14　积屑瘤

切削速度是通过切削温度和摩擦来影响积屑瘤的。当切削速度低于 5m/min 时，切削温度低，切屑与前刀面摩擦不大，切屑内表面的切应力不会超过材料的强度极限，故不会产生积屑瘤。当切削速度提高到 5～50m/min 时，切削温度升高，且切屑底面的新鲜金属来不及充分氧化，摩擦系数增大，切屑内表面的切应力会超过材料的强度极限，部分底层金属黏结在切削刃上而产生积屑瘤。加工钢材时约在 300℃ 时摩擦系数最大，积屑瘤高度也最大。当切削速度大于 100m/min 时，切屑底面金属呈微熔状态，减少了摩擦，因而不会产生积屑瘤。

因此，精车和精铣一般均采用高速切削，而在铰削、拉削、宽刃精刨和精车丝杠、蜗杆等情况下，采用低速切削，以避免形成积屑瘤。采用适当的切削液，可有效地降低切削温度，减少摩擦，也是减少或避免积屑瘤产生的重要措施之一。

三、切削力和切削功率

在切削过程中，切削力直接影响切削热、刀具磨损与耐用度、加工精度和已加工表面质量。在生产中，切削力又是计算切削功率，设计机床、刀具、夹具以及监控切削过程和刀具工作状态的重要依据。研究切削力的规律，对于分析生产过程和解决金属切削加工中的工艺问题都有重要意义。

在切削加工时，刀具上所有参与切削的各切削部分所产生的切削力的合力，称为刀具的总切削力，用符号 F 表示。在进行工艺分析时，常将总切削力 F 分解为三个相互垂直的分力，见图 11-15。

总切削力 F 在主运动方向上的正投影，称为切削力，用符号 F_c 表示。切削力大小约占总切削力的 90% 以上，一般消耗机床功率的 95% 以上，它是计算机床

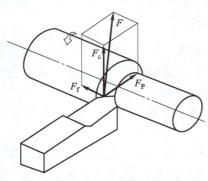

图 11-15　总切削力的分解

功率、设计主运动传动系统零件、夹具强度和刚度的主要依据。

总切削力 F 在进给运动方向上的正投影，称为进给力，用符号 F_f 表示。进给力一般只消耗机床功率的 1%～5%，它是设计进给运动传动系统零件的主要依据。

总切削力 F 在垂直于工作平面上的分力，称为背向力，用符号 F_p 表示。背向力不做功，但会使工件产生弹性弯曲，引起振动，影响加工精度和表面粗糙度。

工件材料的成分、组织和性能是影响切削力的主要因素。金属材料的强度、硬度越高，则变形抗力越大，切削力 F_c 也越大。对于强度、硬度相近的材料，若塑性、韧性较好，则变形较严重，需要的切削力也较大。刀具角度中前角对切削力的影响最大。较大的前角使刃口锋利，有利于切削力下降。切削用量对切削力有影响，主要表现为背吃刀量和进给量的影响，背吃刀量增加一倍，会使切削力增加一倍。而进给量增加一倍时，由于切削变形沿切削层厚度不均匀分布，切削力增加了 68%～86%。

四、切削热和切削温度

1. 切削热的产生与传散

切削加工过程中，切削功几乎全部转换为热能，将产生大量的热量。将这种产生于切削过程的热量称为切削热。其来源有以下 3 种。

（1）切屑变形所产生的热量，是切削热的主要来源。

（2）切屑与刀具前刀面之间的摩擦所产生的热量。

（3）零件与刀具后刀面之间的摩擦所产生的热量。

切削塑性材料时，切削热主要来源于第Ⅰ和第Ⅱ变形区。切削脆性材料时，由于产生崩碎切屑，因而切屑与前刀面的挤压与摩擦较小，所以切削热主要来源于第Ⅰ和第Ⅲ变形区。

切削热通过切屑、零件、刀具以及周围的介质传散。各部分传热的比例取决于零件材料、切削速度、刀具材料及几何角度、加工方式以及是否使用切削液等。例如用高速钢车刀及与之相适应的切削速度切削钢材时，切削热 50%～86% 由切屑带走，10%～40% 传入零件，3%～9% 传入车刀，1% 左右通过辐射传入空气。而钻削钢件时，散热条件差，切削热 52.5% 传入零件，28% 由切屑带走，14.5% 传入钻头，5% 左右传入到周围介质。

传入零件的切削热，使零件产生热变形，影响加工精度，特别是加工薄壁零件、细长零件和精密零件时，热变形的影响更大。磨削淬火钢件时，磨削温度过高，往往使零件表面产生烧伤和裂纹，影响零件的耐磨性和使用寿命。

传入刀具的切削热，比例虽然不大，但由于刀具的体积小，热容量小，因而温度高，高速切削时，切削温度可达 1000℃，加速了刀具的磨损。

2. 切削温度及其影响因素

切削温度一般是指切屑、零件和刀具接触面上的平均温度。切削温度，除了用仪器进行测定外，还可以通过观察切屑的颜色大致估计出来。如切削碳素结构钢时，切屑呈银白色或黄色说明切削温度不高；切屑呈深蓝色或蓝黑色则说明切削温度很高。

切削温度的高低取决于切削热的产生和传散情况。影响切削温度的主要因素有以下几点。

（1）切削用量　切削用量中，切削速度 v_c 对切削热的影响最大，进给量 f 次之，背吃刀量 a_p 最小。当切削速度增加时，切削功率增加，切削热亦增加；同时由于切屑底层与前刀面强烈摩擦产生的摩擦热来不及向切屑内部传导，而大量积聚在切屑底层，因而使切削温度升高。增大进给量,单位时间内的金属切除量增多,切削热也增加。但进给量对于切削温度的影响,则不如切削速度那样显著,这是由于进给量增加,使切屑变厚,切屑的热容量增大,由切屑带走的热量增多,切削区的温升较小。切削深度增加,切削热虽然增加,但切削刃参加工作的长度也增加,改善了散热条件,因此切削温度的上升不明显。从降低切削温度、提高刀具耐用度的观点来看,选用大的切削深度和进给量,比选用高的切削速度更有利。

(2) 零件材料　零件材料的强度和硬度越高,切削中消耗的功率越大,产生的切削热越多,切削温度也越高。即使对同一材料,由于其热处理状态不同,切削温度也不相同。如 45 钢在正火状态 ($\sigma_b \approx 600 \text{MPa}$, $\text{HBS} \approx 187$)、调质状态 ($\sigma_b \approx 750 \text{MPa}$, $\text{HBS} \approx 229$) 和淬火状态 ($\sigma_b \approx 1480 \text{MPa}$, $\text{HRC} \approx 44$) 下,其切削温度相差悬殊。与正火状态相比,调质状态的切削温度增加 20%～25%,淬火状态的切削温度增加 40%～45%。零件材料的导热系数高(如铝、镁合金),切削温度低。切削脆性材料时,由于塑性变形很小,崩碎切屑与前刀面的摩擦也小,产生的切削热较少。采用 YG8 硬质合金车刀切削 HT200 时,其切削温度比切削 45 钢低 20%～25%。

(3) 刀具角度　前角的大小直接影响切削过程中的变形和摩擦,增大前角,可减少切屑变形,产生的切削热少,切削温度低。但当前角过大时,会使刀具的散热条件变差,反而不利于切削温度的降低。减小主偏角,主切削刃参加切削的长度增加,散热条件变好,可降低切削温度。

五、刀具磨损和刀具耐用度

在切削过程中,刀具与零件和切屑间的强烈挤压和摩擦会造成刀具磨损。磨损后的刀具切削刃变钝,以致无法再使用。对于可重磨刀具,经过重新刃磨以后,切削刃恢复锋利,仍可继续使用。这样经过使用、磨钝、刃磨、锋利若干个循环以后,刀具的切削部分便无法继续使用,而完全报废。刀具从开始切削到完全报废,实际切削时间的总和称为刀具寿命。

1. 刀具磨损的形式与过程

刀具正常磨损时,按其发生的部位不同有后刀面磨损、前刀面磨损、前后刀面同时磨损 3 种形式,如图 11-16 所示。

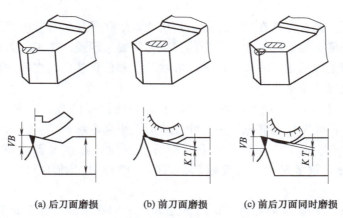

图 11-16　刀具的磨损形式

2. 影响刀具磨损的因素

实践表明，增大切削用量时切削温度随之增高，将加速刀具磨损。在切削用量中，切削速度对刀具磨损的影响最大。

此外，刀具材料、刀具几何角度、零件材料以及是否采用切削液等，也都会影响刀具的磨损。例如耐热性好的刀具材料，就不易磨损；适当加大前角，由于减小了切削力，减少了摩擦，可减少刀具的磨损。

3. 刀具耐用度

刃磨后的刀具自开始切削直到磨损量达到磨钝标准为止的切削时间称为刀具耐用度，以 T 表示。刀具的耐用度越高，两次刃磨或更换刀具之间的实际工作时间越长。

粗加工时，多以切削时间表示刀具耐用度。目前硬质合金焊接车刀的耐用度大致为 60min，高速钢钻头的耐用度为 80~120min，硬质合金端铣刀的耐用度为 120~180min，齿轮刀具的耐用度为 200~300min。

精加工时，常以走刀次数或加工零件个数表示刀具耐用度。

生产实践表明，切削速度的提高，将使刀具磨损加快，耐用度降低。若切削速度增加 20%，刀具耐用度约下降 45%；切削速度增加 100%，刀具耐用度约下降 90%。因此，要提高生产率，不能盲目地提高切削速度，而应考虑增大背吃刀量和进给量。

单元五　切削加工技术经济

优质、高产、低消耗，是对每个机械制造企业的基本要求。用最低的生产成本和最高的生产率生产出优质产品，就能使产品在市场上具有很强的竞争能力。影响 3 个技术经济指标的因素很多，如企业的管理水平、厂房设备、人员结构、生产批量、零件的技术要求、材料和毛坯的选择、刀具与切削用量的合理选择以及零件材料的切削加工性能等。

一、切削加工的主要技术经济指标

1. 产品质量

零件经切削加工后的质量包括加工精度和表面质量，它直接影响着产品的使用性能、可靠性和寿命。

（1）加工精度　是指零件在加工之后，其尺寸、形状等几何参数的实际数值同它们理想几何参数的符合程度。而它们之间不符合的程度称为加工误差。加工误差愈小，加工精度愈高。零件的加工精度包括零件的尺寸精度、形状精度和位置精度，在零件图上分别用尺寸公差、形状公差和位置公差来表示。

① 尺寸精度　指的是表面本身的尺寸精度（如圆柱面的直径）和表面间的尺寸精度（如孔间距离等）。尺寸精度的高低，用尺寸公差的大小来表示。

国家标准 GB/T 18002—2009《极限与配合》规定，标准公差分成 20 级，即 IT01、IT02 和 IT1~IT18。数字越大，精度越低。IT01~IT13 用于配合尺寸，其余用于非配合尺寸。

② 形状精度　指的是实际零件表面与理想表面之间在形状上接近的程度，如圆柱面的圆柱度、圆度，平面的平面度等。

③ 位置精度 指实际零件的表面、轴线或对称平面之间的实际位置与理想位置接近的程度，如两圆柱面间的同轴度，二平面间的平行度或垂直度等。

影响加工精度的因素很多。如机床、刀具、夹具本身的制造误差及使用过程的磨损；零件的安装误差；切削过程中在切削力、夹紧力以及切削热的作用下引起的工艺系统（由机床、夹具、刀具和零件组成的完整系统）变形所造成的误差；测量和调整误差等。

由于在加工过程中有上述诸多因素影响加工精度，不同的加工方法得到不同的加工精度，即使是同一种加工方法，在不同的加工条件下所能达到的加工精度也不同。甚至在相同的条件下采用同一种方法，如果多费一些工时，细心地完成每一个操作，也能提高加工精度。但这样做又降低了生产率，增加了生产成本，因而是不经济的。所以，通常所说的某种加工方法所能达到的加工精度，是指在正常条件下（正常的设备、合理的工时定额、一定熟练程度的工人操作）所能经济地获得的加工精度，称为经济精度，见表 11-4。

表 11-4 各种切削加工方法所能达到的加工精度、表面粗糙度

表面要求	加工方法	表面粗糙度 Ra/μm	表面特征	应用举例	经济精度
不加工			清除毛刺	铸、锻件的不加工表面	IT16～IT14
粗加工	粗车、粗铣、粗刨、粗钻、粗锉	50	有明显可见刀纹	静止配合面、底板、垫块	IT13～IT10
		25	可见刀纹	静止配合面、螺钉不结合面	IT10
		12.5	微见刀纹	螺母不结合面	IT10～IT8
半精加工	半精车、半精铣、半粗刨、半精磨	6.3	可见加工痕迹	轴、套不结合面	IT10～IT8
		3.2	微见加工痕迹	要求较高的轴、套不结合面	IT8～IT7
		1.6	不见加工痕迹	一般的轴、套结合面	IT8～IT7
精加工	精车、精刨、精铣、精铰、精刮	0.8	可辨加工痕迹的方向	要求较高的结合面	IT8～IT6
		0.4	微辨加工痕迹的方向	凸轮轴轴颈、轴承内孔	IT7～IT6
		0.2	不辨加工痕迹的方向	活塞销孔、高速轴颈	IT7～IT6
超精加工	精磨、研磨、珩磨、镜面磨、超精加工	0.1	暗光泽面	滑阀工作面	IT7～IT5
		0.05	亮光泽面	精密机床主轴轴颈	IT6～IT5
		0.025	镜状光泽面	量规	IT6～IT5
		0.012	雾状光泽面	量规	
		0.008	镜面	量块	

(2) 表面质量 零件机械加工表面质量（也称表面完整性）主要包括两方面内容：表面几何形状和表面层的物理力学性能。

① 表面粗糙度。国家标准 GB/T 1031—2009《表面粗糙度参数及其数值》规定，表面粗糙度分为 14 个等级，以参数 Ra 或 Rz 表示。各种切削加工方法所能达到的加工精度、表面粗糙度及其应用举例见表 11-4。

表面粗糙度与零件的配合性质、耐磨性和抗腐蚀性等有着密切的关系，它影响机器或仪器的使用性能和寿命。为了保证零件的使用性能，要限制表面粗糙度的范围。在一般情况下，零件表面的尺寸精度要求愈高，其形状和位置精度要求愈高，表面粗糙度值就愈小。但有些零件的表面，出于外观或清洁的考虑，要求光亮，而其精度要求不一定高，例如机床手柄、面板等。

加工时，影响表面粗糙度的因素是多方面的，其中最主要的有加工方法、刀具角度、切削用量和切削液。此外，切削过程中的振动、零件材料及其热处理状态等对表面粗糙度的影响也不可忽视。

② 已加工表面的加工硬化和残余应力。切削塑性材料时，经切削变形后，往往发现零

件已加工表面的强度和硬度，比零件材料原来的强度和硬度有显著提高，这种现象称为加工硬化。零件表面层的硬化，可以提高零件的耐磨性，但同时也增大了表面层的脆性，降低了零件抗冲击的能力。在零件表面层的切削变形区，不仅产生加工硬化，而且还会产生应力。当应力超过材料的强度极限时，就会出现表面裂纹。这会影响零件表面质量和使用性能。若各部分的残余应力分布不均匀，还会使零件发生变形，影响尺寸和形位精度。这一点对刚度比较差的细长或扁薄零件影响更大。

因此，对于重要的零件，除限制表面粗糙度外，还要控制其表层加工硬化的程度和深度，以及表层残余应力的性质（拉应力、压应力）和大小。而对于一般的零件，则主要规定其表面粗糙度的数值范围。

2. 生产率

切削加工中，常以单位时间内生产的零件数量来表示生产率，即

$$R_o = \frac{1}{t_w} \tag{11-7}$$

式中　R_o——生产率；

t_w——加工单个零件所需要的总时间。

在机床上加工单个零件所需要的总时间称为单件时间：

$$t_w = t_m + t_c + t_o \tag{11-8}$$

式中　t_m——基本工艺时间，它是直接改变零件尺寸、形状和表面质量所消耗的时间。对于切削加工来说，则为切去切削层所消耗的时间（包括刀具的切入和切出时间在内），也称为机动时间；

t_c——辅助时间，是指在每个工序中为了完成基本工艺工作而需要做的辅助动作所耗费的时间，它包括：装卸零件、操作机床、装卸刀具、试切和测量工作等辅助动作所需时间；

t_o——其他时间，包括工人休息和生理需要时间，清扫切屑、收拾工具等时间。

分析表明，提高生产率的主要途径如下。

① 采用高速切削（即增大零件或刀具转速）或强力切削，均可减少基本工艺时间，提高生产率。

② 采用多刀多刃加工、多件加工、多工位加工等也能大大减少基本工艺时间，提高生产率。合理地选择切削用量，粗加工可采用强力切削（f 和 a_p 较大），精加工时采用高速切削。

③ 在可能的条件下，采用先进的毛坯制造工艺和方法，减少加工余量。

④ 采用先进的机床设备及自动化控制系统，例如在大批量生产中采用自动机床，多品种、小批量生产中采用数控机床、加工中心等。

3. 经济性

在制定切削加工方案时，应使产品在保证其使用要求的前提下制造成本最低。产品的制造成本是指费用消耗的总和，它包括毛坯或原材料费用、生产工人工资、机床设备的折旧和管理费用、工夹量具的折旧和修理费用、车间经费和企业管理费用等。零件切削加工的成本，包括工时成本和刀具成本两部分，并且受基本工艺时间、辅助时间、其他时间及刀具耐用度的影响。若要降低零件切削加工的成本，除节约全厂开支、降低刀具成本外，还要设法减少 t_m、t_c 和 t_o，并保证一定的刀具耐用度 T。

二、切削用量的合理选择

切削用量（切削三要素）指切削速度、进给量和背吃刀量。合理地选择切削用量，对于保证加工质量、提高生产率和降低加工成本有着重要的影响。在机床、刀具和零件等条件一定的情况下，切削用量的选择具有较大的灵活性和潜力。为了取得最大的技术经济效益，就应当根据具体的加工条件，确定切削用量的合理组合。目前较先进的做法是进行切削用量的优化选择和建立切削数据库。所谓切削用量优化，就是在一定约束条件下可选择实现预定目标的最佳切削用量值。建立切削数据库就是存储像《切削用量手册》所收集的大量数据，并建立起管理系统。数据库应储存有各种加工方法（如车、刨、钻、铣、插、拉、磨等）加工各种材料的切削数据。用户通过网络可以自行查询或索取所需要的数据。而一般工厂中多采用一些经验数据，并辅以必要的计算来获得切削用量的数据。

1. 选择切削用量的一般原则

选择切削用量的一般原则就是在保证加工质量、降低成本和提高生产率的前提下，使 a_p、f、v_c 的乘积最大。当 a_p、f、v_c 的乘积最大时，工序的切削时间最短。

切削用量选择的基本原则是：粗加工时，从提高生产率的角度出发，应当在单位时间内切除尽量多的加工余量，因而应当加大切削面积，在保证合理的刀具耐用度的前提下，首先选尽可能大的背吃刀量，其次选尽可能大的进给量，最后选尽可能大的切削速度。精加工时，应当保证零件的加工精度和表面粗糙度。这时加工余量较小，一般选取较小的进给量和背吃刀量，以减少切削力，降低表面粗糙度，并选取较高的切削速度。只有在受到刀具等工艺条件限制不宜采用高速切削时才选用较低的切削速度。例如用高速钢铰刀铰孔，切削速度受刀具材料耐热性的限制，并为了避免积屑瘤的影响，采用较低的切削速度。

2. 切削用量的合理选择

（1）背吃刀量 a_p 的选择　背吃刀量要尽可能取得大些，不论粗加工还是精加工，最好一次走刀能把该工序的加工余量切完。如果一次走刀切除会使切削力太大，机床功率不足、刀具强度不够或产生振动时，可将加工余量分为两次或多次完成。这时也应将第一次走刀的背吃刀量取得尽量大些，其后的背吃刀量取得相对小一些。

（2）进给量 f 的选择　粗加工时，一般对零件的表面质量要求不太高，进给量主要受机床、刀具和零件所能承受切削力的限制，这是因为当选定背吃刀量后，进给量的数值就直接影响切削力的大小。而精加工时，一般背吃刀量较小，切削力不大，限制进给量的因素主要是零件表面粗糙度。

（3）切削速度 v_c 的选择　在背吃刀量和进给量选定后，可根据合理的刀具耐用度，用计算法或查表法选择切削速度。精加工时，切削力较小，切削速度主要受刀具耐用度的限制。而粗加工时，由于切削力一般较大，切削速度主要受机床功率的限制。

相关资料查阅《切削用量手册》等资料。

三、切削液的选用

改变外部条件来影响和改善切削过程，是提高产品质量和生产率的有效措施之一，其中应用最广泛的是合理选择和使用切削液。

1. 切削液的作用

切削液主要通过冷却和润滑作用来改善切削过程。它一方面吸收并带走大量切削热，起到冷却作用；另一方面它能渗入到刀具与零件和切屑的接触面，形成润滑膜，有效地减小摩擦；切削液还可以起清洗和防锈的作用。合理地选择切削液，可以降低切削力和切削温度，提高刀具耐用度和加工质量。

2. 切削液的种类

常用的切削液有两大类。

（1）水类 如水溶液（肥皂水、苏打水等）、乳化液等。这类切削液比热容大、流动性好，主要起冷却作用，也有一定的润滑作用。在水类切削液中加入一定量的防锈剂或其他添加剂，以改善其性能。

（2）油类 又称切削油，主要成分是矿物油，少数采用动植物油或复合油。这类切削液比热容小、流动性差，主要起润滑作用，也有一定的冷却作用。

3. 切削液的选用

切削液的品种很多，性能各异。通常应根据加工性质、零件材料和刀具材料来选择合理的切削液，才能收到良好的效果。

水溶液主要成分是水，并加入少量的防锈剂等添加剂。其具有良好的冷却作用，可以大大降低切削温度，但润滑性能较差。乳化液是将乳化油用水稀释而成，具有良好的流动性和冷却作用，并有一定的润滑作用。乳化液可根据不同的用途配制成不同的浓度（5%～20%）。低浓度的乳化液用于粗车、磨削；高浓度的乳化液用于精车、精铣、精镗、拉削等。乳化液如果和机床的润滑油混合在一起，会使润滑油发生乳化，加速机床运动表面的磨损。凡贵重的或调整起来较复杂的机床，如滚齿机、自动机等，一般都不采用乳化液，而采用不含硫的活性矿物油。切削油润滑作用良好，而冷却作用小，多用以减小摩擦和减小零件表面粗糙度，常用于精加工工序，如精刨、珩磨和超精加工等常使用煤油作切削液。而攻螺纹、精车丝杠可采用菜油之类的植物油等。常用切削液的性能及用途见表11-5。

表 11-5 常用切削液的性能及用途

名称	组成及性能	主要用途
水溶液	以硫酸钠、碳酸钠等溶于水的溶液，用水稀释100～200倍	磨削
乳化液	以表面活性剂为主，含少量矿物油的乳化油，用40～80倍水稀释而成，冷却、清洗性能好	车削、钻削
	以矿物油为主，含少量表面活性剂的乳化油，用10～20倍水稀释而成，冷却、润滑性能好	车削、攻螺纹
	乳化液中加入极性添加剂	高速车、钻削
切削油	矿物油单独使用	滚齿、插齿
	矿物油与动植物油形成混合油，润滑性能好	精密螺纹车削
	矿物油或混合油中加入极性添加剂，形成极压油	高速滚插齿、车螺纹
其他	液态的二氧化碳	用于冷却
	二硫化钼+硬脂酸+石蜡，涂于刀具表面	攻螺纹

使用切削液要根据加工方式、加工精度和零件材料等情况进行选择。例如，粗加工时，切削用量大，切削热多，应选以冷却为主的切削液；精加工时，主要是改善摩擦条件，抑制积屑瘤的产生，选用切削油或浓度较高的乳化液。切削铜合金和其他有色金属时，不能用硫化油，以免在零件表面产生黑色的腐蚀斑点；加工铸铁和铝合金时，一般不用切削液，精加工时，可使用煤油作切削液，以降低表面粗糙度。

四、材料的切削加工性

1. 材料的切削加工性概念和衡量指标

切削加工性是指材料被切削加工成合格零件的难易程度。零件材料的切削加工性对刀具耐用度和切削速度的影响很大,对生产率和加工成本的影响也很大。材料的切削加工性越好,切削力和切削温度越低,允许的切削速度越高,被加工表面的粗糙度越小,也易于断屑。材料切削加工的好坏往往是相对于另一种材料来说的。具体的加工条件和要求不同,加工的难易程度也有很大的差异。常用的表达材料切削加工性能的指标主要有如下几种。

(1) 一定刀具耐用度下的切削速度 即在刀具耐用度确定的前提下,切削某种材料所允许的切削速度。允许的切削速度越高,材料的切削加工性越好。一般常用该材料的允许切削速度 v_t 与 45 钢的允许的切削速度的比值 K_v(相对加工性)来表示。

相对加工性 K_v 越大,表示切削该种材料时刀具磨损越慢,耐用度越高。凡 $K_v>1$ 的材料,其切削加工性比 45 钢(正火态)好,反之较差。

常用材料的切削加工性可分为 8 级(见表 11-6)。

表 11-6 材料切削加工性分级

加工性等级	名称及种类		相对加工性 K_v	代表性材料
1	很容易切削材料	一般有色金属	>3.0	5-5-5 铜铅合金,9-4 铝铜合金,铝镁合金
2	容易切削材料	易切削钢	2.5~3.0	15Cr 退火,$\sigma_b=380\sim450$MPa,自动机钢 $\sigma_b=400\sim500$MPa
3		较易切削钢	1.6~2.5	30 正火钢,$\sigma_b=450\sim560$MPa
4	普通材料	一般钢及铸铁	1.0~1.6	45 钢、灰铸铁
5		稍难切削材料	0.65~1.0	2Cr13 调质,$\sigma_b=850$MPa 85 钢,$\sigma_b=900$MPa
6	难切削材料	较难切削材料	0.5~0.65	45Cr 调质,$\sigma_b=1050$MPa 65 锰调质,$\sigma_b=950\sim1000$MPa
7		难切削材料	0.15~0.5	50CrV 调质,1Cr18Ni9Ti,某些钛合金
8		很难切削材料	<0.15	某些钛合金,铸造镍基高温合金

(2) 已加工表面质量 凡较容易获得好的表面质量的材料,其加工性较好;反之则较差。精加工时,常以此为衡量指标。

(3) 切屑控制或断屑的难度 凡切屑较容易控制或易于断屑的材料,其切削加工性较好;反之较差。在自动机床或自动线上加工时,常以此为衡量指标。

(4) 切削力 在相同的切削条件下,凡切削力较小的材料,其切削加工性较好。在粗加工中,或当机床刚性或动力不足时,常以此为衡量指标。

2. 改善材料切削加工性的主要途径

材料的使用要求经常与其切削加工性发生矛盾。这就要求加工部门和冶金部门密切配合,在保证零件使用性能的前提下,通过各种途径来改善材料的切削加工性。

直接影响材料切削加工性的主要因素是其物理性能。若材料的强度和硬度高,则切削力大,切削温度高,刀具磨损快,切削加工性较差。若材料的塑性高,则不易获得好的表面质量,断屑困难,切削加工性也较差。若材料的导热性差,切削热不易散失,切削温度高,其切削加工性也不好。材料的切削加工性可以通过以下途径加以改善。

(1) 进行热处理改变材料的金相组织,以改善切削加工性 例如对高碳钢进行球化退火可以降低硬度，对低碳钢进行正火可以降低塑性，二者都能够改善切削加工性。又如，铸铁件在切削加工前进行退火可降低表层硬度，特别是白口铸铁在高温下长时间退火变成可锻铸铁，能使切削加工较易进行。

(2) 调整材料的化学成分来改善其切削加工性　在钢中适当添加某些元素，如硫、铝等，可使其切削加工性得到显著改善，这样的钢称为"易切削钢"。在不锈钢中加入少量的硒，铜合金中加铝，铝中加入铜、铝和铋，均可改善其切削加工性。

(3) 其他辅助性的加工　例如低碳钢经过冷拔可以降低其塑性，改善了材料的力学性能，也改善了材料的切削加工性。

单元六　车削的工艺特点及其应用

车削的主运动为零件旋转运动，刀具直线移动为进给运动，特别适用于加工回转面。由于车削比其他的加工方法应用得普遍，一般的机械加工车间中，车床往往占机床总数的20%～50%，甚至更多。根据加工的需要，车床有很多类型，如卧式车床、立式车床、转塔车床、自动车床和数控车床等。

一、车削的工艺特点

1. 易于保证零件各加工面的位置精度

车削时，零件各表面具有相同的回转轴线（车床主轴的回转轴线）。在一次装夹中加工同一零件的外圆、内孔、端平面、沟槽等能保证各外圆轴线之间及外圆与内孔轴线间的同轴度要求。

2. 生产率较高

除了车削断续表面之外，一般情况下车削过程是连续进行的，不像铣削和刨削，在一次走刀过程中刀齿多次切入和切出，产生冲击。而且当车刀几何形状、背吃刀量和进给量一定时，切削层公称横截面积是不变的，切削力变化很小。切削过程可采用高速切削和强力切削，生产效率高。车削加工既适于单件小批量生产，也适宜大批量生产。

3. 生产成本较低

车刀是刀具中最简单的一种，制造、刃磨和安装均较方便，故刀具费用低；车床附件多，装夹及调整时间较短，加之切削生产率高，故车削成本较低。

4. 适于车削加工的材料广泛

除难以切削的30HRC以上高硬度的淬火钢件外，可以车削黑色金属、有色金属及非金属材料（有机玻璃、橡胶等），特别适合于有色金属零件的精加工。因为某些有色金属零件材料的硬度较低、塑性较大，若用砂轮磨削，软的磨屑易堵塞砂轮，难以得到粗糙度低的表面。因此，当有色金属零件表面粗糙度要求较小时，不宜采用磨削加工，而要用车削或铣削等方法精加工。

二、车削的应用

在车床上使用不同的车刀或其他刀具，可以加工各种回转表面，如内外圆柱面、内外圆锥面、螺纹、沟槽、端面和成形面等，如图 11-17 所示。加工精度可达 IT8～IT7，表面粗

糙度 Ra 为 $1.6\sim0.8\mu m$。

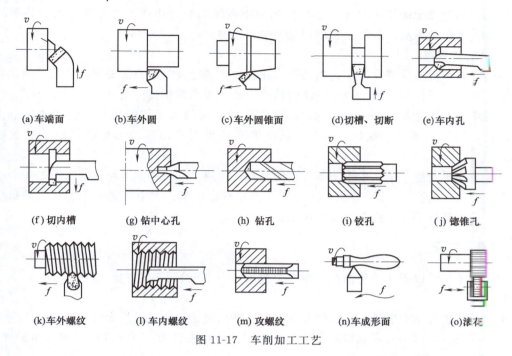

图 11-17　车削加工工艺

单件小批量生产中，各种轴、盘、套等类零件多在卧式车床上加工；生产率要求高、变更频繁的中小型零件，可选用数控车床加工；大型圆盘类零件（如火车轮、大型齿轮等）多用立式车床加工。

单元七　钻削、镗削的工艺特点及其应用

孔是组成零件的基本表面之一，钻孔是一种最基本的孔加工方法。钻孔经常在钻床和车床上进行，也可以在镗床和铣床上进行。常用的钻床有台式钻床、立式钻床和摇臂钻床。

一、钻孔

钻孔与车削外圆相比，工作条件要困难得多。钻削时，钻头工作部分处在已加工表面的包围中，因而引起一些特殊问题，例如钻头的刚度和强度、容屑和排屑、导向和冷却润滑等。其特点可概括如下。

1. 钻头易引偏

引偏是孔径扩大或孔轴线偏移和不直的现象。由于钻头横刃定心不准，钻头的刚性和导向作用较差，切入时钻头易偏移、弯曲。在钻床上钻孔易引起孔的轴线偏移和不直，影响加工的准确性。

2. 排屑困难

钻孔的切屑较宽，在孔内被迫卷成螺旋状，流出时与孔壁发生剧烈摩擦而划伤已加工表面，甚至会卡死或折断钻头。

3. 切削温度高，刀具磨损快

钻孔切削时产生的切削热多，加之钻削为半封闭切削，切屑不易排出，切削热不易传散，使切削区温度很高，限制了切削用量和生产率的提高。

4. 钻削的应用

用钻头在零件实体部位加工孔叫钻孔。在各类机器零件上经常需要进行钻孔，因此钻削的应用还是很广泛的。但是，由于钻削的精度较低，表面较粗糙（精度一般只能达到IT10，表面粗糙度 Ra 一般为 $12.5\mu m$）。同时，钻孔不易采用较大的切削用量，生产效率也比较低。因此，钻孔主要用于粗加工，例如精度和粗糙度要求不高的螺钉孔、油孔和螺纹底孔等。

单件、小批量生产中，中小型零件上的小孔（一般13mm）常用台式钻床加工；中小型零件上直径较大的孔（一般 $D<50mm$）常用立式钻床加工；大中型零件上的孔应采用摇臂钻床加工；回转体零件上的孔多在车床上加工。

二、扩孔和铰孔

对于中等尺寸以下较精密的孔，生产中常采用钻-扩-铰的工艺方案。

1. 扩孔

扩孔是用扩孔钻对零件上已有的孔（铸出、锻出或钻出）进行扩大加工的方法。它能提高孔的加工精度，减小表面粗糙度。扩孔可达到的公差等级为IT10～IT7，表面粗糙度 Ra 为 $6.3\sim3.2\mu m$，属于半精加工。

扩孔的加工质量比钻孔高，表面粗糙度值小，在一定程度上可校正原有孔的轴线偏斜。扩孔常作为铰孔前的预加工，对于要求不太高的孔，扩孔也可作最终加工工序。

由于扩孔比钻孔优越，在钻直径较大的孔（一般 $D\geqslant30mm$）时，可先用小钻头（直径为孔径的 $50\%\sim70\%$）预钻孔，然后再用所要求尺寸的大钻头扩孔。实践表明，这样虽分两次钻孔，但生产率却比用大钻头一次钻出时高得多。

2. 铰孔

铰孔是在扩孔或半精镗孔的基础上进行的，是应用较普遍的孔的精加工方法之一。铰孔的公差等级为IT8～IT6，表面粗糙度 Ra 为 $1.6\sim0.4\mu m$。

铰孔采用铰刀进行加工，铰刀可分为手铰刀和机铰刀。铰孔的工艺特点有以下几种。

（1）铰孔余量小 粗铰为 $0.15\sim0.35mm$；精铰为 $0.05\sim0.15mm$。切削力较小，零件的受力变形小。

（2）切削速度低 比钻孔和扩孔的切削速度低得多，可避免积屑瘤的产生和减少切削热。一般粗铰 $v_c=4\sim10m/min$；精铰 $v_c=1.5\sim5m/min$。

（3）适应性差 铰刀属定尺寸刀具，一把铰刀只能加工一定尺寸和公差等级的孔，不宜铰削阶梯形、短孔、不通孔和断续表面的孔（如花键孔）。

（4）需施加切削液 为减少摩擦，利于排屑、散热，以保证加工质量，应加注切削液。一般铰钢件用乳化液；铰铸铁件用煤油。

麻花钻、扩孔钻和铰刀都是标准刀具，市场上比较容易买到。对于中等尺寸以下较精密的孔，在单件小批量甚至大批量生产中，钻-扩-铰都是经常采用的典型工艺。

钻、扩、铰只能保证孔本身的精度，而不易保证孔与孔之间的尺寸精度及位置精度。为了解决这一问题，可以利用夹具（如钻模）进行加工，也可采用镗孔。

三、镗孔

镗孔是用镗刀对已有的孔进行扩大加工的方法,是常用的孔加工方法之一。对于直径较大的孔（$D>80$mm）、内成形面或孔内环槽等,镗削是唯一适宜的加工方法。一般镗孔的尺寸公差等级为IT8～IT6,表面粗糙度 Ra 为 $1.6～0.8\mu m$；精细镗时,尺寸公差等级可达IT7～IT5,表面粗糙度 Ra 为 $0.8～0.1\mu m$。

镗孔可以在镗床上或车床上进行。回转体零件上的轴心孔多在车床上加工,如图11-18所示,主运动和进给运动分别是零件的回转和车刀的移动。

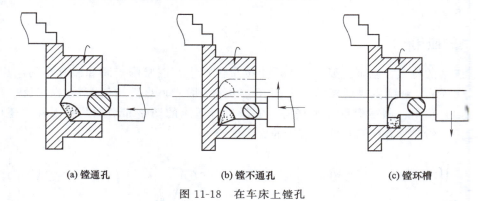

(a) 镗通孔　　　(b) 镗不通孔　　　(c) 镗环槽

图 11-18　在车床上镗孔

箱体类零件上的孔或孔系（相互有平行度或垂直度要求的若干个孔）则常用镗床加工,如图11-19所示。根据结构和用途不同,镗床分为卧式镗床、坐标镗床、立式镗床、精密镗床等,应用最广的是卧式镗床。镗孔时,镗刀刀杆随主轴一起旋转,完成主运动；进给运动可由工作台带动零件纵向移动,也可由镗刀刀杆轴向移动来实现。

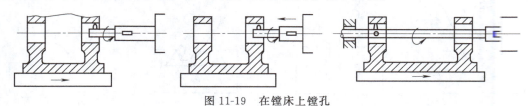

图 11-19　在镗床上镗孔

单元八　刨削、拉削的工艺特点及其应用

刨削是平面加工的主要方法之一。常见的刨床类机床有牛头刨床、龙门刨床和插床等。

一、刨削的工艺特点

1. 通用性好

根据切削运动和具体的加工要求,刨床的结构比车床、铣床简单,价格低,调整和操作也较方便。所用的单刃刨刀与车刀基本相同,形状简单,制造、刃磨和安装皆较方便。

2. 生产率较低

刨削的主运动为往复直线运动,反向时受惯性力的影响,加之刀具切入和切出时有冲击,限制了切削速度的提高。单刃刨刀实际参加切削的切削刃长度有限,一个表面往往要经过多次行程才能加工出来,基本工艺时间较长。刨刀返回行程时不进行切削,加工不连续,增加了辅助时间。因此,刨削的生产率低于铣削。但是对于狭长表面(如导轨、长槽等)的加工,以及在龙门刨床上进行多件或多刀加工时,刨削的生产率可能高于铣削。

刨削的精度可达 IT9~IT8,表面粗糙度 Ra 值为 3.2~$1.6\mu m$。当采用宽刃精刨时,即在龙门刨床上用宽刃细刨刀以很低的切削速度、大进给量和小的切削深度,从零件表面上切去一层极薄的金属,因切削力小,切削热少和变形小,所以,零件的表面粗糙度 Ra 值可达 1.6~$0.4\mu m$,直线度可达 $0.02mm/m$。宽刃细刨可以代替刮研,这是一种先进、有效的精加工平面方法。

二、刨削的应用

由于刨削的特点,刨削主要用在单件小批量生产中,在维修车间和模具车间应用较多。如图 11-20 所示,刨削主要用来加工平面(包括水平面、垂直面和斜面),也广泛应用于加工直槽,如直角槽、燕尾槽和 T 形槽等。如果进行适当的调整和增加某些附件,还可以用来加工齿条、齿轮、花键和母线为直线的成形面等。

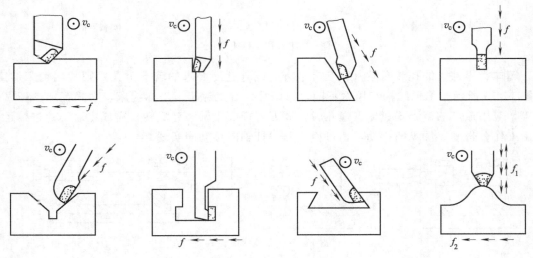

图 11-20 刨削的应用

牛头刨床的最大刨削长度一般不超过 100mm,因此只适用于加工中、小型零件。龙门刨床主要用来加工大型零件或同时加工多个中、小型零件。由于龙门刨床刚度较好,而且有 2~4 个刀架可同时工作,因此加工精度和生产率均比牛头刨床高。

插床又称立式牛头刨床,主要用来加工零件的内表面,如插键槽、花键槽等,也可用于加工多边形孔,如四方孔、六方孔等。特别适于加工盲孔或有障碍台阶的内表面。

三、拉削

拉削可以认为是刨削的进一步发展。拉削用机床称为拉床,推削则多在压力机上进行。当拉削面积较大的平面时,为减少拉削力,可采用渐进式拉刀进行拉削。

1. 拉削的工艺特点

(1) 生产率高 拉削加工的切削速度一般并不高,但由于拉刀是多齿刀具,同时参与切削的刀齿数较多、切削刃较长，并且在拉刀的一次工作行程中能够完成粗加工、半精加工和精加工，大大缩短了基本工艺时间和辅助时间。

(2) 加工精度高、表面粗糙度较小　拉削的切削速度较低，目前 $v_c<18\text{m/min}$，拉削过程比较平稳，无积屑瘤；一般拉孔的精度为 IT8～IT6，表面粗糙度 Ra 值为 $0.8\sim 0.4\mu m$。

(3) 拉床结构和操作比较简单　拉削只有一个主运动，即拉刀的直线运动。进给运动是靠拉刀的后一个刀齿高出前一个刀齿来实现的，相邻刀齿的高出量称为齿升量。

(4) 拉刀成本高　由于拉刀的结构和形状复杂，精度和表面质量要求较高，故制造成本很高。但拉削时切削速度较低，刀具磨损较慢，刃磨一次可以加工数以千计的零件。加之一把拉刀又可以重磨多次，所以拉刀的寿命长。当加工零件的批量较大时，刀具的单件成本并不高。

(5) 与铰孔相似，拉削不能纠正孔的位置误差。

(6) 不能拉削加工盲孔、深孔、阶梯孔及有障碍的外表面。

2. 拉削的应用

虽然内拉刀属定尺寸刀具，每把内拉刀只能拉削一种尺寸和形状的内表面，但不同的内拉刀可以加工各种形状的通孔，例如圆孔、方孔、多边形孔、花键孔和内齿轮等，还可以加工多种形状的沟槽，例如键槽、T 形槽、燕尾槽和涡轮盘上的榫槽等。外拉削可以加工平面、成形面、外齿轮和叶片的榫头等。

拉孔时，零件的预制孔不必精加工（钻或粗镗后即可），零件也不必夹紧，只以零件端面作支承面，这就需要原孔轴线与端面间有垂直度要求。若孔的轴线与端面不垂直，应将零件端面贴在球形垫板上，这样在拉削力作用下，零件连同球形垫板能微量转动，使零件孔的轴线自动调整到与拉刀轴线一致的方向。

拉削加工主要适用于成批和大量生产，尤其适于在大量生产中加工比较大的复合型面，如发动机的汽缸体等。在单件、小批生产中，对于某些精度要求较高、形状特殊的成形表面，当用其他方法加工很困难时，也有采用拉削加工的。

单元九　铣削的工艺特点及其应用

铣削是平面的主要加工方法之一。铣削时，铣刀的旋转是主运动，零件随工作台的运动是进给运动。铣床的种类很多，常用的是升降台卧式铣床和立式铣床。铣削大型零件的平面则用龙门铣床，生产率较高，多用于批量生产。

一、铣削的工艺特点

1. 生产率较高

铣刀是典型的多齿刀具，铣削时有几个刀齿同时参加工作，并且参与切削的切削刃较长，切削速度也较高，且无刨削那样的空回行程，故生产率较高。但在加工狭长平面或长直槽时，刨削比铣削生产率高。

2. 容易产生振动

铣刀的刀齿切入和切出时产生冲击，并将引起同时工作刀齿数的增减。在切削过程中每个刀齿的切削层厚度随刀齿位置的不同而变化，引起切削层横截面积变化。因此，在铣削过程中铣削力是变化的，切削过程不平稳，容易产生振动，这就限制了铣削加工质量和生产率的进一步提高。

3. 刀齿散热条件较好

铣刀刀齿在切离零件的一段时间内，可以得到一定的冷却，散热条件较好。但是，切入和切出时热和力的冲击将加速刀具的磨损，甚至可能引起硬质合金刀片的碎裂。

二、铣削的应用

铣削的形式很多，铣刀的类型和形状更是多种多样，再配上附件（分度头、圆形工作台等）的应用，致使铣削加工范围较广，主要用来加工平面（包括水平面、垂直面和斜面）、沟槽、成形面和切断等，如图 11-21 所示。加工精度一般可达 IT8～IT7，表面粗糙度 Ra 值为 $3.2\sim 1.6\mu m$。

图 11-21 铣削加工范围

单件、小批生产中，加工小、中型零件多用升降台铣床（卧式和立式两种）。加工中、大型零件时可以采用龙门铣床。龙门铣床与龙门刨床相似，有 3～4 个可同时工作的铣头，生产率高，广泛应用于成批和大批量生产中。

单元十　磨削的工艺特点及其应用

磨削是用磨具以较高的线速度对零件表面进行加工的方法。通常把使用磨具进行加工的机床称为磨床。常用的磨具有固结磨具（如砂轮、油石等）和涂附磨具（如砂带、砂布等）。磨床按加工用途的不同可分为外圆磨床、内圆磨床和平面磨床等。

一、砂轮的特征要素

砂轮是由一定比例的硬度很高的粒状磨料和结合剂压制烧结而成的多孔物体。磨削时能否取得较高的加工质量和生产率，与砂轮的选择合理与否密切相关。砂轮的性能主要取决于砂轮的磨料、粒度、结合剂、硬度、组织及形状尺寸等因素。这些因素称为砂轮的特征要素。

1. 磨料

砂轮的磨料应具有很高的硬度、耐热性，适当的韧度和强度及边刃。常用磨料主要有以下 3 种。

(1) 刚玉类（Al_2O_3）　棕刚玉（GZ）、白刚玉（GB）。适用于磨削各种钢材，如不锈钢、高强度合金钢，退了火的可锻铸铁和硬青铜。

(2) 碳化硅类（SiC）　黑碳化硅（HT）、绿碳化硅（TL）。适用于磨削铸铁、激冷铸铁、黄铜、软青铜、铝、硬表层合金和硬质合金。

(3) 高硬磨料类　人造金刚石（JR）、氮化硼（BLD）。高硬磨料类具有高强度、高硬度，适用于磨削高速钢、硬质合金、宝石等。

2. 粒度

粒度表示磨粒的大小程度。其表示方法有两种。

(1) 以磨粒所能通过的筛网上每英寸长度上的孔数作为粒度。粒度号为 4～240 号，粒度号越大，则磨料的颗粒越细。

(2) 粒度号比 240 号还要细的磨粒称为微粉。微粉的粒度用实测的实际最大尺寸，并在前冠以字母"W"来表示。粒度号为 W63～W0.5，例如 W7，即表示此种微粉的最大尺寸为 7～5μm。粒度号越小，微粉颗粒越细。

粒度的大小主要影响加工表面的粗糙度和生产率。一般来说，粒度号越大，则加工表面的粗糙度越小，生产率越低。所以粗加工宜选粒度号小（颗粒较粗）的砂轮，精加工则选用粒度号大（颗粒较细）的砂轮；而微粉则用于精磨、超精磨等加工。

此外，粒度的选择还与零件的材料、磨削接触面积的大小等因素有关。通常情况下，磨软的材料应选颗粒较粗的砂轮。

3. 结合剂

结合剂的作用是将磨料黏合成具有各种形状及尺寸的砂轮，并使砂轮具有一定的强度、硬度、气孔和抗腐蚀、抗潮湿等性能。砂轮的强度、耐热性和耐磨性等重要指标，在很大程度上取决于结合剂的特性。

砂轮结合剂应具有的基本性能是：与磨粒不发生化学作用，能持久地保持其对磨粒的黏结强度，并保证所制砂轮在磨削时安全可靠。

目前砂轮常用的结合剂有陶瓷、树脂、橡胶。陶瓷应用最广泛,它能耐热、耐水、耐酸,价廉,但脆性高,不能承受较大冲击和振动。树脂和橡胶弹性好,能制成很薄的砂轮,但耐热性差,易受酸、碱切削液的侵蚀。

常用结合剂的性能及适用范围见表11-7。

表 11-7 常用结合剂的性能及适用范围

结合剂	代号	性能	适用范围
陶瓷	V	耐热耐蚀,气孔率大,易保持轮廓形状,弹性差	最常用,适用于各类磨削加工
树脂	B	强度比陶瓷高,弹性好,耐热性差	用于高速磨削、切削、开槽等
橡胶	R	强度比树脂高,更有弹性,气孔率小,耐热性差	用于切断和开槽

4. 硬度

砂轮的硬度是指结合剂对磨料黏结能力的大小。砂轮的硬度是由结合剂的黏结强度决定的,而不是靠磨料的硬度。在同样的条件和一定外力作用下,若磨粒很容易从砂轮上脱落,砂轮的硬度就比较低(或称为软);反之,砂轮的硬度就比较高(或称为硬)。

砂轮上的磨粒钝化后,作用于磨粒上的磨削力增大,从而促使砂轮表层磨粒自动脱落,里层新磨粒锋利的切削刃则投入切削,砂轮又恢复了原有的切削性能。砂轮的此种能力称为"自锐性"。

砂轮硬度的选择合理与否,对磨削加工质量和生产率影响很大。一般来说,零件材料越硬,则应选用越软的砂轮。这是因为零件硬度高,磨粒磨损快,选择较软的砂轮有利于磨钝砂轮的"自锐"。但硬度选得过低,则砂轮磨损快,也难以保证正确的砂轮廓形。若选用的砂轮硬度过高,则难以实现砂轮的"自锐",不仅生产率低,而且易产生零件表面的高温烧伤。

5. 组织

砂轮的组织是指砂轮中磨料、结合剂和气孔三者体积的比例关系。磨料在砂轮总体积中所占的比例越大,则砂轮的组织越紧密;反之,则组织越疏松。砂轮的组织分为紧密、中等、疏松3大类,细分为0~14共15个组织号。组织号为0的砂轮,组织最紧密;组织号为14的砂轮,组织最疏松。

砂轮组织疏松,有利于排屑、冷却,但容易磨损和失去正确的廓形。组织紧密,则情况与之相反,并且可以获得较小的表面粗糙度。一般情况下采用中等组织的砂轮。精磨和成形磨用组织紧密的砂轮。磨削接触面积大和薄壁零件时,用组织疏松的砂轮。

6. 砂轮的形状及尺寸

为了适应不同的加工要求,砂轮制成不同的形状。同样形状的砂轮,还制成多种不同的尺寸。常用的砂轮的代号、形状及用途见表11-8。

表 11-8 常用的砂轮的代号、形状及用途

砂轮名称	代号	断面形状	主要用途
平行砂轮	1		外圆磨,内圆磨,平面磨,无心磨,工具磨
薄片砂轮	41		切断,切槽
筒形砂轮	2		端磨平面
碗形砂轮	11		刃磨刀具,磨导轨

续表

砂轮名称	代号	断面形状	主要用途
蝶形 1 号砂轮	12a		磨齿轮,磨铣刀,磨铰刀,磨拉刀
双斜边砂轮	4		磨齿轮,磨螺纹
杯形砂轮	6		磨平面,磨内圆,刃磨刀具

7. 砂轮的特性要素及规格尺寸标志

在砂轮的端面上一般均印有砂轮的标志。标志的顺序是：形状代号，尺寸，磨料，粒度号，硬度，组织号，结合剂，线速度。例如，一砂轮标记为"砂轮 1-400×60×75-WA60-L5V-35m/s。"则表示外径为 400mm，厚度为 60mm，孔径为 75mm；磨料为白刚玉（WA），粒度号为 60；硬度为 L（中软2），组织号为 5，结合剂为陶瓷（V）；最高工作线速度为 35m/s 的砂轮。

二、磨削工艺的特点

1. 精度高、表面粗糙度小

磨削时，砂轮表面有极多的切削刃，并且刃口圆弧半径 r_ε 较小。例如粒度为 46 号的白刚玉磨粒，$r_\varepsilon \approx 0.006 \sim 0.012$mm，而一般车刀和铣刀的 $r_\varepsilon \approx 0.012 \sim 0.032$mm。磨粒上较锋利的切削刃，能够切下一层极薄的金属，切削厚度可以小到数微米，这是精密加工必须具备的条件之一。一般切削刀具的刃口圆弧半径虽也可以磨得小些，但不耐用，不能或难以进行经济的、稳定的精密加工。

磨削所用的磨床，比一般切削加工机床精度高，刚度及稳定性较好，并且具有微量进给机构（表 11-9），可以进行微量切削，从而保证了精密加工的实现。

表 11-9 不同机床微量进给机构的刻度值

机床名称	立式铣床	车床	平面磨床	外圆磨床	精密外圆磨床	内圆磨床
刻度值/mm	0.05	0.02	0.01	0.005	0.002	0.002

磨削时，切削速度很高，如普通外圆磨削 $v_c \approx 30 \sim 35$m/s，高速磨削 $v_c > 50$m/s。当磨粒以很高的切削速度从零件表面切过时，同时有很多切削刃进行切削，每个切削刃从零件上切下极少量的金属，残留面积高度很小，有利于降低表面粗糙度。

因此，磨削可以达到高的精度和低的粗糙度。一般磨削精度可达 IT7～IT5。表面粗糙度 Ra 值为 $0.8 \sim 0.2\mu m$；当采用小粗糙度磨削时，粗糙度 Ra 值可达 $0.1 \sim 0.008\mu m$。

2. 砂轮有自锐作用

磨削过程中，砂轮的自锐作用是其他切削刀具所没有的。一般刀具的切削刃，如果磨钝损坏，则切削不能继续进行，必须换刀或重磨。而砂轮本身的自锐性使得磨粒能以较锋利的刃口对零件进行切削。实际生产中，有时就利用这一原理进行强力连续磨削，以提高磨削加工的生产效率。

3. 磨削力较大

在磨削时，由于背吃刀量较小，磨粒上的刃口圆弧半径相对较大，同时由于磨粒上的切削刃一般都具有负前角，砂轮与零件表面接触的宽度较大，因此径向磨削力大于磨削力。

虽然径向磨削力不消耗功率，但它作用在工艺系统（机床-夹具-零件-刀具所组成的加工系统）刚度较差的方向上，容易使工艺系统产生变形，影响零件的加工精度。例如纵磨细长轴的外圆时，由于零件的弯曲而产生腰鼓形。一般在最后几次光磨走刀中，要少吃刀或不吃刀，以便逐步消除由于弹性变形而产生的加工误差，这就是常说的无进给有火花磨削。但是，这样将降低磨削加工的效率。

4. 磨削温度高

磨削时的切削速度为一般切削加工的 10～20 倍。在这样高的切削速度下，加上磨粒多为负前角切削，挤压和摩擦较严重，磨削时滑擦、刻划和切削 3 个阶段所消耗的能量绝大部分转化为热量。又因为砂轮本身的传热性很差，大量的磨削热在短时间内传散不出去，在磨削区形成瞬时高温，有时高达 800～1000℃，并且大部分磨削热将传入零件。

高的磨削温度容易烧伤零件表面，使淬火钢件表面退火，硬度降低。即使由于切削液的浇注可以降低切削温度，但又可能发生二次淬火，会在零件表层产生拉应力及显微裂纹，降低零件的表面质量和使用寿命。

高温下，零件材料将变软而容易堵塞砂轮，这不仅影响砂轮的耐用度，也影响零件的表面质量。

因此，在磨削过程中，应采用大量的切削液。磨削时加注切削液，除了冷却和润滑作用之外，还可以起到冲洗砂轮的作用。切削液将细碎的切屑以及碎裂或脱落的磨粒冲走，避免砂轮堵塞，可有效地提高零件的表面质量和砂轮的耐用度。

磨削钢件时，广泛应用的切削液是苏打水或乳化液。磨削铸铁、青铜等脆性材料时，一般不加切削液，而用吸尘器清除尘屑。

5. 表面变形强化和残余应力严重

刀具切削相比，磨削的表面变形强化层和残余应力层要浅得多，但危害程度却更为严重，对零件的加工工艺、加工精度和使用性能均有一定的影响。例如，磨削后的机床导轨面，刮削修整比较困难。残余应力使零件磨削后变形，丧失已获得的加工精度，还可导致细微裂纹，影响零件的疲劳强度。及时修整砂轮，施加充足的切削液，增加光磨次数，都可在一定程度上减少表面变形强化和残余应力。

三、磨削的应用

磨削过去一般常用于半精加工和精加工，随着机械制造业的发展，磨床、砂轮、磨削工艺和冷却技术等都有了较大的改进，磨削已能经济地、高效地切除大量金属。又由于日益广泛地采用精密铸造、模锻、精密冷拔等先进的毛坯制造工艺，毛坯的加工余量较小，可不经车削、铣削等粗加工，直接利用磨削加工达到较高的精度和表面质量要求。因此，磨削加工获得了越来越广泛的应用和迅速的发展。目前，在工业发达国家中磨床占机床总数的 30%～40%，据推断，磨床所占比例今后还要增加。

磨削可以加工的零件材料范围很广，既可以加工铸铁、碳钢、合金钢等一般结构材料，也能够加工高硬度的淬硬钢、硬质合金、陶瓷和玻璃等难切削的材料。但是，磨削不宜精加工塑性较大的有色金属零件。

磨削可以加工外圆面、内孔、平面、成形面、螺纹和齿轮齿形等各种各样的表面，还常用于各种刀具的刃磨。

1. 外圆磨削

外圆磨削一般在普通外圆磨床或万能外圆磨床上进行。由于砂轮粒度及采用的磨削用量不同,磨削外圆的精度和表面粗糙度也不同。磨削可分为粗磨和精磨,粗磨外圆的尺寸精度可达公差等级 IT8～IT7,表面粗糙度值 Ra 为 $1.6～0.8\mu m$;精磨外圆的尺寸精度可达公差等级 IT6,表面粗糙度值 Ra 为 $0.4～0.2\mu m$。

外圆磨削常用的方法有纵磨法、横磨法、深磨法和无心外圆磨削法,如图 11-22 和图 11-23 所示。

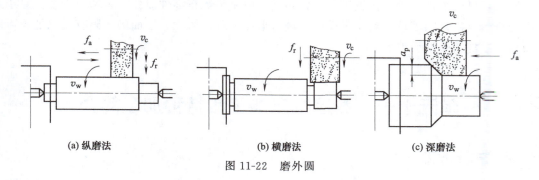

(a) 纵磨法　　(b) 横磨法　　(c) 深磨法

图 11-22　磨外圆

2. 孔的磨削

磨孔是用高速旋转的砂轮精加工孔的方法。其尺寸公差等级可达 IT7,表面粗糙度值 Ra 为 $1.6～0.4\mu m$。孔的磨削可以在内圆磨床上进行,也可以在万能外圆磨床上进行。磨孔时(图 11-24),砂轮旋转为主运动,零件低速旋转为圆周进给运动(其旋转方向与砂轮旋转方向相反);砂轮直线往复为轴向进给运动;切深运动为砂轮周期性的径向进给运动。

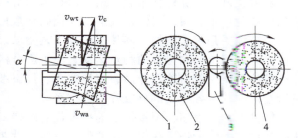

图 11-23　无心外圆磨削示意图
1—零件;2—磨轮;3—托板;4—导轮

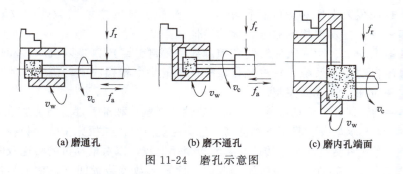

(a) 磨通孔　　(b) 磨不通孔　　(c) 磨内孔端面

图 11-24　磨孔示意图

孔的磨削方法。与外圆磨削类似,内圆磨削也可以分为纵磨法和横磨法。横磨法仅适用于磨削短孔及内成形面。鉴于磨内孔时受孔径限制,砂轮轴比较细,刚性较差,所以多数情况下是采用纵磨法。

在内圆磨床上,可磨通孔、磨不通孔[图 11-24(a)、(b)],还可在一次装夹中同时磨出内孔的端面[11-24(c)],以保证孔与端面的垂直度和端面圆跳动公差的要求。在外圆磨床上，除可磨孔、端面外，还可在一次装夹中磨出外圆，以保证孔与外圆的同轴度公差的要求。若要磨圆锥孔，只需将磨床的头架在水平方向偏转半个锥角即可。

3. 平面磨削

平面磨削是在铣、刨基础上的精加工。经磨削后平面的尺寸精度可达公差等级 IT6～IT5，表面粗糙度值 Ra 达 $0.8～0.2\mu m$。

平面磨削的机床，常用的有卧轴、立轴柜台平面磨床和卧轴、立轴圆台平面磨床，其主运动都是砂轮的高速旋转，进给运动是砂轮、工作台的移动。

磨削铁磁性零件（钢、铸铁等）时，多利用电磁吸盘将零件吸住，装卸很方便。对于某些不允许带有磁性的零件，磨完平面后应进行退磁处理。因此，平面磨床附有退磁器，可以方便地将零件的磁性退掉。

单元十一 数控机床加工和特种加工简介

一、数控机床加工

数控技术、计算机技术和成组技术是当代机械制造业正在兴起的三大技术。数控机床就是利用数控技术，通过一定格式的指令代码和数控装置来实现自动控制的机床。

数控加工是根据被加工零件图样及工艺要求，编制成以数码表示的程序，输入到数控装置中，来控制工件和刀具的相对运动，加工出合格零件的方法。

数控机床一般由输入介质、数控装置、伺服系统和机床主体四部分组成。通常将不包括机床在内的其余各组成部分统称为数控系统。

零件的加工程序必须按规定的指令代码的格式书写，以一定的方式记录下来并输入到机床的数控装置中。记录程序所用的信息载体，称为输入介质。常用的输入介质有穿孔纸带、数据磁盘或软磁盘。如果程序比较简单，也可以通过机床操作面板上的手动数据输入键盘，直接将程序输入机床的数控装置中。

数控装置是数控系统的核心，一般由微型计算机、输入输出接口板等部分组成。输入的程序就存储在数控装置中所对应的存储单元内。数控装置的主要用途是接收输入的加工信息，并处理和运算，再发出相应的指令脉冲给伺服系统。

伺服系统由电动机、功率放大线路和控制线路等部分组成，是以机床移动部件的位置和速度为控制量的自动控制系统。它将来自数控装置的指令转换成驱动机床运动部件的各个方向的运动，实现对加工轨迹的控制。

机床主体要能够保证各运动部件运动的快速性、灵敏性和准确性。与普通机床相比，数控机床结构简单，但要求动态和静态下刚度高、抗振性能好等。在机床主体和数控装置之间还有一个反馈系统，将随时测量的实际转速与速度指令相比较，以对电动机的转速及时修正。

在数控机床上加工零件，只需将所编制的程序输入数控装置即可，整个零件的加工过程几乎按程序自动进行，因此数控加工具有精度高、质量稳定、生产率高、劳动强度低的特点，适用于多品种小批量、精度要求高、结构复杂零件的加工。

二、特种加工

特种加工是相对于传统加工而言的，其加工过程不是主要依靠机械能，而是利用电、光、声、热等能量或与机械组合的形式去除工件上多余材料的加工方法。常用的有电火花加工、线切割加工、激光加工、超声波加工等。

(1) 电火花加工　电火花加工是指在一定的介质中，通过工具电极和工件电极之间脉冲放电的电腐蚀作用对工件进行的加工。电火花加工能对任何导电材料加工而不受加工材料强度和硬度的限制。它可以用于穿孔、型腔加工、切割加工、表面强化等，且加工精度高，多用于模具生产中。

(2) 线切割加工　线切割加工实质上是电火花加工方法的一种，它通常以直径为 0.02～0.3mm 的钼丝为工具电极，对工件进行切割加工。加工时金属丝为一极，工件为一极，当两极靠近时，在两极间产生放电作用，高温使放电点的金属局部熔化或气化。它可加工形状复杂、精度要求高的零件，如样板、凸轮等，切割精度可达 0.02～0.01mm，表面糙度一般可达 $Ra=1.6\mu m$。

(3) 激光加工　激光加工是利用功率密度极高的激光束使工件被加工部位瞬间熔化或蒸发，从而对工件进行穿孔、刻蚀、切割等加工。激光加工生产率高，热影响区和热变形小，能加工微孔，最小孔径达 0.001mm，孔的深径比达 50～100。

(4) 超声波加工　超声波加工是利用超声波发生器产生的超声波使工件与工具间悬浮液中的磨粒发生振动，冲击和抛磨工件被加工部位，使局部材料破碎成粉末，以进行穿孔、切割、研磨等的加工方法。超声波加工主要用于加工硬脆材料的圆孔、型孔、异形孔和套料等，也用于切割和清洗。

思考与练习

1. 加工要求精度高、表面粗糙度值小的纯铜或铝合金轴的外圆时，应选用哪种加工方法？
2. 一般情况下，车削的切削过程为什么比刨削、铣削等平稳？对加工有何影响？
3. 车削适用于加工哪些表面？为什么？
4. 卧式车床、立式车床、转塔车床和自动车床各适用于什么场合？加工何种零件？
5. 磨孔和磨平面时，由于背向力的作用，可能产生什么样的形状误差？为什么？
6. 磨削为什么能达到较高的精度和较小的表面粗糙度值？
7. 无心磨的导轮轴线为什么要与工作砂轮轴线斜交 α 角？导轮周面的母线为什么是双曲线？零件的纵向进给速度如何调整？
8. 超精加工的加工原理、工艺特点和应用场合是什么？
9. 插削适合于加工什么表面？
10. 用无心磨法磨削带孔零件的外圆面，为什么不能保证它们之间同轴度的要求？
11. 扩孔、铰孔为什么能达到较高的精度和较小的表面粗糙度值？
12. 镗床镗孔与车床镗孔有何不同？各适合于什么场合？
13. 为什么刨削、铣削只能得到中等精度和较大的表面粗糙度值？
14. 拉孔什么无需精确的预加工？拉削能否保持孔与外圆的同轴度要求？
15. 内圆磨削的精度和生产率为什么低于外圆磨削？表面粗糙度值为什么也略大于外圆磨削？

参 考 文 献

[1] 王纪安. 工程材料与材料成型工艺. 北京：高等教育出版社，2000.
[2] 刘会霞. 金属工艺学. 北京：机械工业出版社，2001.
[3] 罗毓泪. 工程材料及机械制造基础. 广州：广东高等教育出版社，2001.
[4] 许德珠，朱起凡，吕烨. 机械工程材料. 北京：高等教育出版社，2001.
[5] 张继世，柳秉毅. 机械工程材料基础. 北京：高等教育出版社，2000.
[6] 余嗣元，余承辉. 金属工艺学. 合肥：合肥工业大学出版社，2006.
[7] 邓文英. 金属工艺学. 北京：高等教育出版社，1990.
[8] 郭炯凡. 机械工程材料工艺学. 北京：高等教育出版社，1990.
[9] 胡国际. 金属材料及加工工艺. 北京：机械工业出版社，2004.
[10] 黄永荣. 金属材料与热处理. 北京：北京邮电大学出版社，2012.
[11] 杨慧智. 工程材料及成形工艺基础. 北京：机械工业出版社，1999.
[12] 张海乡，赵艳红. 机械制造技术基础. 北京：化学工业出版社，2020.